Time Series
and Multivariate
Statistical Analysis

时间序列
与多元统计分析

孙祝岭 编

上海交通大學出版社
SHANGHAI JIAO TONG UNIVERSITY PRESS

内容简介

本书系统地讲述了时间序列的基本理论和方法，包括时间序列的模型识别、建模（含参数估计、定价和拟合检验）和预报方法。介绍了多元统计分析的基础，重点介绍了五大技术：聚类分析、判别分析、主成分分析、因子分析和典型相关分析，并简明地介绍了统计软件 SPSS 在时间序列和多元统计分析中的应用方法。

本书可作为应用数学专业本科生和工科、医学、生物、经济类等专业研究生的教材，也可供其他专业的大学师生、科学研究人员、工程技术专家和需要进行数据处理的人员参考。

图书在版编目(CIP)数据

时间序列与多元统计分析/ 孙祝岭编. —上海：
上海交通大学出版社，2016
ISBN 978 - 7 - 313 - 15658 - 7

Ⅰ. ①时… Ⅱ. ①孙… Ⅲ. ①时间序列分析②多元分
析 Ⅳ. ①O211.61 ②O212.4

中国版本图书馆 CIP 数据核字(2016)第 189356 号

时间序列与多元统计分析

编　　者：孙祝岭
出版发行：上海交通大学出版社　　地　　址：上海市番禺路 951 号
邮政编码：200030　　电　　话：021 - 64071208
出 版 人：韩建民
印　　制：上海春秋印刷厂　　经　　销：全国新华书店
开　　本：787 mm×960 mm　1/16　　印　　张：15.75
字　　数：277 千字
版　　次：2016 年 9 月第 1 版　　印　　次：2016 年 9 月第 1 次印刷
书　　号：ISBN 978 - 7 - 313 - 15658 - 7/O
定　　价：38.00 元

前　言

数理统计是处理数据的有效工具，它应用非常广泛，在工业、农业、国防建设等各行各业都可以找到它富有成果的应用。数理统计的内容非常丰富，时间序列统计分析与多元统计分析是它的应用性较强的两个分支，其中时间序列统计分析是处理与时间有关数据的；而多元统计分析是处理多维数据的。

我们已处于信息时代，数据是信息的载体，绝大多数信息都可以经过量化由数据表达出来，信息时代就是充满数据的时代。随着时代的发展，分析数据，从数据中寻找规律性的统计方法的需求将日益增多，因而时间序列与多元统计分析方法将发挥越来越重要的作用。

近 20 年来上海交大数学系（现已更名为数学科学学院）的专业课程设置进行了多次调整、变动。20 世纪 90 年代初，已开设课名为“时间序列与多元统计分析”的选修课，课时为 54 学时；到了 21 世纪初改为分别开设时间序列分析课和多元统计分析课，开始两门课的学时数均为 54 学时；现实行 3 学期制（各学期周数分别为 16，16，4），学期为 16 周的这两门课的实际学时数为 48；按照学校教务处的把部分选修课教学时数压缩的设想，系里已制订这两门课的学时数压缩为 32 学时的方案。另外我校硕士研究生有课名为“时间序列与多元统计分析”的公共选修课。作为这些课的主讲老师之一，在这期间多次碰到两部分内容混合上或单独上（学时不多）的情形，有时为缺乏合适的教材而烦恼。可以说这是作者打算写本书的主要原因之一。这本书的写作目标是适合作为上述两种场合下使用的教材，其一是少学时单独上的时间序列分析，其二是混合上的时间序列与多元统计分析。

时间序列统计分析与多元统计分析的内容均已很丰富了，学以致用，教材为教学服务，大学的首要任务是培养人才，需要因材施教。为了更好培养人才，近两年我系对数学专业的方向进行了分流：分为纯数学和应用数学两大方向，应用数学方向的学生对选修时间序列分析和多元统计分析课很感兴趣，而纯数学方向的学生参加听课的则不多。考虑到我校、我系教学的特点和新变化，虽然在写作内容上注意把理论与应用相结合，但更注重应用方法的选择。多元统计分析部分主要介绍了实用性强的5大技术：聚类分析、判别分析、主成分分析、因子分析和典型相关分析；而时间序列分析部分重点介绍了建模和预测的理论和方法。掌握了这些知识，统计应用能力无疑会大大提高。希望本书成为读者在与数据打交道和探索信息化世界时的好助手。

本书是为数学专业本科生和工科、生物、医学和经济类等专业研究生编写的教材，也可作为科学研究人员、工程技术专家的参考书。为教学有更大的灵活性，在部分章节、证明和习题前加上※号，可酌情选用。本书力求做到易教易学，配有适量习题，书后附有部分习题答案，另附有两份曾使用过的试卷。

由于时间仓促和水平局限，书中存在的缺点和错误，恳请读者批评指正。

编　者

2016年8月

目　　录

第1部分　时间序列分析部分

第 2 部分　多元统计分析部分

第 1 部分

时间序列分析部分

第 1 章　时间序列分析基础

数理统计是处理数据的工具。时间序列分析处理的对象是与时间有关的数据，它是数理统计应用较广的一个分支，在经济、气象、水文、通信、机械、医学等众多领域有广泛的应用。时间序列分析的主要功能有两个：一是描述功能，通过建立模型来描述现象、事物随时间推移的变化规律性；二是预测功能，利用现象、事物过去和现在的数据资料预测其将来的数据。本章介绍时间序列的一些基础知识。

1.1　时间序列的基本概念

什么是时间序列呢？粗略地说，时间序列是按照时间次序观察到的数据序列。时间序列也称时间数列。

例 1.1.1　一段时期的太阳黑子数数据。

年　份	1820	1821	1822	1823	1824	1825	1826	1827	1828	1829	1830	1831	1832	1833	1834	1835	1836
黑子数	16	7	4	2	8	17	36	50	62	67	71	48	28	8	13	57	122
年　份	1837	1838	1839	1840	1841	1842	1843	1844	1845	1846	1847	1848	1849	1850	1851	1852	1853
黑子数	138	103	86	63	37	24	11	15	40	62	98	124	96	66	64	54	39
年　份	1854	1855	1856	1857	1858	1859	1860	1861	1862	1863	1864	1865	1866	1867	1868	1869	
黑子数	21	7	4	23	55	94	96	77	59	44	47	30	16	7	37	74	

例 1.1.2　携程网络公司的酒店订单数数据。

时间(年)	酒店订单数(3 月下半月)	时间(年)	酒店订单数(3 月下半月)
2005	132 384	2008	275 225
2006	164 803	2009	289 998
2007	232 947	2010	401 831

续 表

时间(年)	酒店订单数(3月下半月)	时间(年)	酒店订单数(3月下半月)
2011	480 343	2014	1 376 347
2012	571 076	2015	2 103 538
2013	842 246		

上面是时间序列的两个实例,下面叙述时间序列的严格定义。

定义 1.1.1 设 T 是离散的时间集,当 $t \in T$ 时, $X(t)$ 是一随机变量,则称 $\{X(t), t \in T\}$ 为时间序列。

注 时间序列可以看作随机过程的特例。时间集也可以是一连续集,定义在连续集上的时间序列在处理时主要把它离散化,本教材不讨论连续情形。并假定时间集一般取为:整数集 $\mathbf{Z}$ 或正整数集 $\mathbf{N}^+$ 或非负整数集 $\mathbf{N}$,常用 X_t 表示 $X(t)$。

再举一个时间序列的例子:

例 1.1.3 记录下雨与否, $X(t) = \begin{cases} 1 & 第\ t\ 天下雨 \\ 0 & 第\ t\ 天不下雨 \end{cases}$, $t = 1, 2, 3, \cdots$ 则 $X(1), X(2), \cdots$ 是一个时间序列。

时间序列分析是指对时间序列进行统计分析。涉及时间的数据与基础数理统计中的样本(简单随机样本)数据比较,它有两个不同特点:① 样本变量的独立同分布条件常常不满足,因为前后现象之间常常是有联系的,所以后面时刻的变量常常与前面时刻的变量不独立;② 时间具有一去不复返性。所以时间序列数据一般不能通过重复试验取得。

可见时间序列数据的统计处理要比简单随机样本数据处理复杂。

1.2 时间序列分布

设 $\{X(t), t \in T\}$ 为时间序列。

一维分布:

取 $t \in T$, $X(t)$ 是随机变量,其分布函数为 $F_t(x) = P(X(t) \leqslant x)$, $t \in T$,称 $\{F_t(x), t \in T\}$ 为时间序列 $\{X(t), t \in T\}$ 的一维分布函数族。

二维分布:

取 $t, s \in T$,得二维随机变量 $(X(t), X(s))$,其分布函数为

$$F_{t,s}(x, y) = P(X(t) \leqslant x, X(s) \leqslant y)$$

称 $\{F_{t,s}(x, y), t, s \in T\}$ 为时间序列 $\{X(t), t \in T\}$ 的二维分布函数族。

n 维分布：

取 $t_1, t_2, \cdots, t_n \in T$，得 n 维随机变量 $(X(t_1), \cdots, X(t_n))$，其分布函数为

$$F_{t_1 \cdots t_n}(x_1, x_2, \cdots, x_n) = P(X(t_1) \leqslant x_1, \cdots, X(t_n) \leqslant x_n)$$

称 $\{F_{t_1 \cdots t_n}(x_1, x_2, \cdots, x_n), t_1, t_2, \cdots, t_n \in T\}$ 为时间序列 $\{X(t), t \in T\}$ 的 n 维分布函数族。

定义 1.2.1　称 $\{\bigcup\limits_{n=1}^{\infty}\{F_{t_1 \cdots t_n}(x_1, \cdots, x_n), t_1, \cdots, t_n \in T\}$ 为时间序列的有限维分布函数族。

定义 1.2.2　称有限维分布为正态分布的时间序列为正态序列。

下面给出一个在理论讨论时有用的工具。

定理 1.1.1　时间序列 $\{X(t), t \in \mathbf{N}^+\}$ 为正态序列的充要条件是对于任意的 $m \in N^+$，$\boldsymbol{X}^{\mathrm{T}} = (X_1, X_2, \cdots, X_m) \sim m$ 维正态分布；时间序列 $\{X(t), t \in \mathbf{Z}\}$ 为正态序列的充要条件是对于任意的 $m \in \mathbf{Z}$，$\boldsymbol{X}^{\mathrm{T}} = (X_{-m}, X_{-m+1}, \cdots, X_{-1}, X_0, X_1, X_2, \cdots, X_m) \sim 2m-1$ 维正态分布。

定理的证明留作习题。

随机变量的分布能描述随机变量取值规律性，而时间序列的有限维分布能描述时间序列的统计规律性。

1.3　时间序列数字特征

设 $\{X(t), t \in T\}$ 为时间序列。

1.3.1　均值函数

定义 1.3.1　称 $\mu_t = EX(t) = \int_{-\infty}^{+\infty} x \mathrm{d}F_t(x)$，$t \in T$ 为时间序列 $\{X(t)\}$ 的均值函数。

1.3.2　自协方差函数

定义 1.3.2　称 $r(s, t) = \mathrm{cov}(X(s), X(t)) = E[X(s) - \mu_s][X(t) - \mu_t]$，$t, s \in T$ 为时间序列 $\{X(t)\}$ 的自协方差函数。

计算公式：　　$r(s, t) = E[X(s)X(t)] - \mu_s \mu_t$

有时也可以利用协方差的线性展开算。

如 $\mathrm{cov}(aX_1 + bX_2, cY_1 + dY_2) = ac\,\mathrm{cov}(X_1, Y_1) + ad\,\mathrm{cov}(X_1, Y_2) + bc\,\mathrm{cov}(X_2, Y_1) + bd\,\mathrm{cov}(X_2, Y_2)$

特别地，当 $s = t$ 时。

定义 1.3.3　称 $\sigma_t^2 = r(t, t) = DX(t)$, $t \in T$ 为时间序列 $\{X(t)\}$ 的方差函数。

由随机变量矩的定义可知均值是一阶矩，自协方差、方差是二阶矩。一般高阶矩存在，则低阶矩也存在。

定义 1.3.4　称二阶矩存在的时间序列为二阶矩序列。

1.3.3　自相关函数

定义 1.3.5　称 $\rho(s, t) = \dfrac{r(s, t)}{\sqrt{r(s, s)}\sqrt{r(t, t)}} = \dfrac{r(s, t)}{\sigma_s \sigma_t}$, $t, s \in T$ 为时间序列 $\{X(t)\}$ 的自相关函数。

特别地，$\rho(t, t) = 1$。

在实际问题中常常要把多个时间序列放在一起考察。设 $\{X(t), t \in T\}$, $\{Y(t), t \in T^*\}$ 为两个时间序列。

1.3.4　互协方差函数

定义 1.3.6　称 $r^*(s, t) = \mathrm{cov}(X(s), Y(t)) = E[X(s) - EX(s)][Y(t) - EY(t)]$, $s \in T$, $t \in T^*$ 为时间序列 $\{X(t)\}$ 和时间序列 $\{Y(t)\}$ 的互协方差函数。

定义 1.3.7　当 $r^*(s, t) = 0$, $s \in T$, $t \in T^*$，则称 $\{X(t)\}$ 与 $\{Y(t)\}$ 不相关。

注　$\{X(t)\}$ 与 $\{Y(t)\}$ 独立是指对于任意的 $s \in T$, $t \in T^*$，$X(s)$ 与 $Y(t)$ 独立。若两个时间序列独立，则这两个时间序列不相关。

数字特征能概括反映时间序列中变量的某方面或某种关系的特征。

定义 1.3.8　设时间序列 $\{X(t), t \in T\}$ 的均值函数 $\mu_t = 0$，自协方差函数

$$r(s, t) = \begin{cases} \sigma^2, & s = t \\ 0, & s \neq t \end{cases}, \quad t、s \in T,$$

则称 $\{X(t),\ t \in T\}$ 为白噪声序列。记为 $X(t) \sim WN(0,\ \sigma^2)$。

可以用文字来概括白噪声序列：零均值同方差两两不相关的序列。

例 1.3.1　设 X、Y 相互独立且同服从分布 $N(\mu,\ \sigma^2)$，$X_t = X + 2Yt$，$t \in \mathbf{N}^+$，试求：(1) $\{X_t\}$ 的均值函数 μ_t；(2) $\{X_t\}$ 的自协方差函数 $r(s,\ t)$；(3) $\{X_t\}$ 的一维分布和二维分布。

解　(1) $\mu_t = EX + tEY = \mu + t\mu$；

(2) $r(s,\ t) = \mathrm{cov}(X_s,\ X_t) = \mathrm{cov}(X + 2Ys,\ X + 2Yt) = \mathrm{cov}(X,\ X) + 4st\,\mathrm{cov}(Y,\ Y) = \sigma^2 + 4st\sigma^2$；

(3) X_t 为独立正态变量的线性组合仍为正态变量，设 $X_t \sim N(EX_t,\ DX_t)$。由(1)，(2)得 $X_t \sim N(2t\mu,\ 4t^2\sigma^2)$，$\begin{bmatrix} X_s \\ X_t \end{bmatrix} = \begin{bmatrix} X + 2Ys \\ X + 2Yt \end{bmatrix} = \begin{bmatrix} 1 & 2s \\ 1 & 2t \end{bmatrix}\begin{bmatrix} X \\ Y \end{bmatrix}$，$\begin{bmatrix} X \\ Y \end{bmatrix}$ 为正态向量，正态向量的线性变换仍为正态向量，所以 $\begin{bmatrix} X_s \\ X_t \end{bmatrix}$ 为正态向量，设 $\begin{bmatrix} X_s \\ X_t \end{bmatrix} \sim N_2\left(E\begin{bmatrix} X_s \\ X_t \end{bmatrix},\ D\begin{bmatrix} X_s \\ X_t \end{bmatrix}\right)$，由(1)，(2)得 $E\begin{bmatrix} X_s \\ X_t \end{bmatrix} = \begin{bmatrix} 2s\mu \\ 2t\mu \end{bmatrix}$，$D\begin{bmatrix} X_s \\ X_t \end{bmatrix} = \begin{bmatrix} 4s^2 & 4st \\ 4st & 4t^2 \end{bmatrix}\sigma^2$，得 $\begin{bmatrix} X_s \\ X_t \end{bmatrix} \sim N_2\left(\begin{pmatrix} 2s\mu \\ 2t\mu \end{pmatrix},\ \begin{pmatrix} 4s^2 & 4st \\ 4st & 4t^2 \end{pmatrix}\sigma^2\right)$，$s,\ t \in \mathbf{N}^+$。

1.4　时间序列的平稳性

时间序列的平稳性有两种定义，宽平稳与严平稳。

1.4.1　两种平稳性定义

定义 1.4.1　设时间序列为 $\{X(t),\ t \in T\}$，如果对任意的自然数 m，$s \in T$，$t_1 < t_2 < \cdots < t_m$；$t_1 + s,\ t_2 + s,\ \cdots,\ t_m + s \in T$，对应的 X_{t_1}，X_{t_2}，…，X_{t_m} 的联合分布与 X_{t_1+s}，X_{t_2+s}，…，X_{t_m+s} 的联合分布相同，则称 $\{X_t\}$ 是严平稳的时间序列。

定义 1.4.2　设时间序列为 $\{X(t),\ t \in T\}$，如果 X_t 的二阶矩存在且满足：① $EX_t = C$(常数)；② $r(s,\ t) = r(t - s,\ 0)$，$t,\ s \in T$，则称 $\{X_t\}$ 是宽平稳(简称平稳)的时间序列。

注　当 $t > s$ 时，$t - s$ 为时间间隔，可见宽平稳要求协方差函数仅是时间间隔的一元函数。严平稳与宽平稳都是指随时间平移变化的某种不变性，一个是分布不变,另一个是一二阶矩不变。

直观上来看严平稳要求随时间平移取值规律性保持不变,而宽平稳要求随时间平移一些数字特征保持不变,严平稳要求的条件强。两种平稳性有下面的联系。

1.4.2 两种平稳性关系

性质 1 若 $\{X_t\}$ 是严平稳的, X_t 的二阶矩存在,则 $\{X_t\}$ 也是宽平稳的。

性质 1 成立是显然的。

性质 2 若 $\{X_t\}$ 是正态序列,则 $\{X_t\}$ 是严平稳与宽平稳等价。

性质 2 的证明 设 $\{X_t\}$ 是正态序列。先证严平稳⇒宽平稳:

若 $\{X_t\}$ 是严平稳正态序列,正态序列一定是二阶矩序列,由性质 1,得 $\{X_t\}$ 是宽平稳;再证宽平稳⇒严平稳:

若 $\{X_t\}$ 是宽平稳正态序列, $\forall t_1 \leqslant t_2 \leqslant \cdots \leqslant t_m$, $t_i \in T$, $i=1, 2, \cdots, m$, $s \in T$, $m \in \mathbf{N}^+$。

$$设 \begin{bmatrix} x_{t_1} \\ x_{t_2} \\ \vdots \\ x_{t_m} \end{bmatrix} \sim N_m(\boldsymbol{\mu}, \boldsymbol{\Sigma}), \boldsymbol{\Sigma} = (\sigma_{ij}),$$

$$\sigma_{ij} = \operatorname{cov}(x_{t_i}, x_{t_j}) = r(t_i, t_j) = r(t_j - t_i, 0), i, j = 1, 2, \cdots, m$$

$$再设 \begin{bmatrix} x_{t_1+s} \\ x_{t_2+s} \\ \vdots \\ x_{t_{m+s}} \end{bmatrix} \sim N_m(\boldsymbol{\mu}, \boldsymbol{\Sigma}^*), \boldsymbol{\Sigma}^* = (\sigma_{ij}^*)$$

$$\begin{aligned} \sigma_{ij}^* &= \operatorname{cov}(x_{t_i+s}, x_{t_j+s}) = r(t_i + s, t_j + s) \\ &= r(t_j - t_i, 0) = \sigma_{ij}, i, j = 1, 2, \cdots, m \end{aligned}$$

$$故 \boldsymbol{\Sigma} = \boldsymbol{\Sigma}^*,所以 \begin{bmatrix} x_{t_1} \\ x_{t_2} \\ \vdots \\ x_{t_m} \end{bmatrix} 与 \begin{bmatrix} x_{t_1+s} \\ x_{t_2+s} \\ \vdots \\ x_{t_m+s} \end{bmatrix} 同分布,\{X_t\} 是严平稳。$$

注 本书主要讨论宽平稳时间序列，以下若无特别说明平稳均指宽平稳。

例 1.4.1 考虑例 1.3.1 序列的平稳性。

解 由于 $EX_t = 2t\mu$ 或 $DX_t = 4t^2\sigma^2$ 依赖于 t，所以该序列非平稳。

例 1.4.2 设 $X_t = A\cos(\omega t + \theta)$，$t \in \mathbf{N}^+$，$A$，$\omega$ 是两个常数，随机变量$\theta\sim$均匀分布 $U(0, 2\pi)$，证明 $\{X_t\}$ 是平稳序列。

证明 $EX_t = AE\cos(\omega t + \theta) = \dfrac{A}{2\pi}\displaystyle\int_0^{2\pi}\cos(\omega t + \theta)\mathrm{d}\theta = \dfrac{A}{2\pi}\sin(\omega t + \theta)\Big|_0^{2\pi} = 0$

$$
\begin{aligned}
r(s, t) &= EX_s X_t - 0 = A^2 E\cos(\omega s + \theta)\cos(\omega t + \theta) \\
&= \frac{A^2}{2\pi}\int_0^{2\pi}\cos(\omega s + \theta)\cos(\omega t + \theta)\mathrm{d}\theta \\
&= \frac{1}{2}\frac{A^2}{2\pi}\int_0^{2\pi}[\sin(\omega(s+t) + 2\theta) - \cos\omega(s-t)]\mathrm{d}\theta = -\frac{A^2}{2}\cos\omega(s-t),
\end{aligned}
$$

故 $r(s, t)$ 仅依赖于 $t-s$，因此 $\{X_t\}$ 是平稳序列。

例 1.4.3 设 $\{X_t, t \in T\}$ 是平稳序列，$t_1, t_2, \cdots, t_m$ 为给定的m 个属于T的常数，令

$Y_t = \sum\limits_{j=1}^{m} X_{t+t_j}$，证明 $\{Y_t\}$ 也是平稳序列。

注 本书出现的时间参数集若无特别说明，均可认为对加法是封闭的。

证明 记 $EX_t = C$，$\mathrm{cov}(X_s, X_t) = h(t-s)$，则 $EY_t = \sum\limits_{j=1}^{m} EX_{t+t_j} = mC$，

对任意的 $t, k \in T$，

$$
\begin{aligned}
EY_t Y_{t+k} &= E\sum_{j=1}^{m}\sum_{i=1}^{m} X_{t+t_j} X_{t+t_i+k} = \sum_{j=1}^{m}\sum_{i=1}^{m} EX_{t+t_j} X_{t+t_i+k} \\
&= \sum_{j=1}^{m}\sum_{i=1}^{m} h(k + t_i - t_j) + m^2 C^2
\end{aligned}
$$

故 $\mathrm{cov}(Y_t, Y_{t+k}) = \sum\limits_{j=1}^{m}\sum\limits_{i=1}^{m} h(k+t_i-t_j)$ 与 t 无关，仅依赖于间隔 k，所以 $\{Y_t\}$ 也是平稳序列。

1.4.3 平稳序列的数字特征

设 $\{X_t\}$ 是宽平稳的，则 $\{X_t\}$ 的均值、方差函数是常数，自协方差函数、自相关函数是一元函数。记均值函数 $\mu_t = c$，由于 $c \neq 0$ 时，可以构造新的序列

$\{Y_t\} = \{X_t - c\}$，$\{Y_t\}$ 为零均值平稳序列，只要讨论 $\{Y_t\}$，所以在后面的讨论中不妨假定 $c = 0$（以下若没有特别说明都有此假定）。记自协方差函数 $r(t, t + k) = r_k$，k 可正可负，有 $r_{-k} = r_k$，k 非负时表示时间间隔。

1.5 时间序列的运算

人们常常通过建立模型来描述现象、事物随时间推移的变化规律性，而常见的模型一般都是某种运算的结果。

1.5.1 线性运算和延迟运算

1) 线性运算

设 $\{X_t\}$，$\{Y_t\}$ 是两个时间序列，a，b 是两个常数，形如 $\{aX_t \pm bY_t\}$ 的时间序列可以看作由 $\{X_t\}$，$\{Y_t\}$ 的经过线性运算得到。

注 不相关平稳序列的线性运算能保持平稳性，其他的线性运算不一定能保持平稳性。

2) 延迟运算

用 B 表示一个延迟算子，定义：

$$B^0 X_t = X_t,\ BX_t = X_{t-1},$$

$$B^2 X_t = B(BX_t) = BX_{t-1} = X_{t-2},\ \cdots,\ B^d X_t = X_{t-d}$$

称 B 为一步延迟算子，B^2 为二步延迟算子，…，B^d 为 d 步延迟算子。

一般有 $Bg(t) = g(t-1)$。

$B(\sum\limits_{i=0}^{k} c_i X_{t-i}) = \sum\limits_{i=0}^{k} c_i X_{t-i-1} = \sum\limits_{i=0}^{k} c_i BX_{t-i}$，由此式可知延迟算子也是一种线性算子。

设 $g(t) = a_0 + a_1 t + \cdots + a_k t^p$，$g(B) = a_0 + a_1 B + \cdots + a_k B^p$，称 $g(B) = a_0 + a_1 B + \cdots + a_k B^p$ 为延迟算子多项式，还可推广到级数情形。

$$\sum_{i=0}^{k} a_i X_{t-i} = \sum_{i=0}^{k} a_i B^i X_t = (\sum_{i=0}^{k} a_i B^i) X_t = g(B) X_t$$

3) 线性延迟混合运算

设 $Y_t = a_0 X_t + a_1 X_{t-1} + \cdots + a_p X_{t-p}$，称 Y_t 为$\{X_t\}$ 的 p 阶滑动平均。

1.5.2　差分运算

用 B 表示一个一步延迟算子，称 $\Delta = 1 - B$ 为差分算子，设 C 为一常数，则 $\Delta C = (1-B)C = C - C = 0$。设 a，b 是常数，

$$\Delta(a+bt) = (1-B)(a+bt) = (a+bt) - [a+b(t-1)] = b。$$

一般有，设 $g(t)$ 是 t 的 n 次多项式，则 $\Delta g(t) = (1-B)g(t) = g(t) - g(t-1)$ 是 t 的 $n-1$ 次多项式，即每差分一次多项式次数会降低一阶。

1.5.3　极限运算

时间序列是一个随机变量序列，而随机变量序列有多种极限的定义，它们的收敛性也是时间序列分析的一个基础。

1）依分布收敛

设 $\{X_n\}$ 是一个随机变量序列，X 是一个随机变量，X_n 的分布函数记为 $F_n(x)$，X 的分布函数记为 $F(x)$，若在 $F(x)$ 的连续点 x 处，有 $\lim\limits_{n\to\infty} F_n(x) = F(x)$，则称 $\{X_n\}$ 依分布收敛于 X，记为 $X_n \xrightarrow{d} X$。

2）依概率收敛

设 $\{X_n\}$ 是一个随机变量序列，X 是一个随机变量，若 $\forall \varepsilon > 0$，有 $\lim\limits_{n\to\infty} P(|X_n - X| < \varepsilon) = 1$，则称 $\{X_n\}$ 依概率收敛于 X，记为 $X_n \xrightarrow{P} X$。

3）L^1 阶收敛

设 $\{X_n\}$ 是一个随机变量序列，X 是一个随机变量，若有 $\lim\limits_{n\to\infty} E|X_n - X| = 0$，则称 $\{X_n\} L^1$ 阶收敛于 X，记为 $X_n \xrightarrow{L^1} X$。

4）均方收敛

设 $\{X_n\}$ 是一个随机变量序列，X 是一个随机变量，若有 $\lim\limits_{n\to\infty} E(X_n - X)^2 = 0$，则称 $\{X_n\}$ 均方收敛于 X 或 L^2 阶收敛于 X，记为 $X_n \xrightarrow{m.s} X$ 或 $\lim\limits_{n\to\infty} X_n \overset{m.s}{=} X$。

在讨论均方收敛的性质前，先介绍两个不等式。

引理 1.5.1（许瓦兹不等式）

设 X 和 Y 均为二阶矩变量，则 $E(XY)^2 \leqslant EX^2 \cdot EY^2$ 或 $E|XY| \leqslant \sqrt{EX^2} \cdot \sqrt{EY^2}$。

证明　设 $h(t) = E(X-tY)^2$，$t \in \mathbf{R}$，显然有 $h(t) \geqslant 0$，展开，由 $h(t) = EX^2 - 2EXY \cdot t + EY^2 \cdot t^2 \geqslant 0$，得判别式 $\Delta = (2EXY)^2 - 4EX^2EY^2 \leqslant 0$，故

$(EXY)^2 \leqslant EX^2EY^2$。

另一个不等式只要构造函数 $h(t) = E(|X| - t|Y|)^2$，$t \in \mathbf{R}$，就可以类似得证。

引理 1.5.2(切贝雪夫不等式的推广)

设 $g(X) \geqslant 0$，则 $\forall \varepsilon > 0$，有 $P(g(X) \geqslant \varepsilon) \leqslant \dfrac{Eg(X)}{\varepsilon}$。

证明 仅证 X 为连续型变量情形，设 X 的密度函数为 $f(x)$，

$$\forall \varepsilon > 0, 有\ P(g(X) \geqslant \varepsilon) = \int\limits_{g(x)\geqslant\varepsilon} f(x)\mathrm{d}x \leqslant \int\limits_{g(x)\geqslant\varepsilon} \frac{g(x)}{\varepsilon} f(x)\mathrm{d}x$$

$$\leqslant \int_{-\infty}^{+\infty} \frac{g(x)}{\varepsilon} f(x)\mathrm{d}x = \frac{Eg(X)}{\varepsilon}。$$

证毕。

均方收敛的性质：

性质 1 若 $X_n \xrightarrow{m.s} X$，$X_n \xrightarrow{m.s} Y$，则 $P(X = Y) = 1$。

性质 1 说明均方极限在概率意义下是唯一的。

证明 $0 \leqslant E|X - Y|^2 \leqslant E|(X_n - X) - (X_n - Y)|^2 \leqslant E(X_n - X)^2 + 2E|(X_n - X)(X_n - Y)| + E(X_n - Y)^2 \leqslant E(X_n - X)^2 + 2\sqrt{E(X_n - X)^2} \cdot \sqrt{E(X_n - Y)^2} + E(X_n - Y)^2 \to 0(n \to \infty)$。

证毕。

性质 2 若 $X_n \xrightarrow{m.s} X$，则 $\lim\limits_{n\to\infty} EX_n = EX$。

证明 $0 \leqslant |EX_n - EX| = |E(X_n - X)| \leqslant \sqrt{E(X_n - X)^2} \to 0(n \to \infty)$。

证毕。

性质 3 若 $\lim\limits_{n\to\infty} X_n \overset{m.s}{=} X$，$\lim\limits_{n\to\infty} Y_n \overset{m.s}{=} Y$，则 $\lim\limits_{\substack{n\to\infty \\ m\to\infty}} EX_nY_m = EXY$。

证明
$$\begin{aligned}
0 &\leqslant |EX_nY_m - EXY| \\
&\leqslant |E(X_n - X)(Y_m - Y) + EX(Y_m - Y) + EY(X_n - X)| \\
&\leqslant E|(X_n - X)(Y_m - Y)| + E|X(Y_m - Y)| + E|Y(X_n - X)| \\
&\leqslant \sqrt{E(X_n - X)^2}\sqrt{E(Y_m - Y)^2} + \sqrt{EX^2}\sqrt{E(Y_m - Y)^2} + \\
&\quad \sqrt{EY^2}\sqrt{E(X_n - X)^2} \to 0(n, m \to \infty)
\end{aligned}$$

证毕。

特例　若 $\lim_{n\to\infty} X_n \overset{m.s}{=} X$，则 $\lim_{\substack{n\to\infty \\ m\to\infty}} EX_n X_m = EX^2$，

另外有 $\lim_{n\to\infty} EX_n^2 = EX^2$，$\lim_{n\to\infty} DX_n = DX$。

5) 依概率 1 收敛

设 $\{X_n\}$ 是一个随机变量序列，X 是一个随机变量，若有 $P(\lim_{n\to\infty} X_n = X) = 1$，则称 $\{X_n\}$ 依概率 1 收敛于 X 或称 $\{X_n\}$ 几乎处处收敛于 X，记为 $X_n \xrightarrow{a.s} X$。

性质：

若 $X_n \xrightarrow{a.s} X$，$Y_n \xrightarrow{a.s} Y$，则(1) $X_n \pm Y_n \xrightarrow{a.s} X \pm Y$；(2) $X_n Y_n \xrightarrow{a.s} XY$；(3) $X_n \div Y_n \xrightarrow{a.s} X \div Y (Y_n \neq 0,\ Y \neq 0)$。

(2)的证明　$0 \leqslant P(\lim_{n\to\infty} X_n Y_n \neq XY) \leqslant P(\lim_{n\to\infty} X_n \neq X \cup \lim_{n\to\infty} Y_n \neq Y) \leqslant P(\lim_{n\to\infty} X_n \neq X) + P(\lim_{n\to\infty} Y_n \neq Y) = 0+0=0$，故 $X_n Y_n \xrightarrow{a.s} XY$。

这些随机变量序列的收敛性有下列关系。

定理 1.5.1　$X_n \xrightarrow{m.s} X \Rightarrow X_n \xrightarrow{L^1} X \Rightarrow X_n \xrightarrow{P} X \Rightarrow X_n \xrightarrow{d} X$

证明　先证 $X_n \xrightarrow{m.s} X \Rightarrow X_n \xrightarrow{L^1} X$：

由许瓦兹不等式，得 $0 \leqslant E \mid X_n - X \mid \leqslant \sqrt{E(X_n - X)^2} \to 0 (n\to\infty)$，

故 $X_n \xrightarrow{m.s} X \Rightarrow X_n \xrightarrow{L^1} X$。

再证 $X_n \xrightarrow{L^1} X \Rightarrow X_n \xrightarrow{P} X$：

$\forall \varepsilon > 0$，有 $0 \leqslant P(\mid X_n - X \mid \geqslant \varepsilon) \leqslant \dfrac{E \mid X_n - X \mid}{\varepsilon} \to 0 (n\to\infty)$，

故 $X_n \xrightarrow{L^1} X \Rightarrow X_n \xrightarrow{P} X$。

最后证 $X_n \xrightarrow{P} X \Rightarrow X_n \xrightarrow{d} X$：

设 X_n 的分布函数记为 $F_n(x)$，X 的分布函数记为 $F(x)$，且设 x 是 $F(x)$ 的任意连续点，任取 $\delta > 0$，记 $x_1 = x - \delta$，$x_2 = x + \delta$，则

$$
\begin{aligned}
F_n(x) - F(x) = P(X_n \leqslant x) - F(x) &\leqslant P(X_n \leqslant x,\ X > x_2) \\
&\quad + P(X_n \leqslant x,\ X \leqslant x_2) - F(x) \\
&\leqslant P(\mid X_n - X \mid \geqslant x - x_1) + P(X \leqslant x_2) - F(x) \\
&= P(\mid X_n - X \mid \geqslant \delta) + F(x_2) - F(x)。
\end{aligned}
$$

$$F(x)-F_n(x)=P(X_n>x)-P(X>x)\leqslant P(X_n>x,\ X\leqslant x_1)$$
$$+P(X_n>x,\ X>x_1)-P(X>x)$$
$$\leqslant P(|X_n-X|\geqslant x-x_1)+P(X>x_1)-P(X>x)$$
$$=P(|X_n-X|\geqslant\delta)+F(x)-F(x_1)。$$

故 $|F_n(x)-F(x)|\leqslant P(|X_n-X|\geqslant\delta)+\max\{F(x_2)-F(x),\ F(x)-F(x_1)\}$,

先令 $n\to\infty$,再令 $\delta\to 0$,得 $|F_n(x)-F(x)|\to 0$。

证毕。

定理 1.5.2 (1) $X_n\xrightarrow{a.s}X\Rightarrow X_n\xrightarrow{P}X$

(2) 若 $X_n\xrightarrow{m.s}X$ 与 $X_n\xrightarrow{a.s}X$ 中的一式成立,则另一式不一定成立。

证明略。

1.5.4 平稳线性时间序列

定义 1.5.1 设 $\{\varepsilon_t\}$ 为白噪声序列,$X_t=\sum\limits_{j=-\infty}^{+\infty}a_j\varepsilon_{t-j}$,$\sum\limits_{j=-\infty}^{+\infty}a_j^2<+\infty$,则称对 $\{\varepsilon_t\}$ 的无穷滑动平均序列,也称平稳线性序列。

这时和 $\sum\limits_{j=-\infty}^{+\infty}a_j\varepsilon_{t-j}$ 可定义为 $\lim\limits_{n\to+\infty}\sum\limits_{j=-n}^{n}a_j\varepsilon_{t-j}\overset{m.s}{=}\sum\limits_{j=-\infty}^{+\infty}a_j\varepsilon_{t-j}$,当 $\sum\limits_{j=-\infty}^{+\infty}|a_j|<+\infty$ 时,和 $\sum\limits_{j=-\infty}^{+\infty}a_j\varepsilon_{t-j}$ 可定义为 $\lim\limits_{n\to+\infty}\sum\limits_{j=-n}^{n}a_j\varepsilon_{t-j}\overset{a.s}{=}\sum\limits_{j=-\infty}^{+\infty}a_j\varepsilon_{t-j}$。

为说明其平稳性引入下面两个引理。

引理 1.5.3(单调收敛定理)

$0\leqslant\xi_1\leqslant\xi_2\leqslant\cdots$,则当 $\xi_n\xrightarrow{a.s}\xi$ 时,有 $\lim\limits_{n\to\infty}E\xi_n=E\xi$。

注 这里允许 $\xi=\infty$,这时 ξ 是广义的随机变量,$\sum\limits_{j=-n}^{n}|a_j\varepsilon_{t-j}|$ 关于 n 单调递增,又因为 $\sum\limits_{j=-n}^{n}|a_j\varepsilon_{t-j}|\xrightarrow{a.s}\sum\limits_{j=-\infty}^{+\infty}|a_j\varepsilon_{t-j}|$,故 $E\sum\limits_{j=-\infty}^{+\infty}|a_j\varepsilon_{t-j}|=\lim\limits_{n\to\infty}E\sum\limits_{j=-n}^{n}|a_j\varepsilon_{t-j}|=\sum\limits_{j=-\infty}^{+\infty}E|a_j\varepsilon_{t-j}|$,即先求期望与先求和可以交换秩序。

引理 1.5.4(控制收敛定理)

设随机变量 $\{\xi_n\}$ 适合 $|\xi_n|\leqslant\xi_0$, $a.s$ 和 $E|\xi_0|<\infty$,则当 $\xi_n\xrightarrow{a.s}\xi$ 时,有

$E\mid\xi\mid<\infty$，且 $\lim\limits_{n\to\infty}E\xi_n=E\xi$。

下面用上述两个引理说明当 $\sum\limits_{j=-\infty}^{+\infty}\left|a_j\right|<+\infty$ 时，$X_t=\sum\limits_{j=-\infty}^{+\infty}a_j\varepsilon_{t-j}$ 具有宽平稳性。先说明 $EX_t=0$，因为 $\left|\sum\limits_{j=-n}^{n}a_j\varepsilon_{t-j}\right|\leqslant\sum\limits_{j=-n}^{n}\left|a_j\varepsilon_{t-j}\right|\leqslant\sum\limits_{j=-\infty}^{+\infty}\left|a_j\varepsilon_{t-j}\right|$，$E\sum\limits_{j=-\infty}^{+\infty}\left|a_j\varepsilon_{t-j}\right|=\sum\limits_{j=-\infty}^{+\infty}E\left|a_j\varepsilon_{t-j}\right|\leqslant\sum\limits_{j=-\infty}^{+\infty}\left|a_j\right|\sqrt{E\varepsilon_{t-j}^2}=\sigma\sum\limits_{j=-\infty}^{+\infty}\left|a_j\right|<\infty$，又因 $\lim\limits_{n\to+\infty}\sum\limits_{j=-n}^{n}a_j\varepsilon_{t-j}\overset{a.s}{=}\sum\limits_{j=-\infty}^{+\infty}a_j\varepsilon_{t-j}$，

故由控制收敛定理，得 $EX_t=E\sum\limits_{j=-\infty}^{+\infty}a_j\varepsilon_{t-j}=\lim\limits_{n\to\infty}E\sum\limits_{j=-n}^{n}a_j\varepsilon_{t-j}=\lim\limits_{n\to\infty}\sum\limits_{j=-n}^{n}a_jE\varepsilon_{t-j}=0$。

再说明 $r(s,t)=EX_sX_t$ 仅依赖于 $s-t$。

设 $\xi_n=\sum\limits_{j=-n}^{n}a_j\varepsilon_{t-j}$，$\eta_n=\sum\limits_{k=-n}^{n}a_k\varepsilon_{s-k}$，则 $\xi_n\xrightarrow{a.s}X_t$，$\eta_n\xrightarrow{a.s}X_s$，故 $\xi_n\eta_n\xrightarrow{a.s}X_tX_s$，

$$\left|\xi_n\eta_n\right|\leqslant\sum_{j=-n}^{n}\sum_{k=-n}^{n}\left|a_ja_k\varepsilon_{t-j}\varepsilon_{s-k}\right|\leqslant\sum_{j=-\infty}^{+\infty}\sum_{k=-\infty}^{+\infty}\left|a_ja_k\varepsilon_{t-j}\varepsilon_{s-k}\right|,$$

$$\begin{aligned}E\sum_{j=-\infty}^{+\infty}\sum_{k=-\infty}^{+\infty}\left|a_ja_k\varepsilon_{t-j}\varepsilon_{s-k}\right|&=\sum_{j=-\infty}^{+\infty}\sum_{k=-\infty}^{+\infty}\left|a_ja_k\right|E\left|\varepsilon_{t-j}\varepsilon_{s-k}\right|\\&\leqslant\sum_{j=-\infty}^{+\infty}\sum_{k=-\infty}^{+\infty}\left|a_ja_k\right|\sqrt{E\varepsilon_{t-j}^2}\sqrt{E\varepsilon_{s-k}^2}\\&=\sigma^2\sum_{j=-\infty}^{+\infty}\sum_{k=-\infty}^{+\infty}\left|a_ja_k\right|\leqslant\sigma^2\left(\sum_{j=-\infty}^{+\infty}\left|a_j\right|\right)^2<+\infty,\end{aligned}$$

故由控制收敛定理，得

$$\begin{aligned}EX_tX_s&=\lim_{n\to\infty}E\xi_n\eta_n=\lim_{n\to\infty}\sum_{j=-n}^{n}\sum_{k=-n}^{n}a_ja_kE\varepsilon_{t-j}\varepsilon_{s-k}\\&=\lim_{n\to\infty}\sigma^2\sum_{j=-n}^{n}a_ja_{j+s-t}=\sigma^2\sum_{j=-\infty}^{+\infty}a_ja_{j+s-t},\end{aligned}$$

仅依赖于 $s-t$，

所以 $\{X_t\}$ 具有宽平稳性。

由上述推导可知对平稳线性序列有

$$r_k = \sigma^2 \sum_{j=-\infty}^{+\infty} a_j a_{j+k} \tag{1.1}$$

它可以作为计算公式用。

$X_t = \sum\limits_{j=-\infty}^{+\infty} a_j \varepsilon_{t-j}$，$\sum\limits_{j=-\infty}^{+\infty} a_j^2 < +\infty$ 的宽平稳性类似可证。

1.6 复时间序列

先介绍复随机变量的概念。

定义 1.6.1 设 X, Y 为实随机变量，称 $Z = X + \mathrm{i}Y$ 为复随机变量。

下面介绍复随机变量的数字特征。

定义 1.6.2 若 EX，EY 存在，称 $EZ = EX + \mathrm{i}EY$ 为 Z 的均值，若 $Z_1 = X_1 + \mathrm{i}Y_1$，$Z_2 = X_2 + \mathrm{i}Y_2$，称 $\mathrm{cov}(Z_1, Z_2) = E(Z_1 - EZ_1)\overline{(Z_2 - EZ_2)}$ 为 Z_1 与 Z_2 的协方差；

称 $DZ = E(Z - EZ)\overline{(Z - EZ)} = E\mid Z - EZ\mid^2$ 为 Z 的方差。

当 $E\mid Z\mid^2 = EX^2 + EY^2 < \infty$ 时，称 Z 为二阶矩变量。

定义 1.6.3 复随机变量序列构成的时间序列为复时间序列。

复时间序列也有平稳性的概念。

定义 1.6.4 若复时间序列 $\{Z_n\}$ 二阶矩存在，且适合：

(1) $EZ_n = C$；

(2) $r(t, s) = E(Z_t - C)\overline{(Z_s - C)} = r(s - t, 0)$，$t$、$s \in T$

则称 $\{Z_n\}$ 为宽平稳时间序列。

类似地，复平稳时间序列的自协方差可记为 $r_k = E(Z_t - C)\overline{(Z_{t+k} - C)}$.

性质：

(1) $r_{-k} = \overline{r_k}$，即具有复对称性。

(2) 厄尔米特非负定性：

$$\text{记 } \boldsymbol{\Gamma}_m = \begin{bmatrix} r_0 & r_1 & \cdots & r_{m-1} \\ r_1 & r_0 & \cdots & r_{m-2} \\ \cdots & \cdots & \cdots & \cdots \\ r_{m-1} & r_{m-2} & \cdots & r_0 \end{bmatrix}, \overline{\boldsymbol{\Gamma}_m} = \begin{bmatrix} \overline{r_0} & \overline{r_2} & \cdots & \overline{r_{m-1}} \\ \overline{r_1} & \overline{r_0} & \cdots & \overline{r_{m-2}} \\ \vdots & \vdots & \ddots & \vdots \\ \overline{r_{m-1}} & \overline{r_{m-2}} & \cdots & \overline{r_0} \end{bmatrix}$$

则(1) $\overline{\boldsymbol{\Gamma}_m^{\mathrm{T}}} = \boldsymbol{\Gamma}_m$；(2) $\forall \boldsymbol{\xi} \in C^m$，有 $\overline{\boldsymbol{\xi}}^{\mathrm{T}} \boldsymbol{\Gamma}_m \boldsymbol{\xi} \geqslant 0$，即具有厄尔米特非负定性。

习　题　1

1. 设 $X_t = X + t$，$t \in \mathbf{N}^+$，其中 $X \sim N(0, 1)$，试求：(1) $\{X_t\}$ 的均值函数 μ_t；(2) $\{X_t\}$ 的自协方差函数 $r(s, t)$；(3) $\{X_t\}$ 的自相关函数 $\rho(s, t)$；(4) $\{X_t\}$ 的一维分布函数。

2. 设 X、Y 相互独立且同服从 $N(\mu, \sigma^2)$，$X_t = X + 2Yt$，$t \in \mathbf{N}^+$，试求：(1) $\{X_t\}$ 的均值函数 μ_t；(2) $\{X_t\}$ 的自协方差函数 $r(s, t)$；(3) $\{X_t\}$ 的一维分布和二维分布。

3. 证明时间序列 $\{X(t), t \in \mathbf{N}^+\}$ 为正态序列的充要条件是对于任意的 $m \in \mathbf{N}^+$，$X^{\mathrm{T}} = (X_1, X_2, \cdots, X_m) \sim m$ 维正态分布。

4. 设 $X_t = A\sin(\omega t + \theta)$，$\theta \sim U[0, \pi]$，$t \in \mathbf{Z}$，$A$、$\omega$ 是非零常数，试求：(1) $\{X_t\}$ 的均值函数 μ_t；(2) $\{X_t\}$ 的自协方差函数 $r(s, t)$；(3) $\{X_t\}$ 是否宽平稳？

5. 设 $X_t = \sum_{j=1}^{p} A_j \sin(\omega_j t + \theta_j)$，$\theta_1, \theta_2, \cdots, \theta_p \overset{iid}{\sim} U[0, \pi]$，$t \in \mathbf{Z}$，而 A_j，ω_j，$j = 1, 2, \cdots, p$ 是非零常数，试证明 $\{X_t\}$ 宽平稳。

6. 设 $X_t = \cos(2\pi Y t)$，$Y \sim U(0, 1)$，$t \in \mathbf{N}^+$，讨论：$\{X_t\}$ 是否宽平稳？

7. 设 $\{X_t\}$ 为宽平稳序列，其协方差函数为 $r_X(s, t)$，令 $Y_t = 2X_t - X_{t-1}$，求 $\{Y_t\}$ 的自协方差函数 $r_Y(s, t)$。

8. 设 $\{X_t\}$ 为独立同分布的二阶矩序列，讨论：(1) $\{X_t\}$ 是否宽平稳？(2) $\{X_t\}$ 是否严平稳？

9. 设 $\{X_t\}$ 为宽平稳序列，记 $Y_t = B^k X_t = X_{t-k}$，其中 k 为正整数，证明：$\{Y_t\}$ 也为宽平稳序列。

10. 设 $\{X_t\}$ 为宽平稳序列，记 $Y_t = c_0 X_t + c_1 X_{t-1} + \cdots c_l X_{t-l}$，其中 l 为正整数，c_0，c_1，$\cdots c_l$，为正常数，证明：$\{Y_t\}$ 也为宽平稳序列。

11. 设 $\{X_t, t \in \mathbf{Z}\}$ 为二阶矩时间序列，若 $EX_t = \mu$，$EX_t X_s = g(s-t)$，t，$s \in \mathbf{Z}$，求 $\{X_t\}$ 的自协方差函数，并判别 $\{X_t\}$ 是否宽平稳？

12. 设平稳序列的 p 维向量 $X^{\mathrm{T}} = (X_1, X_2, \cdots, X_p)$ 的协方差矩阵为 Γ，试求 p 维向量 $X^{*\mathrm{T}} = (X_p, X_{p-1}, \cdots, X_1)$ 的协方差矩阵。

* **13.** 设时间序列 $\{X_t, t \in \mathbf{N}^+\}$ 适合：$X_t = X_{t-4} + \varepsilon_t$，$t \in \mathbf{N}^+$，其中，$X_0 = X_{-1} = X_{-2} = X_{-3} = 0$，且序列 $\{\varepsilon_t, t \in \mathbf{N}^+\}$ 为零均值、同方差和两两不相关序

列，求 (X_t, X_s)，$t, s \in \mathbf{N}^+$ 的分布。

*14. 设来自一个平稳序列的 n 维向量 $X^{\mathrm{T}} = (X_1, X_2, \cdots, X_n)$ 的协方差矩阵退化，证明：对于任意的 $m > n$，存在 n 个实常数 c_t，$t = 1, 2, \cdots, n$，使得 $X_m = c_n + \sum_{j=1}^{n-1} c_j X_j$，a.s。

15. 设 ∇为差分算子，试证当正整数 $k > l + 1$ 时，$\nabla^k\left(\sum_{i=0}^{l} c_i t^i\right) = 0$。

16. 设 $\lim_{n\to\infty} X_n \overset{m.s}{=\!=} X$，$\lim_{n\to\infty} Y_n \overset{m.s}{=\!=} Y$，$a$，$b$ 是两个常数，证明：$\lim_{n\to\infty}(aX_n + bY_n) \overset{m.s}{=\!=} aX + bY$。

17. 设数列 $\{a_n\}$ 有 $\lim_{n\to\infty} a_n = 0$，又 X 是二阶矩随机变量，试证：$\lim_{n\to\infty} a_n X \overset{m\cdot s}{=\!=} 0$。

*18. 设时间序列 $\{X_t\}$ 为严平稳序列，函数 $g(x_1, x_2, \cdots, x_m)$ 是任意的 m 元函数，证明：$Y_t = g(x_{t+1}, x_{t+2}, \cdots, x_{t+m})$ 为严平稳序列。

*19. 设时间序列 $\{X_t\}$ 为独立同分布序列，且 $\lim_{x\to+\infty} xP(X_1 > x) = 0$，$\lim_{x\to+\infty} xP(X_1 < -x) = 0$，证明：$\frac{1}{n}X_{(1)} \xrightarrow{P} 0$；$\frac{1}{n}X_{(n)} \xrightarrow{P} 0$。

第 2 章　时间序列模型介绍

时间序列分析的主要任务之一是要建立时间序列适合的模型，通过建立模型来描述现象、事物随时间推移的变化规律性；并常常借助于模型进行预测。时间序列的模型有很多，本章介绍 7 种较常见的时间序列模型，这些模型可以概括为两类：一是由时间序列一些项与误差项的组合得到，这类模型命名为连接型模型；二是时间序列项与它的影响因素组合得到，这类模型命名为因果型模型。

2.1　自回归模型

2.1.1　模型

定义 2.1.1　设时间序列 $\{X_t\}$ 适合

$X_t = a_0 + a_1 X_{t-1} + \cdots + a_p X_{t-p} + \varepsilon_t$，其中 $\{\varepsilon_t\}$ 为白噪声序列，$a_0, a_1, \cdots, a_p$ 是 $p+1$ 个实常数，$\forall s < t$，有 $EX_s \varepsilon_t = 0$，称此模型为 p 阶自回归模型，记为 $AR(p)$ 模型，称适合此模型的 $\{X_t\}$ 为 $AR(p)$ 序列。

注　当 $a_0 = 0$ 时，称为中心化的 $AR(p)$ 模型。

条件 $\forall s < t$，有 $EX_s \varepsilon_t = 0$，要求前面的时间序列项与后面的白噪声不相关，此条件被称为合理性条件。

令 $\alpha(u) = 1 - a_1 u - a_2 u^2 - \cdots - a_p u^p$，则原模型可简化为 $\alpha(B) X_t = \varepsilon_t$。

先讨论 $AR(p)$ 模型的解，先看 $AR(1)$ 模型情形。

例 2.1.1　设 $X_t = aX_{t-1} + \varepsilon_t$，试求 $|a| < 1$ 时模型的平稳解。

解　$X_t = aX_{t-1} + \varepsilon_t$，移项，得

$$X_t - aX_{t-1} = \varepsilon_t,\ (1 - aB) X_t = \varepsilon_t$$

形式上可化为

$$X_t = \frac{1}{1 - aB} \varepsilon_t = \sum_{j=0}^{+\infty} (aB)^j \varepsilon_t = \sum_{j=0}^{+\infty} a^j \varepsilon_{t-j}$$

验证是解

$$X_t - aX_{t-1} = \sum_{j=0}^{\infty} a^j \varepsilon_{t-1} - a\sum_{j=0}^{\infty} a^j \varepsilon_{t-1-j}$$

$$= \varepsilon_t + \sum_{j=1}^{\infty} a^j \varepsilon_{t-j} - \sum_{j=0}^{\infty} a^{j+1} \varepsilon_{t-1-j}$$

$$= \varepsilon_t + \sum_{i=0}^{\infty} a^{i+1} \varepsilon_{t-1-i} - \sum_{j=0}^{\infty} a^{j+1} \varepsilon_{t-1-j} = \varepsilon_t$$

故 $X_t = \sum_{j=0}^{\infty} a^j \varepsilon_{t-j}$ 为原模型的解。因 $|a| < 1$,故 $\sum_{j=0}^{\infty} |a^j| < +\infty$,解为平稳解。

一般模型 $AR(p)$ 的解可类似求得,记

$$\alpha(u) = 1 - a_1 u - a_2 u^2 - \cdots - a_p u^p,\ \alpha(B) x_t = \varepsilon_t$$

$$X_t = \frac{1}{\alpha(B)} \varepsilon_t = \sum_{j=0}^{\infty} \psi_j B^j \varepsilon_t = \sum_{j=0}^{\infty} \psi_j \varepsilon_{t-j},\ \psi_0 = 1 \tag{2.1}$$

可验证它是模型的解,略。

下面讨论平稳性。平稳条件:$\sum_{j=0}^{\infty} |\psi_j| < +\infty$ 或 $\sum_{j=0}^{\infty} \psi_j^2 < +\infty$,这时 $X_t = \sum_{j=0}^{\infty} \psi_j \varepsilon_{t-j},\ \psi_0 = 1$ 平稳。

更一般的平稳性条件:$\alpha(u) = 0$ 的根在单位圆外,此时称模型为平稳的 $AR(p)$ 模型,对应的 $\{X_t\}$ 称为平稳的 $AR(p)$ 序列。当 $\alpha(u) = 0$ 的根不全在单位圆外,称为广义的 $AR(p)$ 模型。

下面说明在此条件下用上述方法得到的解 $X_t = \sum_{j=0}^{\infty} \psi_j \varepsilon_{t-j},\ \psi_0 = 1$ 是平稳的。设 $\alpha(u) = 0$ 的 p 个根为:$u_i,\ i = 1, 2, \cdots, p$,其中 $|u_i| > 1,\ i = 1, 2, \cdots, p$,取常数 c,使 $1 < c < \min_{1 \leqslant i \leqslant p} |u_i|$,这时 $\frac{1}{\alpha(u)} = \sum_{j=0}^{\infty} \psi_j u^j,\ \psi_0 = 1$,在 $|u| \leqslant c$ 范围解析,从而在 $u = 1$ 处绝对收敛,所以 $\sum_{j=0}^{\infty} |\psi_j| < +\infty$,所以解 $X_t = \sum_{j=0}^{\infty} \psi_j \varepsilon_{t-j},\ \psi_0 = 1$ 是平稳的。

定义 2.1.2 称 $\{\boldsymbol{a} \mid \alpha(u) = 0$ 的根在单位圆外,$\boldsymbol{a}^{\mathrm{T}} = (a_1, a_2, \cdots, a_p) \in \mathbf{R}^p\}$ 为$AR(p)$模型的平稳域。

例 2.1.2　讨论平稳的 $AR(1)$ 模型，$X_t = aX_{t-1} + \varepsilon_t$，试求(1) 平稳域；(2) x_t 的自协方差函数和自相关函数。

解　(1) 由 $X_t - aX_{t-1} = \varepsilon_t$，得系数多项式等于 0，即 $1 - au = 0$ 的根，$u = \frac{1}{a}$，所以平稳域 $= \{a \mid 0 < |a| < 1\}$；

(2) 由上例及平稳线性序列的自协方差函数的计算公式，得 $r_k = \sigma^2 \sum_{j=0}^{\infty} a^j \cdot a^{j+k} = \frac{\sigma^2 a^k}{1 - a^2}$，$k = 0, 1, \cdots$ 自相关函数 $\rho_k = \frac{r_k}{r_0} = a^k$，$k = 0, 1, \cdots$

下面讨论一般的 $AR(p)$ 模型，设 $X_t = a_1 X_{t-1} + \cdots + a_p X_{t-p} + \varepsilon_t$，$\forall s < t$，有 $EX_s \varepsilon_t = 0$。

2.1.2　Yule - Walker 方程

设 $X_t = a_1 X_{t-1} + \cdots + a_p X_{t-p} + \varepsilon_t$，两边同乘以 X_{t-k}，得

$$X_t X_{t-k} = a_1 X_{t-1} X_{t-k} + \cdots + a_p X_{t-p} X_{t-k} + \varepsilon_t X_{t-k}$$

等式两边取期望，得

$$r_k = a_1 r_{k-1} + \cdots + a_p r_{k-p} + E\varepsilon_t X_{t-k} \tag{2.2}$$

由合理性，得

当 $k > 0$ 时，

$$r_k = a_1 r_{k-1} + \cdots + a_p r_{k-p} \tag{2.3}$$

$$\alpha(u) = 1 - a_1 u - a_2 u^2 - \cdots - a_p u^p \Rightarrow \alpha(B) r_k = 0$$

分别取 $k = 1, 2, \cdots, p$，得

$$\begin{aligned}
k = 1, &\quad r_1 = a_1 r_0 + a_2 r_1 + \cdots + a_p r_{p-1} \\
k = 2, &\quad r_2 = a_1 r_1 + a_2 r_0 + \cdots + a_p r_{p-2} \\
&\quad \cdots \\
k = p, &\quad r_p = a_1 r_{p-1} + a_2 r_{p-2} + \cdots + a_p r_0
\end{aligned}$$

称此方程组为 Yule - Walker 方程组。

Yule - Walker 方程组可用矩阵形式表示：

记 $\boldsymbol{\alpha} = \begin{bmatrix} a_1 \\ a_2 \\ \cdots \\ a_p \end{bmatrix}$，$\boldsymbol{b}_p = \begin{bmatrix} r_1 \\ r_2 \\ \cdots \\ r_p \end{bmatrix}$，$\boldsymbol{\Gamma}_p = \begin{bmatrix} r_0 & r_1 & \cdots & r_{p-1} \\ r_1 & r_0 & \cdots & r_{p-2} \\ \cdots & \cdots & \ddots & \cdots \\ r_{p-1} & r_{p-2} & \cdots & r_0 \end{bmatrix}$，

则 Yule－Walker 方程组可化为

$$\boldsymbol{b}_p = \boldsymbol{\Gamma}_p \cdot \boldsymbol{\alpha}$$

若记 $\frac{1}{r_0}\boldsymbol{\Gamma}_p$ 为 $\boldsymbol{\rho}_p$，$\frac{1}{r_0}\boldsymbol{b}_p$ 为 $\boldsymbol{d}_p$，即 $\boldsymbol{\rho}_p = \begin{bmatrix} 1 & \rho_1 & \cdots & \rho_{p-1} \\ \rho_1 & 1 & \cdots & \rho_{p-2} \\ \cdots & \cdots & \cdots & \cdots \\ \rho_{p-1} & \rho_{p-2} & \cdots & 1 \end{bmatrix}$，$\boldsymbol{d}_p = \begin{bmatrix} \rho_1 \\ \rho_2 \\ \cdots \\ \rho_p \end{bmatrix}$

Yule－Walker 方程组可化为

$$\boldsymbol{d}_p = \boldsymbol{\rho}_p \cdot \boldsymbol{\alpha}$$

定理 2.1.1 平稳的 $AR(p)$ 模型参数 $a_1, a_2, \cdots, a_p, \sigma^2$（$\sigma^2$ 为白噪声方差）与 $r_0, r_1, r_2, \cdots, r_p$ 有一一对应关系。

证明 若已知 $r_0, r_1, r_2, \cdots, r_p$，则由 Yule－Walker 方程，得

$\boldsymbol{b}_p = \boldsymbol{\Gamma}_p \cdot \boldsymbol{\alpha}$，这时 $\boldsymbol{\Gamma}_p > 0$，所以 $\boldsymbol{\Gamma}_p^{-1}$ 存在，所以 $\boldsymbol{\alpha} = \boldsymbol{\Gamma}_p^{-1} \cdot \boldsymbol{b}_p$，所以可计算，得 $a_1, a_2, \cdots, a_p$。

由 $X_t = a_1 X_{t-1} + \cdots + a_p X_{t-p} + \varepsilon_t$，得 $X_t \varepsilon_t = a_1 X_{t-1}\varepsilon_t + \cdots + a_p X_{t-p}\varepsilon_t + \varepsilon_t^2$，

两边取期望，得 $EX_t\varepsilon_t = E\varepsilon_t^2 = \sigma^2$，所以再由式(2.2) $r_k = a_1 r_{k-1} + \cdots + a_p r_{k-p} + E\varepsilon_t X_{t-k}$，

取 $k=0$ 时，$r_0 = a_1 r_1 + \cdots + a_p r_p + EX_t\varepsilon_t = a_1 r_1 + \cdots + a_p r_p + \sigma^2$，由此可计算，得

$$\sigma^2 = r_0 - a_1 r_1 - \cdots - a_p r_p \tag{2.4}$$

若已知 $a_1, a_2, \cdots, a_p, \sigma^2$，则可计算得 $X_t = \sum_{j=0}^{\infty}\psi_j \varepsilon_{t-j}$，$\psi_0 = 1$，其中 ψ_j，$j \geqslant 0$ 已知，而

$r_k = \sigma^2 \sum_{j=0}^{+\infty}\psi_j \psi_{j+k}$，所以可计算，得 $r_0, r_1, r_2, \cdots, r_p$。

定理 2.1.2 平稳的 $AR(p)$ 模型，参数 $\rho_1, \rho_2, \cdots, \rho_p$ 与 $a_1, a_2, \cdots, a_p$ 有一一对应关系。

例 2.1.3 讨论平稳的 $AR(2)$ 模型。

设 $X_t = a_1 X_{t-1} + a_2 X_{t-2} + \varepsilon_t$，$\forall s < t$，有 $EX_s\varepsilon_t = 0$。

解 (1) 平稳域 $= \{(a_1, a_2) \mid 1 - a_1 u - a_2 u^2 = 0$ 的根在单位圆外$\}$

设方程 $1-a_1u-a_2u^2=0$ 的两根分别为 u_1，u_2，则 u_1，$u_2=\dfrac{a_1\pm\sqrt{a_1^2+4a_2}}{-2a_2}$，$|u_1|>1$，$|u_2|>1$。

由根与系数的关系，得 $u_1+u_2=-\dfrac{a_1}{a_2}$，$u_1u_2=-\dfrac{1}{a_2}$，

$a_2=-\dfrac{1}{u_1u_2}$，$a_1=\dfrac{1}{u_1}+\dfrac{1}{u_2}$，故 $a_2\pm a_1=1-\left(1\mp\dfrac{1}{u_1}\right)\left(1\mp\dfrac{1}{u_2}\right)<1$，

所以平稳域 $=\{(a_1,a_2)\mid a_2\pm a_1<1,\ |a_2|<1\}$。

(2) 平稳解(传递形式)：

记 $\alpha(u)=1-a_1u-a_2u^2$，$\alpha(B)x_t=\varepsilon_t$，

$$X_t=\frac{1}{\alpha(B)}\varepsilon_t=\sum_{j=0}^{\infty}\psi_jB^j\varepsilon_t=\sum_{j=0}^{\infty}\psi_j\varepsilon_{t-j},\ \psi_0=1$$

其中 ψ_j 适合 $(1-a_1u-a_2u^2)\sum_{j=0}^{\infty}\psi_ju^j\equiv1$。

比较得，$\psi_0=1$，$\psi_1=a_1$，$\psi_j=a_1\psi_{j-1}+a_2\psi_{j-2}$，$j\geqslant2$。

(3) 自协方差函数：

由式(2.2)，得 $r_k=a_1r_{k-1}+a_2r_{k-2}$，$k\geqslant1$

由 Yule - Walker 方程组和式(2.3)，得

$$r_1=a_1r_0+a_2r_1,\ r_2=a_1r_1+a_2r_0,\ \sigma^2=r_0-a_1r_1-a_2r_2$$

解得

$$r_0=\frac{(1-a_2)\sigma^2}{1-a_1^2-a_1a_2-a_2-a_2^2+a_2^3}$$

$$r_1=\frac{a_1\sigma^2}{1-a_1^2-a_1a_2-a_2-a_2^2+a_2^3}$$

$$r_k=a_1r_{k-1}+a_2r_{k-2},\ k\geqslant2$$

(4) 自相关函数：

$$\rho_0=1,\ \rho_1=\frac{a_1}{1-a_2},\ \rho_k=a_1\rho_{k-1}+a_2\rho_{k-2},\ k\geqslant2$$

2.2 滑动平均模型

2.2.1 模型

定义 2.2.1 设时间序列 $\{X_t\}$ 适合

$X_t = \varepsilon_t - b_1\varepsilon_{t-1} - \cdots - b_q\varepsilon_{t-q}$，其中 $\{\varepsilon_t\}$ 为白噪声序列，$b_1, b_2, \cdots, b_q$ 是 q 个实常数，称此模型为 q 阶滑动平均模型，记为 $MA(q)$ 模型，称适合此模型的 $\{X_t\}$ 为 $MA(q)$ 序列。

记 $\beta(u) = 1 - b_1 u - \cdots - b_q u^q$，则 $MA(q)$ 模型可用 $X_t = \beta(B)\varepsilon_t$ 表示。

定理 2.2.1 $MA(q)$序列总平稳。

定理结论易证，留作习题。

2.2.2 自协方差函数

$$r_k = \begin{cases} \sigma^2\left(1 + \sum_{j=1}^{q} b_j^2\right),\ k = 0 \\ \sigma^2\left(-b_k + \sum_{j=1}^{q-k} b_j b_{j+k}\right),\ 1 \leqslant k \leqslant q \\ 0,\ k > q \end{cases}$$

$MA(q)$模型表达式已经是解的形式，实际问题有时需要用 $\{X_t\}$ 表示 ε_t，称其为可逆形式。如 $MA(1)$ 模型 $X_t = \varepsilon_t - b\varepsilon_{t-1}$ 的可逆形式为 $\varepsilon_t = \sum_{j=0}^{\infty} b^j X_{t-j}$。

2.2.3 可逆条件

若 $\beta(u) = 0$ 的根均在单位圆外，称 $MA(q)$模型为可逆的 $MA(q)$模型，$\{X_t\}$ 为可逆的 $MA(q)$序列。

定义 2.2.2 称 $\{\boldsymbol{b} \mid \beta(u) = 0$ 的根在单位圆外，$\boldsymbol{b}^{\mathrm{T}} = (b_1, b_2, \cdots, b_q) \in \mathbf{R}^p\}$ 为 $MA(q)$模型的可逆域。

例 2.2.1 讨论 $MA(1)$ 模型 $X_t = \varepsilon_t - \beta\varepsilon_{t-1}$。

解 (1) 可逆域 $= \{\beta \mid 0 < |\beta| < 1\}$；

(2) 逆转形式即用 $\{X_t\}$ 的组合表示 ε_t，或者说从模型中解出 ε_t：

$$\varepsilon_t = \frac{1}{1-\beta B}\varepsilon_t = \sum_{j=0}^{+\infty} (\beta B)^j X_t = \sum_{j=0}^{+\infty} \beta^j X_{t-j};$$

(3) 自协方差函数 $r_0 = \sigma^2(1+\beta^2)$，$r_1 = -\beta\sigma^2$，$r_k = 0$，$k \geqslant 2$；　(2.5)

(4) 自相关函数 $\rho_0 = 1$，$\rho_1 = -\dfrac{\beta}{1+\beta^2}$，$\rho_k = 0$，$k \geqslant 2$。　(2.6)

2.3　自回归滑动平均模型

2.3.1　模型

定义 2.3.1　设时间序列 $\{X_t\}$ 适合

$X_t - a_1 X_{t-1} - \cdots - a_p X_{t-p} = \varepsilon_t - b_1 \varepsilon_{t-1} - \cdots - b_q \varepsilon_{t-q}$，$\{\varepsilon_t\}$ 为白噪声序列，$\forall s < t$，有 $EX_s \varepsilon_t = 0$，称此模型为自回归滑动平均模型，记为 $ARMA(p, q)$ 模型，称适合此模型的 $\{X_t\}$ 为 $ARMA(p, q)$ 序列。

注　模型可化为 $\alpha(B)X_t = \beta(B)\varepsilon_t$，一般需假定 $\alpha(u)$，$\beta(u)$ 无公共根。

2.3.2　平稳条件与可逆条件

$ARMA(p, q)$ 模型也有可逆形式问题。求模型的可逆形式与求模型的解方法相同；求可逆条件也与求平稳条件类似。

平稳条件：$\alpha(u) = 0$ 的根在单位圆外；可逆条件：$\beta(u) = 0$ 的根在单位圆外。

定义 2.3.2　称 $\{\boldsymbol{a} \mid \alpha(u) = 0$ 的根在单位圆外，$\boldsymbol{a}^{\mathrm{T}} = (a_1, a_2, \cdots, a_p) \in \mathbf{R}^p\}$ 为 $ARMA(p, q)$ 模型的平稳域；$\{\boldsymbol{b} \mid \beta(u) = 0$ 的根在单位圆外，$\boldsymbol{b}^{\mathrm{T}} = (b_1, b_2, \cdots, b_q) \in \mathbf{R}^p\}$ 为 $ARMA(p, q)$ 模型的可逆域。

注　平稳可逆的 $ARMA(p, q)$ 模型可以看作 $AR(\infty)$（可逆）或 $MA(\infty)$（平稳）。

2.3.3　自协方差函数

$ARMA(p, q)$ 序列 $\{X_t\}$ 的自协方差函数为

$$\sum_{j=0}^{p}\sum_{i=0}^{p} a_j a_i r_{k-i+j} = \begin{cases} \sigma^2\left(1+\sum_{j=1}^{q} b_j^2\right), & k = 0 \\ \sigma^2\left(-b_k + \sum_{j=1}^{q-k} b_j b_{j+k}\right), & 1 \leqslant k \leqslant q \\ 0, & k > q \end{cases} \tag{2.7}$$

下面推导式(2.7)，令 $X_t - a_1 X_{t-1} - \cdots - a_p X_{t-p} = Y_t$，则 $\{Y_t\}$ 是一个 $MA(q)$ 序列，故

$$r_k(Y)=\begin{cases}\sigma^2\left(1+\sum_{j=1}^{q}b_j^2\right), & k=0\\ \sigma^2\left(-b_k+\sum_{j=1}^{q-k}b_j b_{j+k}\right), & 1\leqslant k\leqslant q\\ 0, & k>q\end{cases}$$

另一方面 $r_k(Y)=EY_t Y_{t+k}=\sum_{j=0}^{p}\sum_{i=0}^{p}a_j a_i EX_{t-j}X_{t+k-i}=\sum_{j=0}^{p}\sum_{i=0}^{p}a_j a_i r_{k-i+j}$，所以式(2.7)成立。

计算 $ARMA(p, q)$序列的协方差函数有递推公式。

由 $X_t=a_1X_{t-1}+a_2X_{t-2}+\cdots+a_pX_{t-p}+\varepsilon_t-b_1\varepsilon_{t-1}-\cdots-b_q\varepsilon_{t-q}$ 两边乘以 X_{t-k}，得

$$X_tX_{t-k}=a_1X_{t-1}X_{t-k}+a_2X_{t-2}X_{t-k}+\cdots+\varepsilon_tX_{t-k}$$
$$-b_1\varepsilon_{t-1}X_{t-k}-\cdots-b_q\varepsilon_{t-q}X_{t-k}$$

两边取期望，得

$$EX_tX_{t-k}=a_1EX_{t-1}X_{t-k}+a_2EX_{t-2}X_{t-k}+\cdots+a_pEX_{t-p}X_{t-k},\ k>q$$

所以 $$r_k=a_1r_{k-1}+a_2r_{k-2}+\cdots a_pr_{k-p},\ k>q \tag{2.8}$$

即 $$\alpha(B)r_k=0,\ k>q$$

例 2.3.1 考虑 $ARMA(1, 1)$，$X_t=aX_{t-1}+\varepsilon_t+b\varepsilon_{t-1}$。

解 (1) 平稳域 $=\{a \mid 0<|a|<1\}$；可逆域 $=\{b \mid 0<|b|<1\}$；

(2) 自协方差函数：

由式(2.7)，得

$k=0$ 时， $$r_0-2ar_1+a^2r_0=\sigma^2(1+b^2)$$

$k=1$ 时， $$-ar_0-a^2r_1+a^2r_1+r_1=b\sigma^2$$

$k>1$ 时， $$r_k=ar_{k-1}$$

解得 $$r_0=\frac{(1+2ab+b^2)}{1-a^2}\sigma^2;\ r_1=\frac{(1+ab)(a+b)}{1-a^2}\sigma^2$$

自相关函数 $\rho_0=1$，$\rho_1=\dfrac{(1+ab)(a+b)}{1+2ab+b^2}$，$\rho_k=a\rho_{k-1}$，$k\geqslant 2$。

(3) 平稳解(也称传递形式):

移项,得

$$(1-aB)X_t = b\varepsilon_{t-1} + \varepsilon_t$$

形式上可化为

$$X_t = \frac{1}{1-aB}(b\varepsilon_{t-1}+\varepsilon_t) = \sum_{j=0}^{+\infty}(aB)^j(b\varepsilon_{t-1}+\varepsilon_t)$$

$$= b\sum_{j=0}^{+\infty}a^j\varepsilon_{t-j-1} + \sum_{j=0}^{+\infty}a^j\varepsilon_{t-j}$$

$$= \varepsilon_t + b\sum_{j=0}^{+\infty}a^j\varepsilon_{t-j-1} + \sum_{j=1}^{+\infty}a^j\varepsilon_{t-j} = \varepsilon_t + b\sum_{i=1}^{+\infty}a^{i-1}\varepsilon_{t-i} +$$

$$\sum_{j=1}^{+\infty}a^j\varepsilon_{t-j} = \varepsilon_t + \sum_{i=1}^{+\infty}(a+b)a^{i-1}\varepsilon_{t-i}$$

验证是解略。

(4) 逆转形式:

$$\varepsilon_t = \frac{1}{1+bB}(X_t - aX_{t-1}) = X_t + \sum_{i=1}^{+\infty}(-1)^i(a+b)b^{i-1}X_{t-i}$$

2.4　求和模型

定义 2.4.1　设时间序列 $\{X_t\}$ 适合 $(1-B)^d X_t = W_t$,其中 W_t 是平稳可逆的 $ARMA(p, q)$ 序列,称此模型为求和模型,记为 $ARIMA(p, d, q)$ 模型,称适合此模型的 $\{X_t\}$ 为 $ARIMA(p, d, q)$ 序列。

算子 $(1-B)$ 为一阶差分算子,$(1-B)X_t = X_t - X_{t-1}$,表示每一期比前一期增减的数量,可称为逐期增长量。

实质上对 $ARIMA(p, d, q)$ 序列 $\{X_t\}$ 差分后得 $ARMA(p, q)$ 序列。

当 $d=1$ 时,$(1-\beta)X_t = W_t$,即 $X_t - X_{t-1} = W_t$,

所以 $X_t = X_{t-1} + W_t = X_{t-2} + W_{t-1} + W_t = \cdots = X_0 + \sum_{i=1}^{t}W_i$　　(2.9)

若取初值 $X_0 = 0$,$X_t = \sum_{i=1}^{t}W_i$,此式显示了求和的含意。

求和序列是非平稳序列。

因为 $\{W_t\}$ 平稳，记 $EW_t = \mu_w$，

所以 $EX_t = EX_0 + \sum_{i=1}^{t} EW_i = EX_0 + t\mu_w$，依赖于 t，若 $\mu_w = 0$，取初值 $X_0 = 0$，则 X_t 的协方差函数为

$$r(t, t+k) = \text{cov}(X_t, X_{t+k}) = \text{cov}\left(\sum_{i=1}^{t} W_i, \sum_{j=1}^{t+k} W_j\right)$$

$$= \sum_{i=1}^{t}\sum_{j=1}^{t+k} \text{cov}(W_i, W_j) = \sum_{i=1}^{t}\sum_{j=1}^{t+k} r_{j-i}(W)$$

依赖于 t，所以 $\{X_t\}$ 为非平稳序列。

考察 $ARIMA(p, 2, q)$ 序列，即 $d = 2$ 情形：

设 $(1-B)^2 X_t = W_t$，其中 W_t 是平稳可逆的 $ARMA(p, q)$ 序列，

$$(1-B)^2 X_t = (1-B)(1-B)X_t = (1-B)(X_t - X_{t-1})$$

令 $X_t - X_{t-1} = Y_t$，则 $\{Y_t\}$ 为 $ARIMA(p, 1, q)$，由式(2.9)，得

$Y_t = Y_0 + \sum_{i=1}^{t} W_i$，$X_t = X_{t-1} + Y_t$，递推，得

$$X_t = X_0 + \sum_{j=1}^{t}\left(Y_0 + \sum_{i=1}^{j} W_i\right) = X_0 + tY_0 + \sum_{j=1}^{t}\sum_{i=1}^{j} W_i$$

$$= X_0 + t(X_0 - X_{-1}) + \sum_{j=1}^{t}\sum_{i=1}^{j} W_i$$

一个二重求和表达式，再一次显示了求和的含义。当 $d = 1$ 时为一重求和，$d = 2$ 时为二重求和，一般为 d 重求和。

2.5 季节模型

定义 2.5.1 设时间序列 $\{X_t\}$ 适合 $\Phi(B^T)(1-B^T)^d X_t = \theta(B^T)W_t$，其中 $\Phi(u)$，$\theta(u)$ 分别为 u 的 p 阶和 q 阶多项式，其中 W_t 为 $ARIMA(p, d, q)$ 序列，T 为 $\{X_t\}$ 的周期，称为季节模型，称适合此模型的 $\{X_t\}$ 为季节序列。当时间序列受到季节性变动影响或明显有周期性变动表现时可以考虑拟合季节模型。

季节序列也是非平稳序列。

上述五种模型的共同点是反映时间序列的前后项及误差项之间的关系

式。下面介绍的两种模型与这些模型有很大不同，模型描述的是一种因果关系。

2.6　加法模型和乘法模型

时间序列各项指标数值的不同，是由许多因素共同作用的结果。影响因素归纳起来大体有下列四类：

(1) 长期趋势(T)：指现象在一段较长的时间内指标数值持续的沿着一个方向，逐渐向上或向下变动或保持平稳的趋势。

(2) 季节变动(S)：指现象受季节性因素影响而发生的变动。其变动的特点是，在一年或更短的时间内使现象呈周期性重复的变化。

(3) 循环变动(C)：指现象发生周期比较长的涨落起伏的变动。通常周期少则三年，一般在五年以上。

(4) 不规则变动(R)：指除了受以上各种变动的影响以外，还受偶然因素或不明原因而引起的变动。其变化无规则可循。

1) 加法模型

$$X_t = T_t + S_t + C_t + R_t$$

其中 T 取非负值，S，C 取值可正可负，要求它们的平均值 $\overline{S} = 0$，$\overline{C} = 0$。

2) 乘法模型

$$X_t = T_t \times S_t \times C_t \times R_t$$

这时 T，S，C 均取非负值，要求平均值 $\overline{S} = 1$，$\overline{C} = 1$。

前五种模型属于联接型模型一类，后两种模型属于因果型模型一类。还有其他一些模型，限于篇幅不介绍了。

习　题　2

1. 判断下列 $AR(p)$ 模型是否平稳？

(1) $X_t = 0.7X_{t-1} + \varepsilon_t$；

(2) $X_t = -0.6X_{t-1} + 0.5X_{t-2} + \varepsilon_t$。

2. 设方程 $1 - a_1 u - a_2 u^2 = 0$ 有两个不相等的实数根，$\dfrac{1}{\mu_1}$ 和 $\dfrac{1}{\mu_2}$ 且 $|\mu_1| < 1$，$|\mu_2| < 1$，证明：$AR(2)$ 模型 $X_t = a_1 X_{t-1} + a_2 X_{t-2} + \varepsilon_t$ 的平稳解为：

$X_t = \sum_{j=0}^{+\infty} \frac{\mu_1^{j+1} - \mu_2^{j+1}}{\mu_1 - \mu_2} \varepsilon_{t-j}$。

3. 设方程 $1 - a_1 u - a_2 u^2 = 0$ 有两个相等的实数根 λ^{-1}，且 $|\lambda| < 1$，证明：$AR(2)$模型 $X_t = a_1 X_{t-1} + a_2 X_{t-2} + \varepsilon_t$ 的平稳解为：$X_t = \sum_{j=0}^{+\infty} (j+1)\lambda^{j+1} \varepsilon_{t-j}$。

***4.** 对 $AR(2)$模型：$X_t = a_1 X_{t-1} + a_2 X_{t-2} + \varepsilon_t$，试证明当 $a_1 < 0$，$a_2 > 0$ 时，有 $\rho_k \rho_{k+1} < 0$，$k \in \mathbf{Z}$。

***5.** 设平稳的 $AR(p)$序列的 k 价自协方差矩阵，试证明当 $m > n$ 时，行列式 $|\Gamma_m| = \sigma^{2(m-n)} |\Gamma_n|$。

6. 判断下列 $MA(q)$模型是否可逆？

(1) $X_t = \varepsilon_t + 0.46\varepsilon_{t-1}$；

(2) $X_t = \varepsilon_t + 1.2\varepsilon_{t-1} + 0.3\varepsilon_{t-2}$。

7. 求 $MA(1)$模型 $X_t = \varepsilon_t + 0.46\varepsilon_{t-1}$ 的逆转形式。

8. 设 $X_t = \varepsilon_t - 0.9\varepsilon_{t-1} + 0.2\varepsilon_{t-2}$，其中 $\{\varepsilon_t\}$ 为白噪声序列，$E\varepsilon_t^2 = \sigma^2$ 为已知，求 $r_X(s, t)$，$\rho_X(s, t)$。

9. 设 $\{X_t\}$，$\{Y_t\}$ 分别适合 $AR(1)$，$MA(1)$模型 $X_t = 0.5X_{t-1} + \varepsilon_t$，$Y_t = \varepsilon_t - 0.2\varepsilon_{t-1}$，试计算 $\mathrm{cov}(X_t, Y_t)$。

10. 判断下列 $ARMA(1, 1)$模型 $X_t + 0.37X_{t-1} = \varepsilon_t - 0.99\varepsilon_{t-1}$ 是否平稳？是否可逆？

11. 设 $\{\varepsilon_t\}$ 为白噪声序列，$E(\varepsilon_t) = 0$，$D\varepsilon_t = \sigma^2$，时间序列 $\{X_t\}$ 适合：

$$X_t = 1.8X_{t-1} + \varepsilon_t - 0.19\varepsilon_{t-1}$$

问模型是否平稳？是否可逆？

12. 设 $\{\varepsilon_t\}$ 为白噪声序列，$X_t = \sum_{j=1}^{t} \varepsilon_j$，$E\varepsilon_t^2 = \sigma^2$，求 $r_X(s, t)$。

13. 设 $\{X_t\}$ 适合模型 $MA(2)$，即 $X_t = \varepsilon_t + \theta\varepsilon_{t-2}$，其中 $\{\varepsilon_t\}$ 是白噪声序列，并且 $E(\varepsilon_t) = 0$，$D\varepsilon_t = \sigma^2$。

(1) 当 $\theta = 0.8$ 时，试求 $\{X_t\}$ 的自协方差函数和自相关函数。

(2) 当 $\theta = 0.8$ 时，计算样本均值 $\overline{X} = \frac{X_1 + X_2 + X_3 + X_4}{4}$ 的方差。

14. 设时间序列 $\{x_t\}$ 来自 $ARMA(1, 1)$ 过程，满足

$$x_t - 0.5x_{t-1} = \varepsilon_t - 0.25\varepsilon_{t-1},$$

其中 $\varepsilon_t \sim WN(0, \sigma^2)$，证明其自相关系数为

$$\rho_k = \begin{cases} 1, & k=0 \\ 0.27 & k=1 \\ 0.5\rho_{k-1} & k \geqslant 2 \end{cases}。$$

15. 试证平稳的 $AR(p)$模型，参数 ρ_1，ρ_2，⋯ ρ_p 与 a_1，a_2，⋯，a_p 有一一对应关系。

16. 试证任意的 $MA(q)$序列 $\{X_t\}$ 是平稳序列。

第3章　模型识别与拟合检验的工具

时间序列分析最重要的任务之一是建立所考察现象、事物适合的模型，这样为揭示现象、事物的特点、规律性和预测创造了条件。建模前期的准备工作，如收集数据，本书内容不涉及这方面问题，而假定建模所需数据已知。建模主要要做3项工作：一是选择合适的模型；二是对选定模型进行参数估计，即要建立参数已知的具体模型，参数估计通常采用一些基本的传统方法（如矩估计、MLE、最小二乘法）结合具体模型开展，也有一些主要利用模型特殊性的新方法；三是对建好的模型进行有效性检验，也称为拟合检验。关于参数估计问题主要放在下一章介绍，这一章主要介绍选择模型和拟合检验的方法。

3.1　模型识别的工具

时间序列图 (t, X_t)，$t \in T$，自相关函数图 (k, r_k)，$k=0, 1, 2, \cdots$，它们是模型选择的重要参考图形，还有一种偏相关函数图形在模型选择时也具有重要参考价值。下面介绍偏相关函数的概念。

3.1.1　偏相关函数

定义 3.1.1　设 $\{X_t\}$ 是平稳序列，若其自协方差函数满足

$$\boldsymbol{\Gamma}_k > 0,\ \boldsymbol{\Gamma}_k = \begin{bmatrix} r_0 & r_1 & \cdots & r_{k-1} \\ r_1 & r_0 & \cdots & r_{k-2} \\ \cdots & \cdots & \cdots & \cdots \\ r_{k-1} & r_{k-2} & \cdots & r_0 \end{bmatrix}$$

记

$$\boldsymbol{b}_k = \begin{bmatrix} r_1 \\ r_2 \\ \vdots \\ r_k \end{bmatrix}，若\ \boldsymbol{\alpha}(k) = \begin{bmatrix} \alpha_{1,k} \\ \alpha_{2,k} \\ \vdots \\ \alpha_{k,k} \end{bmatrix} = \boldsymbol{\Gamma}_k^{-1}\boldsymbol{b}_k,\ \alpha_{0,0} = 1 \tag{3.1}$$

则称 $\{\alpha_{k,k},\ k=0,1,2,\cdots\}$ 为 $\{X_t\}$ 的偏相关函数列，其中规定 $\alpha_{00}=1$。

当 $k>0$ 时，$\alpha_{k,k}$ 的概率意义如下：

设 $\{X_t\}$ 为零均值平稳序列，则

$$\alpha_{k,k}=E(X_t X_{t+k}\mid X_{t+1},X_{t+2},\cdots,X_{t+k-1})/(\sqrt{EX_t^2}\sqrt{EX_{t+k}^2})$$

即 $\alpha_{k,k}$ 表示间隔为 k 的两个随机变量之间(按时间顺序)的随机变量取定时的条件相关系数。在统计的相关分析中，把其中部分变量取定时的相关分析称为偏相关分析，从中可以理解为什么称之为偏相关函数。利用 Yule - Walker 方程易得 $AR(p)$序列：

$X_t=a_1X_{t-1}+\cdots+a_pX_{t-p}+\varepsilon_t$ 的偏相关函数 $\alpha_{pp}=a_p$，下面利用概率意义推导此结果。

$$\begin{aligned}\alpha_{pp}&=E(X_tX_{t+p}\mid X_{t+1},X_{t+2},\cdots,X_{t+p-1})/(\sqrt{EX_t^2}\sqrt{EX_{t+p}^2})\\&=E(X_ta_1X_{t+p-1}+\cdots+a_pX_tX_t\\&\quad+X_t\varepsilon_{t+p}\mid X_{t+1},X_{t+2},\cdots,X_{t+p-1})/(\sqrt{EX_t^2}\sqrt{EX_{t+p}^2})\\&=a_1X_{t+p-1}EX_t/(\sqrt{EX_t^2}\sqrt{EX_{t+p}^2})+\cdots+a_pEX_t^2/(\sqrt{EX_t^2}\sqrt{EX_{t+p}^2})\\&\quad+E(X_t\varepsilon_{t+p})/(\sqrt{EX_t^2}\sqrt{EX_{t+p}^2})\\&=a_pEX_t^2/(\sqrt{EX_t^2}\sqrt{EX_{t+p}^2})=a_p\end{aligned}$$

直接利用定义计算偏相关函数列较烦琐，用如下的递推公式会方便计算。

Levinson 递推公式

计算 $\alpha_{k,k}$ 的递推公式：

$$\begin{cases}\alpha_{1,1}=\rho_1\\\alpha_{k+1,k+1}=\left(\rho_{k+1}-\sum_{j=1}^{k}\rho_{k+1-j}\alpha_{j,k}\right)\left(1-\sum_{j=1}^{k}\rho_j\alpha_{j,k}\right)^{-1}\\\alpha_{j,k+1}=\alpha_{j,k}-\alpha_{k+1,k+1}\alpha_{k+1-j,k},\ j=1,2,\cdots,k\end{cases}\tag{3.2}$$

可以按一定秩序求得偏相关函数列 α_{22}，α_{12}，α_{33}，α_{13}，α_{23}，α_{44}，$\cdots$

例 3.1.1　设平稳的 $AR(1)$模型：$X_t=aX_{t-1}+\varepsilon_t$，$\forall s<t$，有 $EX_s\varepsilon_t=0$，试求 $\{X_t\}$ 的偏相关函数。

解　　$\alpha_{00}=1$；$\alpha_{11}=\rho_1=a$；$\alpha_{kk}=0$，$k\geqslant 2$

例 3.1.2 设可逆的 $MA(1)$模型：$X_t=\varepsilon_t-\beta\varepsilon_{t-1}$，试求 $\{X_t\}$ 的偏相关函数。

解 由第 2 章式(2.6)得

$\{X_t\}$ 的自相关函数 $\rho_0=1$，$\rho_1=-\dfrac{\beta}{1+\beta^2}$，$\rho_k=0$，$k\geqslant 2$

$\alpha_{00}=1$；$\alpha_{11}=\rho_1=-\dfrac{\beta}{1+\beta^2}$。下面计算 α_{kk}，$k\geqslant 2$

$$\boldsymbol{\Gamma}_k=\begin{bmatrix} r_0 & r_1 & 0 & \cdots & 0 \\ r_1 & r_0 & r_1 & \cdots & 0 \\ 0 & r_1 & r_0 & \cdots & 0 \\ \vdots & \vdots & \vdots & \ddots & \vdots \\ 0 & 0 & 0 & \cdots & r_0 \end{bmatrix},\ \boldsymbol{b}_k=\begin{bmatrix} r_1 \\ 0 \\ \vdots \\ 0 \end{bmatrix}$$

由偏相关函数定义，得 $\boldsymbol{\alpha}(k)=\begin{bmatrix}\alpha_{1,k}\\ \alpha_{2,k}\\ \vdots \\ \alpha_{k,k}\end{bmatrix}=\boldsymbol{\Gamma}_k^{-1}\boldsymbol{b}_k$，记 $\boldsymbol{\Gamma}_k^{-1}$ 的左下角元素为 c，所以 $\alpha_{kk}=c\times r_1$。

下面用求逆矩阵的伴随矩阵法求 c：

$c=\dfrac{(\boldsymbol{\Gamma}_k)_{1k}}{|\boldsymbol{\Gamma}_k|}$，其中 $(\boldsymbol{\Gamma}_k)_{1k}$ 表示矩阵 $\boldsymbol{\Gamma}_k$ 的第一行第 k 列位置上元素的代数余子式。

$$(\boldsymbol{\Gamma}_k)_{1k}=(-1)^{1+k}\begin{vmatrix} r_1 & r_0 & \cdots & 0 \\ 0 & r_1 & \cdots & 0 \\ \vdots & \vdots & \ddots & \vdots \\ 0 & 0 & \cdots & r_1 \end{vmatrix}=(-1)^{1+k}r_1^{k-1}$$

$$|\boldsymbol{\Gamma}_k|=\begin{vmatrix} r_0 & r_1 & 0 & \cdots & 0 \\ r_1 & r_0 & r_1 & \cdots & 0 \\ 0 & r_1 & r_0 & \cdots & 0 \\ \vdots & \vdots & \vdots & \ddots & \vdots \\ 0 & 0 & 0 & \cdots & r_0 \end{vmatrix}=r_0\,|\boldsymbol{\Gamma}_{k-1}|-r_1^2\,|\boldsymbol{\Gamma}_{k-2}|$$

由第 2 章式(2.5)知 $r_0=\sigma^2(1+\beta^2)$，$r_1=-\beta\sigma^2$，

所以 $|\boldsymbol{\Gamma}_k| = r_0 |\boldsymbol{\Gamma}_{k-1}| - r_1^2 |\boldsymbol{\Gamma}_{k-2}| = r_0 = \sigma^2(1+\beta^2)|\boldsymbol{\Gamma}_{k-1}| - \beta^2\sigma^4 |\boldsymbol{\Gamma}_{k-2}|$，

整理得 $|\boldsymbol{\Gamma}_k| - \sigma^2 |\boldsymbol{\Gamma}_{k-1}| = \sigma^2\beta^2(|\boldsymbol{\Gamma}_{k-1}| - \sigma^2 |\boldsymbol{\Gamma}_{k-2}|)$，记 $\Delta_k = |\boldsymbol{\Gamma}_k| - \sigma^2 |\boldsymbol{\Gamma}_{k-1}|$：

$\Delta_k = \sigma^2\beta^2\Delta_{k-1} = \cdots = \sigma^{2k-4}\beta^{2k-4}\Delta_2$，其中

$$\Delta_2 = |\boldsymbol{\Gamma}_2| - \sigma^2 |\boldsymbol{\Gamma}_1| = \begin{vmatrix} r_0 & r_1 \\ r_1 & r_0 \end{vmatrix} - \sigma^2 r_0 = r_0^2 - r_1^2 - \sigma^2 r_0 = \sigma^4\beta^4,$$

所以
$$\Delta_k = \sigma^{2k}\beta^{2k},$$

所以
$$\begin{aligned}|\boldsymbol{\Gamma}_k| &= \sigma^2 |\boldsymbol{\Gamma}_{k-1}| + \sigma^{2k}\beta^{2k} = \sigma^2 |\boldsymbol{\Gamma}_{k-2}| + \sigma^{2k-2}\beta^{2k-2} + \sigma^{2k}\beta^{2k} \\ &= \sigma^{2k}(1+\beta^2+\cdots+\beta^{2k}) \\ &= \sigma^{2k}\frac{1-\beta^{2k+2}}{1-\beta^2}。\end{aligned}$$

$$\alpha_{kk} = \frac{(-1)^{1+k} r_1^{k-1}}{\sigma^{2k}\dfrac{1-\beta^{2k+2}}{1-\beta^2}} r_1 = \frac{(-1)^{1+k} r_1^k (1-\beta^2)}{\sigma^{2k}(1-\beta^{2k+2})} = \frac{-\beta^k(1-\beta^2)}{(1-\beta^{2k+2})},\ k \geqslant 1。$$

3.1.2　两个重要识别定理

定理 3.1.1　零均值平稳序列为 $AR(p)$ 序列的充要条件为其偏相关函数列 p 步截尾。

即 $\alpha_{pp} \neq 0$；$\alpha_{kk} = 0$，$k > p$。

证明　必要性：

$$\boldsymbol{\alpha}(p) = \begin{bmatrix} \alpha_{1,p} \\ \alpha_{2,p} \\ \vdots \\ \alpha_{p,p} \end{bmatrix} = \boldsymbol{\Gamma}_p^{-1}\boldsymbol{b}_p = \begin{bmatrix} a_1 \\ a_2 \\ \vdots \\ a_p \end{bmatrix}$$

$\alpha_{i,p} = a_i$，$i = 1, 2, \cdots, p$ 代入递推公式，得

$$\begin{aligned}\alpha_{p+1,p+1} &= \left(\rho_{p+1} - \sum_{j=1}^{p}\rho_{p+1-j}a_{j,p}\right)\left(1 - \sum_{j=1}^{p}\rho_j a_{j,p}\right)^{-1} \\ &= \left(\rho_{p+1} - \sum_{j=1}^{p}\rho_{p+1-j}a_j\right)\left(1 - \sum_{j=1}^{p}\rho_j a_{j,p}\right)^{-1}\end{aligned}$$

当 $k>0$ 时，由 $r_k=a_1r_{k-1}+\cdots+a_pr_{k-p}$，得 $\rho_k=a_1\rho_{k-1}+\cdots+a_p\rho_{k-p}$，所以上式 $\alpha_{p+1,\,p+1}=0$。

$$\alpha_{j,\,p+1}=\alpha_{j,\,p}-\alpha_{p+1,\,p+1}\alpha_{p+1-j,\,p}=\alpha_{j,\,p}=a_j,\ j=1,\ 2,\ \cdots,\ p$$

$$\alpha_{p+2,\,p+2}=\Big(\rho_{p+2}-\sum_{j=1}^{p+1}\rho_{p+2-j}a_{j,\,p+1}\Big)\Big(1-\sum_{j=1}^{p+1}\rho_j a_{j,\,p+1}\Big)^{-1}$$

$$=\Big(\rho_{p+2}-\sum_{j=1}^{p}\rho_{p+2-j}a_j\Big)\Big(1-\sum_{j=1}^{p+1}\rho_j a_{j,\,p+1}\Big)^{-1}=0$$

$$\alpha_{j,\,p+2}=\alpha_{j,\,p+1}-\alpha_{p+2,\,p+2}\alpha_{p+2-j,\,p+1}=\alpha_{j,\,p+1}=a_j,\ j=1,\ 2,\ \cdots,\ p$$

$$\alpha_{p+1,\,p+2}=\alpha_{p+1,\,p+1}-\alpha_{p+2,\,p+2}\alpha_{1,\,p+1}=0$$

重复上述步骤，得

$$\alpha_{k,\,k}=0,\ k\geqslant p+1,$$

$$\alpha_{j,\,k}=\begin{cases}a_j,\ j=1,\ 2,\ \cdots,\ p\\ 0,\ j=p+1,\ p+2,\ \cdots,\ k\end{cases}$$

充分性：

设零均值平稳序列适合 $\alpha_{pp}\neq 0$；$\alpha_{kk}=0,\ k>p$。

记 $r_k=EX_tX_{t+k}$，$\boldsymbol{\Gamma}_p^{-1}\boldsymbol{b}_p\triangleq\begin{bmatrix}a_1\\ a_2\\ \vdots\\ a_p\end{bmatrix}$，则 $a_p=\alpha_{pp}\neq 0$，所以 $r_k=a_1r_{k-1}+\cdots+a_pr_{k-p}$，$1\leqslant k\leqslant p$，再由递推公式(3.2)，得 $r_k=a_1r_{k-1}+\cdots+a_pr_{k-p}$，$k>p$ 也成立。

令 $\varepsilon_t=X_t-a_1X_{t-1}-\cdots-a_pX_{t-p}=-\sum_{j=0}^{p}a_jX_{t-j}$，$a_0=-1$，则显然有 $E\varepsilon_t=0$，

$E\varepsilon_tX_{t-k}=-\sum_{j=0}^{p}a_jEX_{t-j}X_{t-k}=-\sum_{j=0}^{p}a_jr_{k-j}=r_k-a_1r_{k-1}-\cdots-a_pr_{k-p}=0$，$k>0$；

当 $t\neq s$ 时，不妨设 $s<t$，$E\varepsilon_t\varepsilon_s=-\sum_{j=0}^{p}a_jEX_{s-j}\varepsilon_t=0$。

所以 $\{\varepsilon_t\}$ 为白噪声序列。

所以 $\{X_t\}$ 为 $AR(P)$ 序列。

定理 3.1.2　零均值平稳序列为 $MA(q)$ 序列的充要条件是自协方差函数列 $\{r_k\}q$ 步截尾。即

$$r_q \neq 0;\ r_k = 0,\ k > q。$$

必要性由 $MA(q)$ 序列协方差的计算公式即可得到，而充分性证明较复杂，故略。

3.2　均值函数与自协方差函数的估计

3.2.1　均值函数的矩估计

设 $\{X_t\}$ 是一个平稳的时间序列，记 $EX_t = \mu$，样本观察值数据为 X_1，X_2，…，X_n。令 $\mu = \overline{X}$，μ 的矩估计为 $\hat{\mu} = \overline{X} = \frac{1}{n}\sum_{t=1}^{n} X_t$，即用样本均值 $\overline{X}$ 估计 μ。

定理 3.2.1　设 $\{X_t\}$ 平稳，样本均值 $\overline{X}$ 是 μ 的估计，则

(1) $\overline{X}$ 是 μ 的无偏估计；

(2) 当 $r_k \to 0(k \to \infty)$ 时，$\overline{X}$ 均方收敛于 μ，即 $\lim\limits_{n\to\infty} E(\overline{X} - \mu)^2 = 0$；

(3) 若 $X_t = \mu + \sum_{j=-\infty}^{+\infty} \varphi_j \varepsilon_{t-j}$，$\sum_{j=-\infty}^{+\infty} |\varphi_j| < +\infty$，$\sum_{j=-\infty}^{+\infty} \varphi_j \neq 0$，$\{\varepsilon_t\}$ 是正态白噪声序列。

则　$\sqrt{n}(\overline{X} - \mu) \mathrel{\dot{\sim}} N(0, V)$，其中 $V = \sigma^2 \left(\sum_{j=-\infty}^{+\infty} \varphi_j\right)^2$。

证明此定理可以借助于下面引理。

引理 3.2.1(施笃兹引理)　设实数序列 $\left\{\frac{x_n}{y_n}\right\}$，若(1) $n \geqslant n_0$(n_0 为某个自然数)时，有 $y_{n+1} \geqslant y_n$；(2) $\lim\limits_{n\to\infty} y_n = +\infty$；(3) $\lim\limits_{n\to\infty} \frac{x_{n+1} - x_n}{y_{n+1} - y_n} = l$($l$ 为有限或无限)；则 $\lim\limits_{n\to\infty} \frac{x_n}{y_n} = \lim\limits_{n\to\infty} \frac{x_{n+1} - x_n}{y_{n+1} - y_n} = l$。

引理 3.2.2　在定理 3.2.1(3)的条件下，有 $\{X_t\}$ 为正态序列。

证明略。

定理 3.2.1 的证明　(1) 由 $E\overline{X} = E\frac{1}{n}\sum_{t=1}^{n} X_t = \frac{1}{n}\sum_{t=1}^{n} EX_t = \mu$，

得 $\overline{X}$ 是 μ 的无偏估计。

(2) $E(\overline{X}-\mu)^2 = E\left(\frac{1}{n}\sum_{t=1}^{n}X_t-\mu\right)^2 = \frac{1}{n^2}E\sum_{t=1}^{n}\sum_{s=1}^{n}(X_t-\mu)(X_s-\mu)$

$$= \frac{1}{n^2}\sum_{t=1}^{n}\sum_{s=1}^{n}r_{t-s} = \frac{1}{n^2}\sum_{l=-n+1}^{n-1}(n-|l|)r_l$$

$$= \frac{1}{n}\sum_{l=-n+1}^{n-1}r_l - \frac{1}{n^2}\sum_{l=-n+1}^{n-1}|l|r_l \tag{3.3}$$

由施笃兹定理,得 $\lim\limits_{n\to\infty}\frac{1}{n}\sum\limits_{l=-n+1}^{n-1}r_l = \lim\limits_{n\to\infty}\frac{r_{n-1}+r_{1-n}}{1} = 2\lim\limits_{n\to\infty}r_{n-1}=0$,

$$\left|\frac{1}{n^2}\sum_{l=-n+1}^{n-1}|l|r_l\right| \leqslant \frac{1}{n^2}\sum_{l=-n+1}^{n-1}(n-1)|r_l| \leqslant \frac{1}{n}\sum_{l=-n+1}^{n-1}|r_l|。$$

而由施笃兹引理,得 $\lim\limits_{n\to\infty}\frac{1}{n}\sum\limits_{l=-n+1}^{n-1}|r_l|=0$, 所以 $\lim\limits_{n\to\infty}\frac{1}{n^2}\sum\limits_{l=-n+1}^{n-1}|l|r_l=0$,

所以 $\lim\limits_{n\to\infty}E(\overline{X}-\mu)^2=0$。

(3) 由引理 3.2.2,得 $\{X_t\}$ 为正态序列,记 $\sqrt{n}(\overline{X}-\mu)\sim N(0,\sigma_n^2)$,

其中 $\sigma_n^2 = E[\sqrt{n}(\overline{X}-\mu)]^2$, 由式(3.3)得 $\sigma_n^2 = \sum\limits_{l=-n+1}^{n-1}r_l - \frac{1}{n}\sum\limits_{l=-n+1}^{n-1}|l|r_l$。

由平稳线性序列协方差的计算公式,得

$$\sum_{l=-\infty}^{\infty}|r_l| \leqslant \sigma^2\sum_{l=-\infty}^{\infty}\sum_{j=-\infty}^{+\infty}|\varphi_j\varphi_{j+l}| \leqslant \sigma^2\left(\sum_{j=-\infty}^{+\infty}|\varphi_j|\right)^2 < \infty,$$

故 $\sum\limits_{l=-n+1}^{n-1}r_l \to \sigma^2\sum\limits_{l=-\infty}^{\infty}\sum\limits_{j=-\infty}^{+\infty}\varphi_j\varphi_{j+l} = \sigma^2\left(\sum\limits_{j=-\infty}^{+\infty}\varphi_j\right)^2$, $(n\to\infty)$

$\left|\frac{1}{n}\sum\limits_{l=-n+1}^{n-1}|l|r_l\right| \leqslant \frac{1}{n}\sum\limits_{l=-n+1}^{n-1}|l||r_l|$, 由施笃兹引理,得

$$\lim_{n\to\infty}\frac{1}{n}\sum_{l=-n+1}^{n-1}|l||r_l| = \lim_{n\to\infty}(|-n+1||r_{-n+1}|+|n-1||r_{n-1}|)$$

$$= 2\lim_{n\to\infty}(n-1)|r_{n-1}|=0$$

$$\sigma_n^2 = \sum_{l=-n+1}^{n-1}r_l - \frac{1}{n}\sum_{l=-n+1}^{n-1}|l|r_l \to \sigma^2\left(\sum_{j=-\infty}^{+\infty}\varphi_j\right)^2+0 = V, \ (n\to\infty)$$

所以 $\sqrt{n}(\overline{X}-\mu) \dot{\sim} N(0, V)$。

3.2.2 自协方差函数和自相关函数的估计

1. 自协方差函数的矩估计

1) r_k 的矩估计方法

设 $\{X_t\}$ 为零均值平稳序列,来自 $\{X_t\}$ 的样本为 $X_1, X_2, \cdots, X_n$, r_k 的两个估计量为

(1) $C_k = \dfrac{1}{n-k}\sum\limits_{t=1}^{n-k} X_t X_{t+k}$,它具有无偏性,但不一定具有非负定性;

(2) $\hat{r}_k = \dfrac{1}{n}\sum\limits_{t=1}^{n-k} X_t X_{t+k}$,它具有渐近无偏性,且具有非负定性,后面仅用 $\hat{r}_k$。

注　当 $\{X_t\}$ 为非零均值时,$\hat{r}_k$ 可取为

$$\hat{r}_k = \frac{1}{n}\sum_{t=1}^{n-k}(X_t-\overline{X})(X_{t+k}-\overline{X})$$

定义 3.2.1　设 $\{X_t\}$ 为零均值平稳序列,来自 $\{X_t\}$ 的样本为 $X_1, X_2, \cdots, X_n$, r_k 的矩估计定义为 $\hat{r}_k = \dfrac{1}{n}\sum\limits_{t=1}^{n-k} X_t X_{t+k}$;非零均值时 r_k 的矩估计定义为

$$\hat{r}_k = \frac{1}{n}\sum_{t=1}^{n-k}(X_t-\overline{X})(X_{t+k}-\overline{X})。$$

2) 矩估计 $\hat{r}_k$ 的相合性

定理 3.2.2　设平稳序列 $\{X_t\}$ 的样本自协方差函数为 $\hat{r}_k$,

(1) 若 $r_k \to 0(k\to\infty)$ 时,则 $\lim\limits_{n\to\infty} E\hat{r}_k = r_k$;

(2) 若 $\{X_t\}$ 为平稳线性序列,$X_t = \sum\limits_{j=-\infty}^{+\infty} a_j \varepsilon_{t-j}$,$\{\varepsilon_t\}$ 为独立同分布序列,则

$$\lim_{n\to\infty}\hat{r}_k \overset{a.s}{=} r_k;\ \lim_{n\to\infty}\hat{\rho}_k \overset{a.s}{=} \rho_k$$

证明　(1) 设 $EX_t = \mu$,令 $Y_t = X_t - \mu$,则 $\{Y_t\}$ 为零均值平稳序列,

$\overline{Y} = \dfrac{1}{n}\sum\limits_{t=1}^{n} Y_t = \dfrac{1}{n}\sum\limits_{t=1}^{n} X_t - \mu = \overline{X}-\mu$,由定理 3.2.1 得,当 $r_k\to 0(k\to\infty)$ 时,有

$\lim\limits_{n\to\infty} E(\overline{X}-\mu)^2 = 0$,即 $\lim\limits_{n\to\infty} E\overline{Y}^2 = 0$

$$E\hat{r}_k=\frac{1}{n}\sum_{t=1}^{n-k}E(X_t-\overline{X})(X_{t+k}-\overline{X})=\frac{1}{n}\sum_{t=1}^{n-k}E(Y_t-\overline{Y})(Y_{t+k}-\overline{Y})$$

$$=\frac{1}{n}\sum_{t=1}^{n-k}(EY_tY_{t+k}-E\overline{Y}(Y_t+Y_{t+k})+E\overline{Y}^2)$$

$$=\frac{n-k}{n}r_k-\frac{1}{n}\sum_{t=1}^{n-k}E\overline{Y}(Y_t+Y_{t+k})+\frac{n-k}{n}E\overline{Y}^2$$

$$|E\overline{Y}(Y_t+Y_{t+k})|\leqslant E|\overline{Y}(Y_t+Y_{t+k})|\leqslant\sqrt{E\overline{Y}^2}\sqrt{E(Y_t+Y_{t+k})^2}$$

$$E(Y_t+Y_{t+k})^2\leqslant EY_t^2+2E|Y_tY_{t+k}|+EY_{t+k}^2$$

$$\leqslant r_0+2\sqrt{r_0}\sqrt{r_0}+r_0=4r_0$$

$$\frac{n-k}{n}E\overline{Y}^2\to 0(n\to\infty)$$

$$\left|\frac{1}{n}\sum_{t=1}^{n-k}E\overline{Y}(Y_t+Y_{t+k})\right|\leqslant\frac{1}{n}\sum_{t=1}^{n-k}|E\overline{Y}(Y_t+Y_{t+k})|$$

$$=\frac{n-k}{n}\times 4r_0\sqrt{E\overline{Y}^2}\to 0(n\to\infty)$$

$$E\hat{r}_k\to r_k(n\to\infty)。$$

(2) 证明较复杂，故略。

3) 矩估计 $\hat{r}_k$ 的渐进分布

定理 3.2.3 若 $\{X_t\}$ 为如下的平稳序列，$X_t=\sum\limits_{j=-\infty}^{+\infty}a_j\varepsilon_{t-j}$，$\sum\limits_{j=-\infty}^{+\infty}|a_j|<+\infty$，式中 $\{\varepsilon_t\}$ 为独立同分布白噪声序列，且 $E\varepsilon_t=0$，$E\varepsilon_t^2=\sigma^2$，$E\varepsilon_t^4=\mu_4$，则

$$\sqrt{n}\begin{bmatrix}\hat{r}_0-r_0\\ \hat{r}_1-r_1\\ \vdots\\ \hat{r}_k-r_k\end{bmatrix}\dot{\sim}N(\mathbf{0},\boldsymbol{G}),\ \boldsymbol{G}=(g_{ij}),$$

其中 $g_{ij}=\sum\limits_{s=-\infty}^{\infty}(r_{s+i}r_{s+j}+r_{s-i}r_{s+j})+\dfrac{\mu_4-3\sigma^4}{\sigma^4}r_ir_j$，$0\leqslant i,j\leqslant k$。

证明略。

2. 自协方差函数的周期图估计

设来自零均值平稳序列的 $\{X_t\}$ 的样本为 $X_1, X_2, \cdots, X_n$，记

$$X(w)=\frac{1}{\sqrt{n}}\sum_{t=1}^{n}X_t\mathrm{e}^{-\mathrm{i}tw} \tag{3.4}$$

此表达式可以看作样本向量 $(X_1, X_2, \cdots, X_n)$ 与 n 维复向量 $\left(\frac{1}{\sqrt{n}}\mathrm{e}^{\mathrm{i}w}, \frac{1}{\sqrt{n}}\mathrm{e}^{\mathrm{i}2w}, \cdots, \frac{1}{\sqrt{n}}\mathrm{e}^{\mathrm{i}nw}\right)$ 的内积，也可理解为样本向量 $(X_1, X_2, \cdots, X_n)$ 向复向量 $\left[\frac{1}{\sqrt{n}}\mathrm{e}^{\mathrm{i}w}, \frac{1}{\sqrt{n}}\mathrm{e}^{\mathrm{i}2w}, \cdots, \frac{1}{\sqrt{n}}\mathrm{e}^{\mathrm{i}nw}\right]$ 方向的投影。

定义 3.2.2　设 $X(w)$ 由式(3.4)表示，称 $I(w)=\frac{1}{2\pi}\mid X(w)\mid^2=\frac{1}{2n\pi}\left|\sum_{t=1}^{n}X_t\mathrm{e}^{-\mathrm{i}tw}\right|^2$ 为 $\{X_t\}$ 的周期图统计量。

定理 3.2.4　对于任意实数列 $X_1, X_2, \cdots, X_n$，均有

$$I(w)=\frac{1}{2\pi}\sum_{k=-n+1}^{n-1}\hat{r}_k\mathrm{e}^{-\mathrm{i}kw}。$$

证明

$$\begin{aligned}
I(w)&=\frac{1}{2n\pi}\left|\sum_{t=1}^{n}X_t\mathrm{e}^{-\mathrm{i}tw}\right|^2=\frac{1}{2n\pi}\sum_{t=1}^{n}X_t\mathrm{e}^{-\mathrm{i}tw}\sum_{s=1}^{n}X_s\mathrm{e}^{\mathrm{i}sw}\\
&=\frac{1}{2n\pi}\sum_{t=1}^{n}\sum_{s=1}^{n}X_tX_s\mathrm{e}^{-\mathrm{i}tw}\mathrm{e}^{\mathrm{i}sw}\\
&=\frac{1}{2n\pi}\sum_{t=1}^{n}\sum_{s=1}^{n}X_tX_s\mathrm{e}^{-\mathrm{i}(t-s)w}\\
&=\frac{1}{2n\pi}\sum_{j=-n+1}^{n-1}\sum_{s=1}^{n-j}X_{s+j}X_s\mathrm{e}^{-\mathrm{i}jw}=\frac{1}{2n\pi}\sum_{j=-n+1}^{n-1}\sum_{s=1}^{n-j}X_{s+j}X_s\mathrm{e}^{-\mathrm{i}jw}\\
&=\frac{1}{2\pi}\sum_{j=-n+1}^{n-1}\hat{r}_j\mathrm{e}^{-\mathrm{i}jw}
\end{aligned}$$

定理 3.2.5　对于任意实数列 $X_1, X_2, \cdots, X_n$，均有

$$\hat{r}_k=\int_{-\pi}^{\pi}I(w)\mathrm{e}^{\mathrm{i}kw}\mathrm{d}w,\ k=0, \pm1, \cdots, \pm(n-1)$$

证明 $\int_{-\pi}^{\pi} I(w)\mathrm{e}^{ikw}\mathrm{d}w = \int_{-\pi}^{\pi} \frac{1}{2\pi}\sum_{j=-n+1}^{n-1} \hat{r}_j \mathrm{e}^{-ijw}\mathrm{e}^{ikw}\mathrm{d}w = \frac{1}{2\pi}\sum_{j=-n+1}^{n-1} \hat{r}_j \int_{-\pi}^{\pi} \mathrm{e}^{-ijw}\mathrm{e}^{ikw}\mathrm{d}w$

$$= \frac{1}{2\pi}\hat{r}_k \cdot 2\pi = \hat{r}_k$$

协方差在时间序列分析中起着特别重要的作用，这一定理提供了协方差估计的新途径。

* **定理 3.2.6** 设零均值平稳序列的 $\{X_t\}$ 的自协方差 $\{r_k\}$ 适合 $\sum_{k=-\infty}^{\infty} |r_k| < +\infty$，则 $I(w)$ 是 $\{X_t\}$ 的函数 $f(w) = \frac{1}{2\pi}\sum_{k=-\infty}^{+\infty} r_k \mathrm{e}^{-ikw}$ 的渐进无偏估计，即 $\lim_{n\to\infty} EI(w) = f(w)$。

证明 $\lim_{n\to\infty} EI(w) = \lim_{n\to\infty} E\frac{1}{2\pi}\sum_{k=-n+1}^{n-1} \hat{r}_k \mathrm{e}^{-ikw} = \frac{1}{2\pi}\lim_{n\to\infty}\sum_{k=-n+1}^{n-1} E\hat{r}_k \mathrm{e}^{-ikw}$

$$= \frac{1}{2\pi}\lim_{n\to\infty}\sum_{k=-n+1}^{n-1} \frac{n-k}{n} r_k \mathrm{e}^{-ikw}$$

$$= \frac{1}{2\pi}\lim_{n\to\infty}\sum_{k=-n+1}^{n-1} \frac{n-k}{n} r_k \mathrm{e}^{-ikw}$$

$$= \frac{1}{2\pi}\lim_{n\to\infty}\sum_{k=-n+1}^{n-1} r_k \mathrm{e}^{-ikw} - \frac{1}{2\pi}\lim_{n\to\infty}\frac{1}{n}\sum_{k=-n+1}^{n-1} k r_k \mathrm{e}^{-ikw}$$

由 $\sum_{k=-\infty}^{\infty} |r_k| < \infty$，$\frac{1}{2\pi}\lim_{n\to\infty}\sum_{k=-n+1}^{n-1} r_k \mathrm{e}^{-ikw} = \frac{1}{2\pi}\sum_{k=-\infty}^{+\infty} r_k \mathrm{e}^{-ikw} = f(w)$。

由施笃兹引理，得 $\left|\frac{1}{n}\sum_{k=-n+1}^{n-1} k r_k \mathrm{e}^{-ikw}\right| \leqslant \frac{1}{n}\sum_{k=-n+1}^{n-1} |k r_k| \to 0 (n\to\infty)$。

所以 $\lim_{n\to\infty} EI(w) = f(w)$。

此定理的作用学习 3.4 节后可以体会到。

3. 自相关函数的估计

1) ρ_k 估计方法

ρ_k 的矩估计：$\hat{\rho}_k = \frac{\hat{r}_k}{\hat{r}_0}$，其中 $\hat{r}_k = \frac{1}{n}\sum_{t=1}^{n-k} X_t X_{t+k}$，$\hat{r}_0 = \frac{1}{n}\sum_{t=1}^{n} X_t^2$。

2) $\hat{\rho}_k$ 的渐进分布

定理 3.2.7 在定理 3.2.3 的条件下，有

$$\sqrt{n}\begin{bmatrix}\hat{\rho}_1-\rho_1\\ \hat{\rho}_2-\rho_2\\ \vdots\\ \hat{\rho}_k-\rho_k\end{bmatrix}\dot{\sim}N(\mathbf{0},\ H),\ H=(h_{ij})$$

其中，$h_{ij}=\sum_{s=-\infty}^{\infty}\{\rho_{s+i}\rho_{s+j}+\rho_{s-i}\rho_{s+j}+2\rho_s^2\rho_i\rho_j-2(\rho_s\rho_i\rho_{s+j}+\rho_s\rho_j\rho_{s+j})\}$，$1\leqslant i,\ j\leqslant k$。

证明略。

3.3　独立同分布序列的检验

设 $\{\varepsilon_t\}$ 为白噪声序列，它的自协方差函数和自相关函数分别记为 r_k，ρ_k，则有

$$r_k=\begin{cases}r_0,\ k=0\\ 0,\ k\neq 0\end{cases},\ \rho_k=\begin{cases}1,\ k=0\\ 0,\ k\neq 0\end{cases}$$

由定理 3.2.4，得 $\sqrt{n}(\hat{\rho}_1,\ \hat{\rho}_2,\ \cdots,\ \hat{\rho}_k)\dot{\sim}N_k(\mathbf{0},\ \boldsymbol{H})$，其中 $h_{ij}=\begin{cases}0,\ i\neq j\\ 1,\ i=j\end{cases}$，所以 $\boldsymbol{H}=\boldsymbol{I}$ 为单位矩阵。

$\sqrt{n}\hat{\rho}_1,\ \sqrt{n}\hat{\rho}_2,\ \cdots,\ \sqrt{n}\hat{\rho}_k\overset{iid}{\sim}N(0,\ 1)$，其中 iid 表示独立同分布。

3.3.1　图判别法

设 $\{X_t\}$ 是一个零均值平稳时间序列，样本数据为 $X_1,\ X_2,\ \cdots,\ X_n$。

检验假设 H_0：$\{X_t\}$ 是独立同分布序列。

由正态变量的性质，得

$$p(\mu-l\sigma\leqslant\sqrt{n}\hat{\rho}_i^2\leqslant\mu+l\sigma)=\begin{cases}68.3\%\ (l=1)\\ 95.5\%\ (l=2),\\ 99.7\%\ (l=3)\end{cases}$$

这里 $\mu=0,\ \sigma=1$，所以 $p(-l\leqslant\sqrt{n}\hat{\rho}_i^2\leqslant l)=\begin{cases}68.3\%\ (l=1)\\ 95.5\%\ (l=2),\ i=1,\ 2,\ \cdots,\ k,\\ 99.7\%\ (l=3)\end{cases}$

所以点 $\hat{\rho}_1,\ \hat{\rho}_2,\ \cdots,\ \hat{\rho}_k$ 中约有 68.3%的点落在区间 $\left[-\frac{1}{\sqrt{n}},\ \frac{1}{\sqrt{n}}\right]$；约有

95.5%的点落在区间 $\left[-\frac{2}{\sqrt{n}}, \frac{2}{\sqrt{n}}\right]$；约有 99.7%的点落在区间 $\left[-\frac{3}{\sqrt{n}}, \frac{3}{\sqrt{n}}\right]$。

结论 若$\hat{\rho}_1$, $\hat{\rho}_2$, …, $\hat{\rho}_k$中的点满足上述条件，可以认为 $\{\varepsilon_t\}$ 为独立同分布序列，否则可以认为 $\{\varepsilon_t\}$ 为相关序列。

3.3.2 χ^2 检验法

设 $\{X_t\}$ 是一个零均值平稳时间序列，样本数据为 X_1, X_2, …, X_n。

检验假设 H_0 : $\{X_t\}$ 是独立同分布序列。

$$\text{计算 } \hat{\rho}_k = \frac{\hat{r}_k}{\hat{r}_0},\ k=1,\ 2,\ \cdots,\ \sqrt{n}(\text{取}\sqrt{n}\text{ 是根据经验})$$

由前结果得 $n(\hat{\rho}_1^2 + \hat{\rho}_2^2 + \cdots + \hat{\rho}_k^2) \dot{\sim} \chi^2(k)$。

当结论不成立时有偏大趋势，由 $P(n(\hat{\rho}_1^2 + \hat{\rho}_2^2 + \cdots + \hat{\rho}_k^2) \geqslant \chi_\alpha^2(k)) = \alpha$ 得，所以检验的拒绝域为 $n(\hat{\rho}_1^2 + \hat{\rho}_2^2 + \cdots + \hat{\rho}_k^2) \geqslant x_\alpha^2(k)$。

*3.4 谱函数

协方差函数在时间序列分析中起着至关重要的作用，当协方差函数未知时，可用矩估计方法给出估计。从理论上看，当大样本时矩估计能保证估计效果不错，但小样本时效果未必好；另外由矩估计的表达式可知，借助于矩估计开展理论研究也有不小局限性，有必要探索其他研究途径。本小节介绍的谱密度与协方差函数有一一对应关系，它为时间序列分析研究提供了新工具。时间序列分析有基于时间域和频率域的两种方法，时间序列可以看作为随机函数，时间域是一个自变量的取值范围，即时间集，本书主要介绍时间序列时间域上的分析方法；当把一个函数展开成一些正弦或余弦函数的组合时，就出现了振幅、频率等量，也就产生了频率域；时间序列频率域上的分析方法借鉴了傅里叶分析理论。限于篇幅本书仅介绍频域分析的一些基础，一些相关的有实用价值的应用，如隐含周期项的检测方法可以阅读参考书目[4]，潜周期模型方法可以阅读参考书目[5]。

定义 3.4.1 设平稳时间序列 $\{X_t\}$ 有自协方差函数 $\{r_k\}$，若有$[-\pi, \pi]$上的单调非降函数 $F(\lambda)$，使 $r_k = \int_{-\pi}^{\pi} e^{ik\lambda} dF(\lambda)$, $F(-\pi)=0$, $k \in \mathbf{Z}$, 则称 $F(\lambda)$为 $\{X_t\}$ 或 $\{r_k\}$ 的谱分布函数，简称为谱函数。

定义 3.4.2 若有$[-\pi, \pi]$上的非负函数 $f(\lambda)$，使 $r_k = \int_{-\pi}^{\pi} e^{ik\lambda} f(\lambda) d\lambda$,

$k \in \mathbf{Z}$，则称 $f(\lambda)$ 为 $\{X_t\}$ 或 $\{r_k\}$ 的谱密度函数，简称为谱密度。

由上面定义可知，谱函数与谱密度的关系为 $F(\lambda)=\int_{-\pi}^{\lambda} f(s)\,\mathrm{d}s$。

定理 3.4.1 平稳时间序列谱分布函数唯一存在。

定理证明略。

定理 3.4.2 若平稳时间序列 $\{X_t\}$ 有 $\sum\limits_{k=-\infty}^{+\infty}|r_k|<\infty$，则 $\{X_t\}$ 有谱密度 $f(\lambda)=\dfrac{1}{2\pi}\sum\limits_{k=-\infty}^{+\infty} r_k \mathrm{e}^{-\mathrm{i}k\lambda}$。

证明 $f(\lambda)$ 的非负性证明略，可见参考书目[5]。

$\sum\limits_{k=-\infty}^{+\infty}|r_k \mathrm{e}^{-\mathrm{i}k\lambda}|=\sum\limits_{k=-\infty}^{+\infty}|r_k|<+\infty$，绝对收敛且关于 λ 一致，又通项关于 λ 连续，所以由逐项积分，得

$$
\begin{aligned}
\int_{-\pi}^{\pi} \mathrm{e}^{\mathrm{i}j\lambda} f(\lambda)\,\mathrm{d}\lambda &= \int_{-\pi}^{\pi} \mathrm{e}^{\mathrm{i}j\lambda} \frac{1}{2\pi}\sum_{k=-\infty}^{+\infty} r_k \mathrm{e}^{-\mathrm{i}k\lambda}\,\mathrm{d}\lambda = \frac{1}{2\pi}\sum_{k=-\infty}^{+\infty} r_k \int_{-\pi}^{\pi} \mathrm{e}^{\mathrm{i}(j-k)\lambda}\,\mathrm{d}\lambda \\
&= \frac{1}{2\pi} r_j \cdot 2\pi = r_j。
\end{aligned}
$$

例 3.4.1 设 $\{\varepsilon_t\}$ 白噪声，$X_t=\sum\limits_{j=-\infty}^{+\infty} a_j \varepsilon_{t-j}$，$\sum\limits_{j=-\infty}^{+\infty}|a_j|<+\infty$，试求 $\{X_t\}$ 的谱密度。

解 由式(1.1)，得

$$
\sum_{k=-\infty}^{+\infty}|r_k|=\sum_{k=-\infty}^{+\infty}\left|\sigma^2\sum_{j=-\infty}^{+\infty} a_j a_{j+k}\right| \leqslant \sigma^2 \sum_{j=-\infty}^{+\infty}\sum_{k=-\infty}^{+\infty}|a_j||a_{j+k}|=\sigma^2\left(\sum_{j=-\infty}^{+\infty}|a_j|\right)^2
$$

$<+\infty$，再由定理 3.4.2 得谱密度

$$
\begin{aligned}
f(\lambda) &= \frac{1}{2\pi}\sum_{k=-\infty}^{+\infty} r_k \mathrm{e}^{-\mathrm{i}k\lambda} = \frac{\sigma^2}{2\pi}\sum_{k=-\infty}^{+\infty}\sum_{j=-\infty}^{+\infty} a_j a_{j+k} \mathrm{e}^{-\mathrm{i}k\lambda} = \frac{\sigma^2}{2\pi}\sum_{k=-\infty}^{+\infty}\sum_{j=-\infty}^{+\infty} a_j a_{j+k} \mathrm{e}^{-\mathrm{i}(j+k)\lambda} \mathrm{e}^{\mathrm{i}j\lambda} \\
&= \frac{\sigma^2}{2\pi}\sum_{k=-\infty}^{+\infty} a_j \mathrm{e}^{\mathrm{i}j\lambda} \sum_{l=-\infty}^{+\infty} a_l \mathrm{e}^{-\mathrm{i}l\lambda} = \frac{\sigma^2}{2\pi}\left|\sum_{k=-\infty}^{+\infty} a_j \mathrm{e}^{\mathrm{i}j\lambda}\right|^2 \qquad (3.5)
\end{aligned}
$$

式(3.5)可以作为平稳线性序列的谱密度计算公式，平稳的 $AR(p)$、$MA(q)$ 和 $ARMA(p, q)$ 序列实质上都是平稳线性序列，利用这一公式很容易得到它们的谱密度表达式，下面以定理形式给出结果。

定理 3.4.3 分别适合模型 $A(B)X_t=\varepsilon_t$，$X_t=\beta(B)\varepsilon_t$，$A(B)X_t=\beta(B)\varepsilon_t$，其中 $A(u)$ 和 $\beta(u)$ 的根均在单位圆外，则平稳的 $AR(p)$、$MA(q)$ 和

$ARMA(p,q)$序列的谱密度依次为

$$f(\lambda)=\frac{\sigma^2}{2\pi}\begin{cases}|A(e^{i\lambda})|^{-2}, & AR(p)\text{ 情形}\\ |\beta(e^{i\lambda})|^2, & MA(q)\text{ 情形}\\ \left|\dfrac{\beta(e^{i\lambda})}{A(e^{i\lambda})}\right|^2, & ARMA(p,q)\text{ 情形}\end{cases}\tag{3.6}$$

下面推导式(3.6)。由平稳线性序列的表达式得 $X_t=\sum_{j=-\infty}^{+\infty}a_j\varepsilon_{t-j}=\sum_{j=-\infty}^{+\infty}a_jB^j\varepsilon_t$，而 $\left|\sum_{k=-\infty}^{+\infty}a_je^{ij\lambda}\right|^2$ 是 $\sum_{j=-\infty}^{+\infty}a_jB^j$ 中用 $e^{i\lambda}$ 代替 B 后的所得值的模平方，σ^2 是白噪声的方差，即 $\sigma^2=D\varepsilon_t$。

平稳的 $AR(p)$、$MA(q)$和 $ARMA(p,q)$序列均是平稳线性序列。

$AR(p)$序列形式上可以表示为：$X_t=\dfrac{1}{A(B)}\varepsilon_t=\sum_{j=0}^{\infty}\psi_jB^j\varepsilon_t$

$MA(q)$序列形式上可以表示为：$X_t=\beta(B)\varepsilon_t=\sum_{j=0}^{q}b_jB^j\varepsilon_t$

$ARMA(p,q)$序列形式上可以表示为：$X_t=\dfrac{\beta(B)}{A(B)}\varepsilon_t=\sum_{j=0}^{\infty}\psi_jB^j\varepsilon_t$，再由平稳线性序列的谱密度计算式(3.5)，比较即得式(3.6)。

当 $\beta(u)$ 和 $A(u)$ 是多项式时，$\dfrac{A(u)}{\beta(u)}$ 为有理式，所以称 $ARMA$ 序列的谱密度为有理谱密度。关于有理谱密度有下面的定理。

定理 3.4.4 设平稳序列有谱密度 $f(\lambda)$，则该序列为 $ARMA$ 序列的充要条件为：$f(\lambda)$ 为有理谱密度。

该定理的必要性就是定理 3.4.3 的结论，充分性的证明留作习题。

*3.5 矩阵的微分

1) 矩阵的微分

设矩阵 $\boldsymbol{X}=\begin{bmatrix}x_{11}&x_{12}&\cdots&x_{1t}\\x_{21}&x_{22}&\cdots&x_{2t}\\\cdots&\cdots&\cdots&\cdots\\x_{s1}&x_{s2}&\cdots&x_{st}\end{bmatrix}=(x_{ij})_{s\times t}$，其中 x_{ij} 为实变量，则定义矩阵

$\boldsymbol{X}$ 的微分为 $\mathrm{d}\boldsymbol{X}=\begin{bmatrix}\mathrm{d}x_{11} & \mathrm{d}x_{12} & \cdots & \mathrm{d}x_{1t}\\ \mathrm{d}x_{21} & \mathrm{d}x_{22} & \cdots & \mathrm{d}x_{2t}\\ \cdots & \cdots & \cdots & \cdots\\ \mathrm{d}x_{s1} & \mathrm{d}x_{s2} & \cdots & \mathrm{d}x_{st}\end{bmatrix}=(\mathrm{d}x_{ij})_{s\times t}$

特别，当 $t=1$ 时，这时 $\boldsymbol{X}$ 为一个列向量，记为 $\boldsymbol{x}=\begin{bmatrix}x_1\\ x_2\\ \vdots\\ x_s\end{bmatrix}$，则 $\mathrm{d}\boldsymbol{x}=\begin{bmatrix}\mathrm{d}x_1\\ \mathrm{d}x_2\\ \vdots\\ \mathrm{d}x_s\end{bmatrix}$

矩阵微分的性质：

设 $\boldsymbol{C}$ 为常数矩阵，$\boldsymbol{X}$，$\boldsymbol{Y}$ 为任意矩阵，则有

(1) $\mathrm{d}\boldsymbol{C}=\boldsymbol{0}$（零矩阵）；

(2) $\mathrm{d}(\boldsymbol{X}+\boldsymbol{Y})=\mathrm{d}\boldsymbol{X}+\mathrm{d}\boldsymbol{Y}$；

(3) $\mathrm{d}(\boldsymbol{X}\boldsymbol{Y})=\mathrm{d}\boldsymbol{X}\cdot\boldsymbol{Y}+\boldsymbol{X}\cdot\mathrm{d}\boldsymbol{Y}$。

特例 $\mathrm{d}(\boldsymbol{C}\boldsymbol{X})=\boldsymbol{C}\mathrm{d}\boldsymbol{X}$。

读者可以自己验证这些性质的成立。

2) 单值函数对自变量向量的偏导数

设单值函数 $y=f(x_1, x_2, \cdots, x_s)=f(\boldsymbol{x}^{\mathrm{T}})$，式中 $\boldsymbol{x}^{\mathrm{T}}$ 表示向量 $\boldsymbol{x}$ 的转置向量，我们定义函数对自变量的偏导数为

$$\frac{\partial y}{\partial \boldsymbol{x}}=\begin{bmatrix}\dfrac{\partial f}{\partial x_1}\\ \dfrac{\partial f}{\partial x_2}\\ \vdots\\ \dfrac{\partial f}{\partial x_s}\end{bmatrix},\ \frac{\partial y}{\partial \boldsymbol{x}^{\mathrm{T}}}=\left(\frac{\partial f}{\partial x_1}, \frac{\partial f}{\partial x_2}, \cdots, \frac{\partial f}{\partial x_s}\right),\text{可见}\left(\frac{\partial y}{\partial \boldsymbol{x}}\right)^{\mathrm{T}}=\frac{\partial y}{\partial \boldsymbol{x}^{\mathrm{T}}}$$

这样全微分公式可由下式表示：

$$\mathrm{d}y=\frac{\partial f}{\partial x_1}\cdot\mathrm{d}x_1+\frac{\partial f}{\partial x_2}\cdot\mathrm{d}x_2+\cdots+\frac{\partial f}{\partial x_s}\cdot\mathrm{d}x_s=\frac{\partial y}{\partial \boldsymbol{x}^{\mathrm{T}}}\cdot\mathrm{d}\boldsymbol{x}$$

与一元函数的 $y=f(x)$ 的微分公式 $\mathrm{d}y=\dfrac{\mathrm{d}f}{\mathrm{d}x}\mathrm{d}x$ 比较可知，两者形式相同。

3）向量值函数对自变量向量的偏导数

设向量值函数 $\boldsymbol{y}=\begin{bmatrix} f_1(\boldsymbol{x}^{\mathrm{T}}) \\ f_2(\boldsymbol{x}^{\mathrm{T}}) \\ \vdots \\ f_p(\boldsymbol{x}^{\mathrm{T}}) \end{bmatrix}$，

定义向量值函数对自变量的偏导数为

$$\frac{\partial \boldsymbol{y}}{\partial \boldsymbol{x}^{\mathrm{T}}}=\begin{bmatrix} \dfrac{\partial f_1}{\partial \boldsymbol{x}^{\mathrm{T}}} \\ \dfrac{\partial f_2}{\partial \boldsymbol{x}^{\mathrm{T}}} \\ \vdots \\ \dfrac{\partial f_q}{\partial \boldsymbol{x}^{\mathrm{T}}} \end{bmatrix}=\begin{bmatrix} \dfrac{\partial f_1}{\partial x_1} & \dfrac{\partial f_1}{\partial x_2} & \cdots & \dfrac{\partial f_1}{\partial x_s} \\ \dfrac{\partial f_2}{\partial x_1} & \dfrac{\partial f_2}{\partial x_2} & \cdots & \dfrac{\partial f_2}{\partial x_s} \\ \vdots & \vdots & \vdots & \vdots \\ \dfrac{\partial f_p}{\partial x_1} & \dfrac{\partial f_p}{\partial x_2} & \cdots & \dfrac{\partial f_p}{\partial x_s} \end{bmatrix},$$

并定义 $\dfrac{\partial \boldsymbol{y}^{\mathrm{T}}}{\partial \boldsymbol{x}}=\begin{bmatrix} \dfrac{\partial f_1}{\partial \boldsymbol{x}} & \dfrac{\partial f_2}{\partial \boldsymbol{x}} & \cdots & \dfrac{\partial f_p}{\partial \boldsymbol{x}} \end{bmatrix}=\begin{bmatrix} \dfrac{\partial f_1}{\partial x_1} & \dfrac{\partial f_2}{\partial x_1} & \cdots & \dfrac{\partial f_p}{\partial x_1} \\ \dfrac{\partial f_1}{\partial x_2} & \dfrac{\partial f_2}{\partial x_2} & \cdots & \dfrac{\partial f_p}{\partial x_2} \\ \cdots & \cdots & \cdots & \cdots \\ \dfrac{\partial f_1}{\partial x_s} & \dfrac{\partial f_2}{\partial x_s} & \cdots & \dfrac{\partial f_p}{\partial x_s} \end{bmatrix}$，

可见 $\left(\dfrac{\partial \boldsymbol{y}}{\partial \boldsymbol{x}^{\mathrm{T}}}\right)^{\mathrm{T}}=\dfrac{\partial \boldsymbol{y}^{\mathrm{T}}}{\partial \boldsymbol{x}}$。

利用矩阵的微分，得

$$\mathrm{d}\boldsymbol{y}=\begin{bmatrix} \mathrm{d}f_1(\boldsymbol{x}^{\mathrm{T}}) \\ \mathrm{d}f_2(\boldsymbol{x}^{\mathrm{T}}) \\ \vdots \\ \mathrm{d}f_p(\boldsymbol{x}^{\mathrm{T}}) \end{bmatrix}=\begin{bmatrix} \dfrac{\partial f_1}{\partial \boldsymbol{x}^{\mathrm{T}}}\mathrm{d}\boldsymbol{x} \\ \dfrac{\partial f_2}{\partial \boldsymbol{x}^{\mathrm{T}}}\mathrm{d}\boldsymbol{x} \\ \vdots \\ \dfrac{\partial f_p}{\partial \boldsymbol{x}^{\mathrm{T}}}\mathrm{d}\boldsymbol{x} \end{bmatrix}=\begin{bmatrix} \dfrac{\partial f_1}{\partial \boldsymbol{x}^{\mathrm{T}}} \\ \dfrac{\partial f_2}{\partial \boldsymbol{x}^{\mathrm{T}}} \\ \vdots \\ \dfrac{\partial f_p}{\partial \boldsymbol{x}^{\mathrm{T}}} \end{bmatrix}\mathrm{d}\boldsymbol{x}=\left(\frac{\partial \boldsymbol{y}}{\partial \boldsymbol{x}^{\mathrm{T}}}\right)^{\mathrm{T}}\mathrm{d}\boldsymbol{x}$$

这时与一元函数的微分公式形式也相同。正是因为有这个特点，引入矩阵的微分能在对自变量求导的场合的讨论提供便捷。

例 3.5.1　设 $\boldsymbol{y}=\begin{bmatrix} y_1 \\ y_2 \\ \vdots \\ y_s \end{bmatrix}$，$\boldsymbol{x}=\begin{bmatrix} x_1 \\ x_2 \\ \vdots \\ x_p \end{bmatrix}$，$\boldsymbol{C}=\begin{bmatrix} c_{11} & c_{12} & \cdots & c_{1p} \\ c_{21} & c_{22} & \cdots & c_{2p} \\ \cdots & \cdots & \cdots & \cdots \\ c_{s1} & c_{s2} & \cdots & c_{sp} \end{bmatrix}$，它们适合 $\boldsymbol{y}=\boldsymbol{C}\boldsymbol{x}$，其中 $\boldsymbol{C}$ 为常数矩阵，求 $\dfrac{\partial \boldsymbol{y}}{\partial \boldsymbol{x}^{\mathrm{T}}}$。

解　$\mathrm{d}\boldsymbol{y}=\boldsymbol{C}\mathrm{d}\boldsymbol{x}$

$\dfrac{\partial \boldsymbol{y}}{\partial \boldsymbol{x}^{\mathrm{T}}}=\boldsymbol{C}$，由此可得 $\dfrac{\partial y_i}{\partial x_j}=c_{ij}$，$i=1, 2, \cdots, s$；$j=1, 2, \cdots, p$，可见 $\boldsymbol{y}$ 的每个分量对自变量 $\boldsymbol{x}$ 的各个分量的偏导数一下子全部求出来了，引入矩阵的微分的优点在这里得到充分显示。

* 3.6　回归模型中异方差的处理

一些常见的时间序列模型可看作为回归模型，只是条件可能不同，借鉴回归分析的处理方法将有助于提高时间序列分析的效果。另外白噪声在一些常用时间序列建模中有举足轻重的作用，当异方差时是不满足白噪声条件的，若能转化为同方差这无疑为建模创造了有利条件。因此了解异方差的处理是有益的。

3.6.1　异方差问题

在前述的时间序列建模时，出现的白噪声序列 $\{\varepsilon_t\}$ 一般都要求 $\{\varepsilon_t\}$ 是零均值、同方差和两两不相关的序列。不相关在实际应用时可以要求是相互独立的。在实际问题中当 ε_t 起类似于随机误差的作用时，假定 $\varepsilon_t \sim N(0, \sigma^2)$ 具有合理性。

异方差是相对于同方差假设而言的，即是指方差随着时间有变化，而不再是一个常数。$D\varepsilon_t = E\varepsilon_t^2 = \sigma_\varepsilon^2(t)$，$t \in T$。

为什么会产生这种异方差性呢？

一方面是因为受随机因素的影响，它包括了测量误差和模型中一些因素被忽略的影响；另一方面由于抽样条件的变化造成样本数据误差的差异变大。对于不少时间序列，则由于观察值虽取自不同时间但在同一条轨道上采集，通常不同观察值之间的大小波动不是很大，所以异方差性可能不明显。

一旦随机误差项具有异方差性，将会产生什么样的后果呢？

对于回归分析，原来参数的最小二乘估计在线性回归模型条件下是最佳线性无偏估计，而在正态线性回归模型条件下是最佳无偏估计，即 MVUE。在异方差时这些最佳性就不再具备。参数估计的效果可能变差，甚至很差，就不一定能用。在作一些统计分析前，异方差的检验是要考虑的。异方差的检验主要有图示法和解析法，下面介绍几种常用的检验方法。

3.6.2 异方差检验

1）图示法

图示法是检验异方差的一种直观方法，通常有下列两条途径。

(1) 散点图。

作因变量 y 与自变量 x 的散点图，若随着 x 的增加，图中散点分布的区域逐渐变宽或变窄，或出现了非带状区域的复杂变化，则随机误差项可能出现了异方差。

(2) 残差图。

残差图即残差平方 $\hat{\varepsilon}_t^2$（ε_t^2 的估计值）与 X_t 的散点图，或者在有多个自变量时可作残差平方 $\hat{\varepsilon}_t^2$ 与 Y_t 的散点图或残差 $\hat{\varepsilon}_t^2$ 和可能某个与异方差有关的自变量的散点图。具体做法：先在同方差的假设下对原模型应用最小二乘法，估计出残差平方 $\hat{\varepsilon}_t^2$，再绘制残差图。$\{(\hat{\varepsilon}_t^2,\ \hat{y}_t)\}$，若残差图出现类似于非平稳时间序列形状，则可以判有异方差情形。

2）解析法

解析法的共同思想是，由于不同观察值的随机误差项具有不同的方差，因此检验异方差的主要问题是判断随机误差项的方差与自变量之间的相关性，下面介绍的方法都是围绕这个思路，通过建立不同的模型和判别标准来检验异方差。

(1) Goldfeld－Quandt 检验法。

Goldfeld－Quandt 检验法是由 S. M. Goldfeld 和 R. E. Quandt 于 1965 年提出的。这种检验方法以 F 检验为基础，适用于大样本情形 ($n > 30$)，并且要求满足条件：观测值的数目至少是参数的 2 倍；随机误差项没有自相关并且服从正态分布。

检验假设：H_0：ε_t，$t = 1, 2, \cdots, n$ 为同方差。

Goldfeld－Quandt 检验法要建立两条回归直线分别进行最小二乘法估计计算，一条回归直线采用随机误差项较小的数据，另一个采用随机误差项较大的数据。如果各回归直线残差的方差大致相等，则不能拒绝同方差的原假设，但是如果残差的方差变化较大，拒绝原假设就是合理的。检验步骤如下：

第一步　处理观测值：

将某个自变量的观测值按从小到大的顺序排列，然后将居中的 d 项观测数据删除，其中 d 的大小可以选择，比如取样本容量的 1/4。再将剩余的 $n-d$ 个数据分为数目相等的两组。

第二步　建立回归方程求残差平方和：

拟合两个线性回归模型，第一个取较小 x 值的那部分数据计算，第二个取较大 x 值的那部分数据计算。每一个回归模型都有 $(n-d)/2$ 个数据以及 $[(n-d)/2]-2$ 的自由度。d 必须足够小以保证有一定的自由度，从而能够对每一个回归模型进行有效的估计。

对每一个回归模型，计算残差平方和。记取值较小的一组样本数据计算的残差平方和为 $SSE_1=\sum_i \hat{\varepsilon}_{1i}^2$，取值较大的一组样本数据计算的残差平方和为 $SSE_2=\sum \hat{\varepsilon}_{2i}^2$。

第三步　构造统计量：

用分出的两个子样本计算的残差平方和构造 F 统计量：

$$F=\frac{\sum_i \hat{\varepsilon}_{2i}^2/\left(\frac{n-d}{2}-2\right)}{\sum_i \hat{\varepsilon}_{1i}^2/\left(\frac{n-d}{2}-2\right)}=\frac{\sum_i \hat{\varepsilon}_{2i}^2}{\sum_i \hat{\varepsilon}_{1i}^2}\sim F\left(\frac{n-d}{2}-2,\ \frac{n-d}{2}-2\right)$$

式中：n 为样本容量；d 为被去掉的观测值数目。

第四步　得出结论：

假设随机项服从正态分布(并且不存在序列相关)，则统计量

$$\frac{SSE_2}{SSE_1}\sim F\left(\frac{n-d}{2}-2,\ \frac{n-d}{2}-2\right)$$

对于给定的检验水平 α，则检验的拒绝域为 $\frac{SSE_2}{SSE_1}\geqslant F_\alpha\left(\frac{n-d}{2}-2,\ \frac{n-d}{2}-2\right)$。

注　当利用 k 个自变量数据建立方程时，其拒绝域为

$$\frac{SSE_2}{SSE_1}\geqslant F_\alpha\left(\frac{n-d}{2}-k-1,\ \frac{n-d}{2}-k-1\right)。$$

(2) Park 检验法。

Park 检验法实质上是把残差图法解析化处理，先假设 $\sigma_{\varepsilon_i}^2$ 是解释变量 x_i 的

某种类型函数，然后通过检验这个函数形式是否有效，来判定是否具有异方差性及其异方差性的函数结构。该方法的主要步骤如下：

第一步 建立因变量 y 对所有自变量 x 的回归方程，然后计算残差 $\hat{\varepsilon}_i^2$，$i=1, 2, \cdots, n$。

第二步 取异方差结构的函数形式为 $\hat{\sigma}_{\varepsilon_i}^2=\sigma^2 x_i^{\beta} e^{v_i}$，其中 σ^2 和 β 是两个未知参数，v_i 是随机误差变量。写成对数形式：$\ln \hat{\sigma}_{\varepsilon_i}^2=\ln \sigma^2+\beta \ln x_i+v_i$。

第三步 建立方差结构回归模型，同时用 $\hat{\varepsilon}_i^2$ 来代替 $\sigma_{\varepsilon_i}^2$，即 $\ln \hat{\varepsilon}_i^2=\ln \sigma^2+\beta \ln x_i+v_i$。对此模型检验 H_0：$\beta=0$，用 F 检验，其拒绝域为

$F=\dfrac{r^{*2}}{1-r^{*2}}(n-2) \geqslant F_\alpha(1, n-2)$。式中 r^* 是 $\hat{\varepsilon}_i^2$ 与 x 的样本相关系数。如果不显著，则认为没有异方差性。否则表明存在异方差。

Park 检验法的优点是不但能确定有无异方差性，而且还能给出异方差性的具体函数形式。但也有质疑，认为 v_i 仍可能有异方差性，因而结果的真实性会受到影响。

其他的检验方法有 Glejser 检验法、Breusch - Pagan 检验法、White 检验法等。

3.6.3 异方差修正

出现了异方差情形，用原有统计推断方法会大大降低功效，甚至方法失效，一般不能再用。需要采取相应的修正补救办法以克服异方差的不利影响，基本思想是变异方差为同方差，或者尽量缓解方差变异的程度。

在这里讨论情形分为两种：随机误差项 ε 的方差 σ_ε^2 已知或未知。

1) σ_ε^2 为已知情形

这时可用加权最小二乘法估计。在同方差的假定下，对不同的 x_i 和 ε_i，偏离均值的程度相同，取相同权数的做法是合理的。但在异方差情况下，则是不好的，因为 ε_i 的方差在不同的 x_i 上是不同的。如在递增的异方差中，对应于较大的 x 值的估计值的偏差就比较大，而对于较小的 x 值，偏差较小。残差所反映的信息有缺陷，应重视异方差的影响。

所以在这里解决的一个办法就是：对较大的残差平方赋予较小的权数，对较小的残差平方赋予较大的权数，如此来减轻或消除异方差的影响。如此对残差所提供信息的重要程度作一番校正，以提高效果。

因此，在一元情形，误差平方和修正为 $\sum\limits_i \dfrac{\hat{\varepsilon}_i^2}{\sigma_{\varepsilon_i}^2}=\sum\limits_i \dfrac{1}{\sigma_{\varepsilon_i}^2}(y_i-\alpha-\beta x_i)^2$，

使此式达到最小的参数估计就是加权最小二乘法估计。

2) σ_ε^2 为未知情形

当 σ_ε^2 已知时可以用加权最小二乘法估计处理，但实际中一般它是未知的，所以还要考虑别的方法来消除异方差。一般可以将异方差的表现分为下面几种类别。

我们以模型 $Y_i=\alpha+\beta X_i+\varepsilon_i$，$i=1, 2, \cdots, n$ 为例来说明方法。

类别 1　已知 $\sigma_{\varepsilon_i}^2$ 正比于 X_i^2，$E(\varepsilon_i^2)=\sigma^2 X_i^2$，可作如下变换：

$$\frac{Y_i}{X_i}=\frac{\alpha}{X_i}+\beta+\frac{\varepsilon_i}{X_i}\triangleq\alpha\frac{1}{X_i}+\beta+v_i,\ v_i \text{ 为同方差了。}$$

类别 2　$\sigma_{\varepsilon_i}^2$ 正比于 X_i，$E\varepsilon_i^2=\sigma^2 X_i$，可对原方程做如下变换：

$$\frac{Y_i}{\sqrt{X_i}}=\frac{\alpha}{\sqrt{X_i}}+\beta\sqrt{X_i}+\frac{\varepsilon_i}{\sqrt{X_i}}\triangleq\alpha\frac{1}{\sqrt{X_i}}+\beta\sqrt{X_i}+v_i,\ v_i \text{ 为同方差了。}$$

类别 3　$\sigma_{\varepsilon_i}^2$ 正比于 $(EY_i)^2$，$E\varepsilon_i^2=\sigma(EY_i)^2$，可对原方程做如下变换：

$$\frac{Y_i}{EY_i}=\frac{\alpha}{EY_i}+\beta\frac{X_i}{EY_i}+\frac{\varepsilon_i}{EY_i}\triangleq\alpha\left(\frac{1}{EY_i}\right)+\beta\frac{X_i}{EY_i}+v_i,\ v_i \text{ 为同方差了。}$$

在实际应用上述变换时，变换形式的选择可以采取尝试的方法，当不能肯定采取哪种变换更有效时，可以采用逐个尝试的方法，直到结果令人满意为止。当自变量多于 1 个时，也可以采用类似尝试的方法。利用上述变换方程作估计时，所有用到的 t 检验、F 检验等检验，一般需要大样本才有效。有时把自变量，因变量分别取对数后，再建立模型有可能会减弱或消除异方差性。

习　题　3

1. 平稳序列 $\{X_t\}$ 的样本自相关函数如表所示：

k	1	2	3	4	5
$\hat{\rho}_k$	−0.8	0.670	−0.518	0.390	−0.310

且 $\bar{x}=0.03$，$\hat{r}_0=3.34$，试选择 $\{X_t\}$ 适合的模型。

2. 某国 1961 年 1 月～2002 年 8 月的 16～19 岁失业女性的月度数据经过一阶差分后平稳($N=500$)，经过计算样本自相关函数 $\{\hat{\rho}_k\}$ 及样本偏相关函数 $\{\hat{\alpha}_{kk}\}$ 的前 10 个数值如下表：

k	1	2	3	4	5	6	7	8	9	10
$\hat{\rho}_k$	−0.47	0.06	−0.07	0.04	0.00	0.04	−0.04	0.06	−0.05	0.01
$\hat{a}_{kk}$	−0.47	−0.21	−0.18	−0.10	−0.05	0.02	−0.01	−0.06	0.01	0.00

试对 $\{X_t\}$ 所属的模型进行初步的模型识别。

3. 下列样本的自相关函数和偏自相关函数是基于零均值的平稳序列样本量为 500 计算得到的(样本方差为 2.997)

ACF(自相关函数)：0.340；0.321；0.370；0.106；0.139；0.171；0.081；0.049；0.124；0.088；0.009；0.077；

PACF(偏相关函数)：0.340；0.494；0.058；0.086；0.040；0.008；0.063；0.025；0.030；0.032；0.038；0.030

根据所给的信息，试给出模型的初步确定。

4. 设 $\{X_t\}$ 的长度为 10 的样本值为 0.8，0.2，0.9，0.74，0.82，0.92，0.78，0.86，0.72，0.84，试计算

(1) 样本均值 $\bar{x}$；

(2) 样本的自协方差函数值 $\hat{r}_1$，$\hat{r}_2$ 和自相关函数值 $\hat{\rho}_1$，$\hat{\rho}_2$。

5. 设来自 $MA(1)$序列$\{X_t\}$的样本为：

X_1，X_2，…，X_n，试利用定理 3.2.7 求一阶自相关函数 ρ_1 的置信水平为 $1-\alpha$ 的近似区间估计。

***6.** 设 $\{X_t\}$ 服从 $AR(2)$模型：

$X_t=\alpha_1 X_{t-1}+\alpha_2 X_{t-1}+\varepsilon_t$，其中 $\{\varepsilon_t\}$ 为正态白噪声序列，$E\varepsilon_t=0$，$D\varepsilon_t=\sigma^2$，假设模型是平稳的，利用偏相关函数递推公式直接证明其偏相关函数满足：

$$\alpha_{kk}=\begin{cases}\alpha_2, & k=2,\\ 0, & k\geqslant 3。\end{cases}$$

***7.** 设 $\{X_t,\ t\in\mathbf{Z}\}$ 和 $\{Y_t,\ t\in\mathbf{Z}\}$ 是两个零均值，平稳的且不相关的 $AR(p)$序列，令 $Z_t=X_t+Y_t$，$t\in\mathbf{Z}$，试给出 $\{Z_t,\ t\in\mathbf{Z}\}$ 也为零均值，平稳的 $AR(p)$序列的充分条件。

8. 试证：$\{\varepsilon_t\}$ 是白噪声序列的充要条件是其谱密度为常数。

9. $|a|<1$，$|b|<1$，$\{\varepsilon_t\}$ 是白噪声序列，$\{X_t\}$ 适合 $X_t=aX_{t-1}+\varepsilon_{t-1}+b\varepsilon_{t-1}$，试求 $\{X_t\}$ 的谱密度。

***10.** 设平稳序列有谱密度 $f(\lambda)$ 为有理谱密度，证明：该序列为 $ARMA$ 序列。

第4章 时间序列建模方法

确定了模型的类型，下一步就要进行建模工作，建模工作包括参数估计、定价和拟合检验三方面的工作。本章介绍一些常用模型的建模方法。

4.1 $AR(p)$模型的建模方法

4.1.1 $AR(p)$模型的参数估计

设 $\{X_t\}$ 适合：$X_t = a_1 X_{t-1} + \cdots + a_p X_{t-p} + \varepsilon_t$，式中 $\{\varepsilon_t\}$ 为独立同分布白噪声序列；$E\varepsilon_t^2 = \sigma^2$，来自 $\{X_t\}$ 的样本为 X_1，X_2，…，X_n，要估计 a_1，a_2，…，a_p，σ^2。

1. Yule - Walker 估计法

由 Yule - Walker 方程：$\boldsymbol{b}_p = \boldsymbol{\Gamma}_p \boldsymbol{\alpha}$，其中

$$\boldsymbol{b}_p = \begin{bmatrix} r_1 \\ r_2 \\ \vdots \\ r_p \end{bmatrix}, \boldsymbol{\Gamma}_p = \begin{bmatrix} r_0 & r_1 & \cdots & r_{p-1} \\ r_1 & r_0 & \cdots & r_{p-2} \\ \vdots & \vdots & \ddots & \vdots \\ r_{p-1} & r_{p-2} & \cdots & r_0 \end{bmatrix}, \boldsymbol{\alpha} = \begin{bmatrix} a_1 \\ a_2 \\ \vdots \\ a_p \end{bmatrix},$$

用样本自协方差函数 $\hat{r}_k$ 代替 r_k 后，可以计算得参数 a_1，a_2，…，a_p，σ^2 的 Yule - Walker 估计为

$$\begin{bmatrix} \hat{a}_1 \\ \hat{a}_2 \\ \vdots \\ \hat{a}_p \end{bmatrix} = \begin{bmatrix} \hat{r}_0 & \hat{r}_1 & \cdots & \hat{r}_{p-1} \\ \hat{r}_1 & \hat{r}_0 & \cdots & \hat{r}_{p-2} \\ \vdots & \vdots & \ddots & \vdots \\ \hat{r}_{p-1} & \hat{r}_{p-2} & \cdots & \hat{r}_0 \end{bmatrix}^{-1} \begin{bmatrix} \hat{r}_1 \\ \hat{r}_2 \\ \vdots \\ \hat{r}_p \end{bmatrix}, \hat{\sigma}^2 = \hat{r}_0 - \hat{a}_1 \hat{r}_1 - \cdots - \hat{a}_p \hat{r}_p。$$

2. 最小二乘法

$$X_t = a_1 X_{t-1} + \cdots + a_p X_{t-p} + \varepsilon_t，取 t = p+1,\ p+2,\ \cdots,\ n$$

$$\begin{bmatrix} X_{p+1} \\ X_{p+2} \\ \vdots \\ X_n \end{bmatrix} = \begin{bmatrix} X_p & X_{p-1} & \cdots & X_1 \\ X_{p+1} & X_{p+2} & \cdots & X_2 \\ \vdots & \vdots & \ddots & \vdots \\ X_{n-1} & X_{n-2} & \cdots & X_{n-p} \end{bmatrix} \begin{bmatrix} a_1 \\ a_2 \\ \vdots \\ a_p \end{bmatrix} + \begin{bmatrix} \varepsilon_{p+1} \\ \varepsilon_{p+2} \\ \vdots \\ \varepsilon_n \end{bmatrix}$$

用矩阵形式表示： $\boldsymbol{Y} = \boldsymbol{X\alpha} + \boldsymbol{\varepsilon}$

应用回归分析中的最小二乘法，得

$$\hat{\boldsymbol{\alpha}} = (\boldsymbol{X}^{\mathrm{T}}\boldsymbol{X})^{-1}\boldsymbol{X}^{\mathrm{T}}\boldsymbol{Y},\ \hat{\sigma}^2 = \frac{1}{n-p}\boldsymbol{Y}^{\mathrm{T}}[\boldsymbol{I} - \boldsymbol{X}(\boldsymbol{X}^{\mathrm{T}}\boldsymbol{X})^{-1}\boldsymbol{X}^{\mathrm{T}}]\boldsymbol{Y}$$

3. MLE 法

设 $\{\varepsilon_t\}$ 为正态白噪声序列，则 $\boldsymbol{X}^{\mathrm{T}} = (X_1,\ X_2,\ \cdots,\ X_n)^{\mathrm{T}} \sim N_n(\boldsymbol{0},\ \boldsymbol{\Sigma})$，似然函数

$$\ln L(\boldsymbol{\alpha},\ \sigma^2) = \ln \frac{1}{(2\pi)^{n/2} \mid \boldsymbol{\Sigma} \mid^{1/2}} \mathrm{e}^{-\frac{1}{2}\boldsymbol{x}^{\mathrm{T}}\boldsymbol{\Sigma}^{-1}\boldsymbol{x}}$$

$$= \ln \frac{1}{(2\pi)^{n/2}} - \frac{1}{2}\ln \mid \boldsymbol{\Sigma} \mid - \frac{1}{2}\boldsymbol{x}^{\mathrm{T}}\boldsymbol{\Sigma}^{-1}\boldsymbol{x}$$

直接求 $\boldsymbol{\alpha},\ \sigma^2$ 的 MLE 是困难的，可以求 $\boldsymbol{\alpha},\ \sigma^2$ 的近似 MLE。

由原模型，得

$\varepsilon_t = X_t - a_1 X_{t-1} - \cdots - a_p X_{t-p}$，取 $t = p+1,\ p+2,\ \cdots,\ n$，得

$$\begin{bmatrix} \varepsilon_{p+1} \\ \varepsilon_{p+2} \\ \vdots \\ \varepsilon_n \end{bmatrix} = \begin{bmatrix} X_{p+1} \\ X_{p+2} \\ \vdots \\ X_n \end{bmatrix} - \begin{bmatrix} X_p & X_{p-1} & \cdots & X_1 \\ X_{p+1} & X_{p+2} & \cdots & X_2 \\ \vdots & \vdots & \ddots & \vdots \\ X_{n-1} & X_{n-2} & \cdots & X_{n-p} \end{bmatrix} \begin{bmatrix} a_1 \\ a_2 \\ \vdots \\ a_p \end{bmatrix} \overset{\text{记为}}{=} \boldsymbol{Y} - \boldsymbol{X\alpha}$$

$\boldsymbol{\varepsilon}^{\mathrm{T}} = (\varepsilon_{p+1},\ \varepsilon_{p+2},\ \cdots,\ \varepsilon_n)$ 的联合密度函数为

$$\ln L(\boldsymbol{\alpha},\ \sigma^2) = \ln \frac{1}{(2\pi)^{(n-p)/2} \mid \sigma^2 I \mid^{1/2}} \mathrm{e}^{-\frac{1}{2}\boldsymbol{\varepsilon}^{\mathrm{T}}(\sigma^2 I)^{-1}\boldsymbol{\varepsilon}}$$

$$= \ln \frac{1}{(2\pi)^{(n-p)/2}} - \frac{n-p}{2}\ln \sigma^2 - \frac{1}{2\sigma^2}\boldsymbol{\varepsilon}^{\mathrm{T}}\boldsymbol{\varepsilon}$$

$$= \ln \frac{1}{(2\pi)^{(n-p)/2}} - \frac{n-p}{2}\ln \sigma^2 - \frac{1}{2\sigma^2}(\boldsymbol{Y} - \boldsymbol{X\alpha})^{\mathrm{T}}(\boldsymbol{Y} - \boldsymbol{X\alpha})$$

对 $\boldsymbol{\alpha}$ 求微分，得

$$\mathrm{d}\ln L(\boldsymbol{\alpha},\sigma^2)=\frac{1}{2\sigma^2}(\boldsymbol{X}\mathrm{d}\boldsymbol{\alpha})^{\mathrm{T}}(\boldsymbol{Y}-\boldsymbol{X}\boldsymbol{\alpha})+\frac{1}{2\sigma^2}(\boldsymbol{Y}-\boldsymbol{X}\boldsymbol{\alpha})^{\mathrm{T}}(\boldsymbol{X}\mathrm{d}\boldsymbol{\alpha})$$

$$=\frac{1}{\sigma^2}(\boldsymbol{Y}^{\mathrm{T}}-\boldsymbol{\alpha}^{\mathrm{T}}\boldsymbol{X}^{\mathrm{T}})(\boldsymbol{X}\mathrm{d}\boldsymbol{\alpha})$$

$$\frac{\partial\ln L}{\partial\boldsymbol{a}}=\frac{1}{\sigma^2}(\boldsymbol{Y}^{\mathrm{T}}-\boldsymbol{\alpha}^{\mathrm{T}}\boldsymbol{X}^{\mathrm{T}})\boldsymbol{X}=0$$

$$\frac{\partial\ln L}{\partial\sigma^2}=-\frac{n-p}{2\sigma^2}+\frac{1}{2\sigma^4}(\boldsymbol{Y}-\boldsymbol{X}\boldsymbol{\alpha})^{\mathrm{T}}(\boldsymbol{Y}-\boldsymbol{X}\boldsymbol{\alpha})$$

$\boldsymbol{\alpha}=(\boldsymbol{X}^{\mathrm{T}}\boldsymbol{X})^{-1}\boldsymbol{X}^{\mathrm{T}}\boldsymbol{Y}$（注：对平稳的 $AR(p)$序列有 $\boldsymbol{X}^{\mathrm{T}}\boldsymbol{X}>0$，即正定），$\boldsymbol{\alpha}$ 的近似 MLE 与 $\boldsymbol{\alpha}$ 的最小二乘估计一致。

σ^2 的 MLE 为 $\hat{\sigma}^2=\frac{1}{n-p}(\boldsymbol{Y}-\boldsymbol{X}\hat{\boldsymbol{\alpha}})^{\mathrm{T}}(\boldsymbol{Y}-\boldsymbol{X}\hat{\boldsymbol{\alpha}})=\frac{1}{\boldsymbol{n}-\boldsymbol{p}}\hat{\boldsymbol{\varepsilon}}^{\mathrm{T}}\hat{\boldsymbol{\varepsilon}}$

4.1.2　$AR(p)$模型的定阶

1. 偏相关函数定阶

先用样本自相关函数 $\hat{\rho}_k=\frac{\hat{r}_k}{\hat{r}_0}$ 代替 $\rho_k=\frac{r_k}{r_0}$ 后计算出偏相关函数列 $\{\hat{\alpha}_{k,k}\}$，取 $\hat{p}+1$ 为明显接近于 0 趋势时 k 的值(可以作散点图，即在坐标平面上描点 $\{k,\hat{\alpha}_{k,k}\}$ 观察确定。

2. AIC 准则定阶

构造准则函数 $AIC(k)=\ln\hat{\sigma}^2(k)+\frac{2k}{n}$，$k=0,1,\cdots,P$，其中 $\hat{\sigma}^2(k)$ 是给定 $p=k$ 时 σ^2 的估计，P 是 p 的某个上界，若存在 $\hat{p}$，有 $AIC(\hat{p})=\min\limits_{0\leqslant k\leqslant P}AIC(k)$，则称 $\hat{p}$ 为 p 的由 AIC 准则确定的估计，若有相同极小值点时取其中最小的为 $\hat{p}$。

注　AIC 准则在实际中使用效果较好，但往往阶数定得偏高。还有一个缺陷没有相合性，经改进具有相合性的准则有 BIC，HIC 准则。它们的准则函数分别为

$$BIC(k)=\ln\hat{\sigma}^2(k)+\frac{k\ln n}{n},\ k=0,1,\cdots,P$$

$$HIC(k)=\ln\hat{\sigma}^2(k)+\frac{k\ln\ln n}{n}c,\ c>2,\ k=0,1,\cdots,P$$

适合 $BIC(\hat{P})=\min\limits_{0\leqslant k\leqslant P}BIC(k)$的$\hat{P}$为 BIC 准则下 P 的估计;同理可得 HIC 准则下 P 的估计。

这些估计具有相合性(强结合性),即 $P(\lim\limits_{n\to\infty}\hat{p}=p)=1$

4.1.3 $AR(p)$模型的拟合检验

设样本为 $X_1, \cdots, X_n$, 检验 H_0: $X_1, \cdots, X_n$ 来自 $AR(p)$ 序列。

第一步: 估计阶数 $\hat{p}$, 参数 $\hat{a}_1, \cdots, \hat{a}_{\hat{p}}, \hat{\sigma}^2$;

第二步: 由 $X_t=\hat{a}_1X_{t-1}+\cdots+\hat{a}_{\hat{p}}X_{t-\hat{p}}+\varepsilon_t$, 得 $\varepsilon_t=X_t-\hat{a}_1X_{t-1}-\cdots-\hat{a}_{\hat{p}}X_{t-\hat{p}}$, 取 $t=\hat{p}+1, \cdots, n$, 计算得 $\hat{\varepsilon}_{\hat{p}+1}, \hat{\varepsilon}_{\hat{p}+2}, \cdots, \hat{\varepsilon}_n$;

第三步: 检验 $\hat{\varepsilon}_{\hat{p}+1}, \hat{\varepsilon}_{\hat{p}+2}, \cdots, \hat{\varepsilon}_n$ 是否独立同分布。

若通过则接受 H_0, 即认为建模有效;否则拒绝 H_0, 即认为所建模无效。

4.2 $MA(q)$模型的建模方法

设 $\{X_t\}$ 适合: $X_t=\varepsilon_t-\beta_1\varepsilon_{t-1}-\cdots-\beta_q\varepsilon_{t-q}$, $\{\varepsilon_t\}$ 为白噪声序列, $E\varepsilon_t^2=\sigma^2$, 试估计 $\beta_1, \beta_2, \cdots, \beta_q, \sigma^2$。

4.2.1 $MA(q)$模型的参数估计

1) 矩估计法

在 2.2.2 节中 r_k 的表达式用样本自相关函数 $\hat{r}_k$ 代替 r_k 后,得

$$\hat{r}_k=\begin{cases}\sigma^2\left(1+\sum\limits_{j=1}^{q}\beta_j^2\right), & k=0\\ \sigma^2\left(-\beta_k+\sum\limits_{j=1}^{q-k}\beta_j\beta_{j+k}\right), & 1\leqslant k\leqslant q\\ 0, & k>q\end{cases}$$

解方程组可得参数 $\beta_1, \beta_2, \cdots, \beta_q, \sigma^2$ 的矩估计。

2) MLE 法

设 ε_t 为正态白噪声, $\varepsilon_t\sim N(0, \sigma^2)$, $\boldsymbol{\varepsilon}=\begin{bmatrix}\varepsilon_1\\ \vdots\\ \varepsilon_n\end{bmatrix}\sim N_n(\mathbf{0}, \sigma^2\boldsymbol{I})$, 精确解难求, 可以求近似 MLE,设样本为 $X_1, \cdots, X_n$, 并设初值 $\varepsilon_0=\varepsilon_{-1}=\cdots=\varepsilon_{-q+1}=0$,

由 $X_t = \varepsilon_t - \beta_1 \varepsilon_{t-1} - \cdots - \beta_q \varepsilon_{t-q}$ 移项，得 $\varepsilon_t = X_t + \beta_1 \varepsilon_{t-1} + \cdots + \beta_q \varepsilon_{t-q}$，取 $t = 1, 2, \cdots, n$，得

$$\varepsilon_1 = x_1$$
$$\varepsilon_2 = x_2 + \beta_1 x_1$$
$$\varepsilon_3 = x_3 + \beta_1 x_2 + \beta_2 x_1$$
$$\cdots$$

$$\ln L(\boldsymbol{\beta}, \sigma^2) = -\frac{n}{2}\ln(2\pi) - \frac{n}{2}\ln\sigma^2 - \frac{1}{2\sigma^2}\sum_{k=1}^{n}\varepsilon_k^2$$

$$\frac{\partial \ln L}{\partial \sigma^2} = -\frac{n}{2\sigma^2} + \frac{1}{2\sigma^4}\sum_{k=1}^{n}\varepsilon_k^2$$

$$\frac{\partial \ln L}{\partial \boldsymbol{\beta}} = -\frac{1}{2\sigma^2}\frac{\partial \sum_{k=1}^{n}\varepsilon_k^2}{\partial \boldsymbol{\beta}} = \mathbf{0}$$

所以 $\hat{\sigma}^2 = \dfrac{\sum_{k=1}^{n}\varepsilon_k^2}{n}$，$\dfrac{\partial \sum_{k=1}^{n}\varepsilon_k^2}{\partial \boldsymbol{\beta}} = 0$

解此方程组可得参数的近似 MLE。

3）自回归逼近法

可逆的 $MA(q)$ 序列可以表示成 $AR(\infty)$ 序列，即 $X_t = \beta(B)\varepsilon_t$，$\varepsilon_t = \sum_{j=0}^{\infty}\phi_j X_{t-j}$，可忽略尾部，用适当高阶 $AR(p)$ 序列来逼近 $MA(q)$ 序列。

(1) 由 $X_1, \cdots, X_n$ 根据 $AR(p)$ 序列来定阶，估计参数；

(2) 计算 $\hat{\varepsilon}_t = X_t - \hat{a}_1 X_{t-1} - \cdots - \hat{a}_{\hat{p}} X_{t-\hat{p}}$，取 $t = \hat{p}+1, \hat{p}+2, \cdots, n$，得 $\hat{\varepsilon}_{\hat{p}+1}, \hat{\varepsilon}_{\hat{p}+2}, \cdots, \hat{\varepsilon}_n$；

(3) 对 $X_t = \hat{\varepsilon}_t - \beta_1 \hat{\varepsilon}_{t-1} - \cdots - \beta_q \hat{\varepsilon}_{t-q}$，取 $t = \hat{p}+q+1, \cdots, n$，

记 $\boldsymbol{Y} = \begin{bmatrix} X_{\hat{p}+q+1} \\ \vdots \\ X_n \end{bmatrix}$，$\boldsymbol{E} = \begin{bmatrix} \hat{\varepsilon}_{\hat{p}+q} & \hat{\varepsilon}_{\hat{p}+q+1} & \cdots & \hat{\varepsilon}_{\hat{p}+1} \\ \hat{\varepsilon}_{\hat{p}+q+1} & \hat{\varepsilon}_{\hat{p}+q+2} & \cdots & \hat{\varepsilon}_{\hat{p}+2} \\ \vdots & \vdots & \ddots & \vdots \\ \hat{\varepsilon}_{n-1} & \hat{\varepsilon}_{n-2} & \cdots & \hat{\varepsilon}_{n-q} \end{bmatrix}$，$\boldsymbol{\varepsilon} = \begin{bmatrix} \hat{\varepsilon}_{\hat{p}+q+1} \\ \hat{\varepsilon}_{\hat{p}+q+2} \\ \vdots \\ \hat{\varepsilon}_n \end{bmatrix}$

则得回归方程 $\boldsymbol{Y} = \boldsymbol{E\beta} + \boldsymbol{\varepsilon}$，其最小二乘估计 $\hat{\boldsymbol{\beta}} = (\boldsymbol{E}^{\mathrm{T}}\boldsymbol{E})^{-1}\boldsymbol{E}^{\mathrm{T}}\boldsymbol{Y}$，$\hat{\boldsymbol{\sigma}}^2 = \dfrac{1}{n}S(\hat{\boldsymbol{\alpha}}, \hat{\boldsymbol{\beta}})$。

若记 $\hat{\boldsymbol{Y}}=\boldsymbol{E}\hat{\boldsymbol{\beta}}$，则 $S(\hat{\boldsymbol{\alpha}},\hat{\boldsymbol{\beta}})=(\boldsymbol{Y}-\hat{\boldsymbol{Y}})^{\mathrm{T}}(\boldsymbol{Y}-\hat{\boldsymbol{Y}})$。

$MA(q)$ 模型还有逆相关函数估计，信息估计等其他参数估计方法，可参考书目[5]。

4.2.2 $MA(q)$模型的定阶

1. 自协方差函数定阶

由 X_1，…，X_n 计算得 $\hat{r}_1$，…，$\hat{r}_k$，取 $\hat{q}+1$ 为明显接近于 0 趋势时 k 的值。可以作散点图，在坐标平面上描点 $\{k,\hat{r}_k\}$ 观察。

2. AIC 准则定阶

构造准则函数
$$AIC(k)=\ln\hat{\sigma}^2(k)+\frac{2k}{n},\ k=0,1,\cdots,Q,$$

其中：$\hat{\sigma}^2(k)$ 是给定 $q=k$ 时 σ^2 的估计；Q 是 q 的某个上界，若存在 $\hat{q}$，有 $AIC(\hat{q})=\min\limits_{0\leqslant k\leqslant Q}AIC(k)$，则称 $\hat{q}$ 为 q 由 AIC 准则确定的估计，若有相同最小值点时取其中最小的为 $\hat{q}$。

还有其他的定阶准则如 BIC，HIC 等。

4.2.3 $MA(q)$模型的拟合检验

设样本为 X_1，…，X_n，检验 H_0：X_1，…，X_n 来自 $MA(q)$序列。

取初值
$$\varepsilon_0=\varepsilon_{-1}=\cdots=\varepsilon_{-q+1}=0,$$

计算得
$$\hat{\varepsilon}_t=X_t+\hat{\beta}_1\varepsilon_{t-1}+\cdots+\hat{\beta}_q\varepsilon_{t-\hat{q}},t=1,2,\cdots,n,$$

检验 $\hat{\varepsilon}_1$，…，$\hat{\varepsilon}_n$ 是否为独立同分布序列。

若通过则接受 H_0，即认为建模有效；否则拒绝 H_0，即认为所建模无效。

4.3 $ARMA(p,q)$模型的建模方法

4.3.1 $ARMA(p,q)$模型的参数估计

设 $\alpha(B)X_t=\beta(B)\varepsilon_t$，$E\varepsilon_t^2=\sigma^2$，

其中 $\alpha(u)=1-a_1u-\cdots-a_pu^p$，$\beta(u)=1-\beta_1u-\cdots-\beta_qu^q$，

由样本 X_1，…，X_n 估计 a_i，β_j，σ^2，$i=1,2,\cdots,p$，$j=1,2,\cdots,q$。

1) 矩估计法

先求 a_1，a_2，…，a_p 的矩估计。

$k>q$ 时,有 $r_k = a_1 r_{k-1} + a_2 r_{k-2} + \cdots + a_p r_{k-p}$,

取 $k = q+1,\ \cdots,\ q+p$,

$$\hat{r}_{q+1} = a_1 \hat{r}_q + a_2 \hat{r}_{q-1} + \cdots + a_p \hat{r}_{q-p+1}$$

$$\hat{r}_{q+2} = a_1 \hat{r}_{q+1} + a_2 \hat{r}_q + \cdots + a_p \hat{r}_{q-p+2}$$

$$\cdots$$

$$\hat{r}_{q+p} = a_1 \hat{r}_{q+p-1} + a_2 \hat{r}_{q+p-2} + \cdots + a_p \hat{r}_q$$

记

$$\hat{\boldsymbol{\Gamma}}_{p,\,q} = \begin{bmatrix} \hat{r}_q & \hat{r}_{q-1} & \cdots & \hat{r}_{q-p+1} \\ \hat{r}_{q+1} & \hat{r}_q & \cdots & \hat{r}_{q-p+2} \\ \vdots & \vdots & \cdots & \vdots \\ \hat{r}_{q+p-1} & \hat{r}_{q+p-2} & \cdots & \hat{r}_q \end{bmatrix},\ \hat{\boldsymbol{b}}_{p,\,q} = \begin{bmatrix} \hat{r}_{q+1} \\ \hat{r}_{q+2} \\ \vdots \\ \hat{r}_{q+p} \end{bmatrix},\ \boldsymbol{\alpha} = \begin{bmatrix} a_1 \\ a_2 \\ \vdots \\ a_p \end{bmatrix},$$

上面方程组可表示为　　$\hat{\boldsymbol{b}}_{p,\,q} = \hat{\boldsymbol{\Gamma}}_{p,\,q}\boldsymbol{\alpha}$

所以　　$\hat{\boldsymbol{\alpha}} = (\hat{\boldsymbol{\Gamma}}_{p,\,q})^{-1}\hat{\boldsymbol{b}}_{p,\,q}$。

再求 $\beta_1,\ \beta_2,\ \cdots,\ \beta_q,\ \sigma^2$ 的矩估计。由式(2.7),得

当 $k=0$ 时,$\sum_{j=0}^{p}\sum_{i=0}^{p}\hat{a}_j\hat{a}_i\hat{r}_{j-i} = \sigma^2\left(1+\sum_{j=1}^{q}\beta_j^2\right)$

当 $1\leqslant k\leqslant q$ 时,$\sum_{j=0}^{p}\sum_{i=0}^{p}\hat{a}_j\hat{a}_i\hat{r}_{k-i+j} = \sigma^2\left(-\beta_k+\sum_{j=1}^{q-k}\beta_j\beta_{j+k}\right)$。

解此方程组可得 $\beta_1,\ \beta_2,\ \cdots,\ \beta_q,\ \sigma^2$ 的矩估计 $\hat{\beta}_1,\ \hat{\beta}_2,\ \cdots,\ \hat{\beta}_q,\ \hat{\sigma}^2$。一般无显式解。

2) 自回归逼近法

设 $X_t - a_1 X_{t-1} - \cdots - a_p X_{t-p} = \varepsilon_t - \beta_1\varepsilon_{t-1} - \cdots - \beta_q\varepsilon_{t-q}$,简记为 $\alpha(B)X_t = \beta(B)\varepsilon_t$,当模型可逆时,可解得 $\varepsilon_t = \sum_{j=0}^{+\infty}\phi_j X_{t-j}$,$\phi_0 = 1$,把它看作是为 $AR(\infty)$。

用适当高阶的 AR 模型逼近 $ARMA$ 模型,步骤如下:

第一步:按照 $AR(P)$ 序列定价,估计参数,拟合检验;

第二步:令 $\hat{\varepsilon}_t = X_t - \hat{a}_1 X_{t-1} - \cdots - \hat{a}_{\hat{p}_1} X_{t-\hat{p}_1}$,取 $t = \hat{p}_1 + 1,\ \cdots,\ n$,计算得 $\hat{\varepsilon}_{\hat{p}_1+1},\ \hat{\varepsilon}_{\hat{p}_1+2},\ \cdots,\ \hat{\varepsilon}_n$;

第三步:建立回归模型 $X_t = \alpha_1 X_{t-1} + \cdots + \alpha_p X_{t-p} + \beta_1\hat{\varepsilon}_{t-1} + \cdots + \beta_q\hat{\varepsilon}_{t-q} + \varepsilon_t$,$t = \hat{p}_1 + q + 1,\ \hat{p}_1 + q + 2,\ \cdots,\ n$。

记 $Y=\begin{bmatrix}X_{\hat{p}_1+q+1}\\X_{\hat{p}_1+q+2}\\\vdots\\X_n\end{bmatrix}$，$\begin{bmatrix}\boldsymbol{\alpha}\\\boldsymbol{\beta}\end{bmatrix}=\begin{bmatrix}\alpha_1\\\vdots\\\alpha_p\\\beta_1\\\vdots\\\beta_q\end{bmatrix}$，$\boldsymbol{X}=\begin{bmatrix}X_{\hat{p}_1+q} & X_{\hat{p}_1+q-1} & \cdots & X_{\hat{p}_1+q-p+1}\\X_{\hat{p}_1+q+1} & X_{\hat{p}_1+q-1} & \cdots & X_{\hat{p}_1+q-p+2}\\\vdots & \vdots & \ddots & \vdots\\X_{n-1} & X_{n-2} & \cdots & X_{n-p}\end{bmatrix}$…，

$$\boldsymbol{E}=\begin{bmatrix}\hat{\varepsilon}_{\hat{p}_1+q} & \hat{\varepsilon}_{\hat{p}_1+q-1} & \cdots & \hat{\varepsilon}_{\hat{p}_1+1}\\\hat{\varepsilon}_{\hat{p}_1+q+1} & \hat{\varepsilon}_{\hat{p}_1+q} & \cdots & \hat{\varepsilon}_{\hat{p}_1+2}\\\vdots & \vdots & \ddots & \vdots\\\hat{\varepsilon}_{n-1} & \hat{\varepsilon}_{n-2} & \cdots & \hat{\varepsilon}_{n-q}\end{bmatrix}$$

则模型可化为
$$\boldsymbol{Y}=(\boldsymbol{X},\ \boldsymbol{E})\begin{bmatrix}\boldsymbol{\alpha}\\\boldsymbol{\beta}\end{bmatrix}+\boldsymbol{\varepsilon}$$

由最小二乘法可得 $\begin{bmatrix}\hat{\boldsymbol{\alpha}}\\\hat{\boldsymbol{\beta}}\end{bmatrix}=[(\boldsymbol{X},\ \boldsymbol{E})^{\mathrm{T}}(\boldsymbol{X},\ \boldsymbol{E})]^{-1}(\boldsymbol{X},\ \boldsymbol{E})^{\mathrm{T}}\boldsymbol{Y}$，$\hat{\sigma}^2=\frac{1}{n}S(\hat{\boldsymbol{\alpha}},\ \hat{\boldsymbol{\beta}})$

若记 $\hat{\boldsymbol{Y}}=(\boldsymbol{X},\ \boldsymbol{E})\begin{bmatrix}\hat{\boldsymbol{\alpha}}\\\hat{\boldsymbol{\beta}}\end{bmatrix}$，则 $S(\hat{\boldsymbol{\alpha}},\ \hat{\boldsymbol{\beta}})=(\boldsymbol{Y}-\hat{\boldsymbol{Y}})^{\mathrm{T}}(\boldsymbol{Y}-\hat{\boldsymbol{Y}})$。

3) 近似 MLE 法

设 $\{\varepsilon_t\}$ 为独立同分布、正态白噪声序列，$\varepsilon_t\sim N(0,\ \sigma^2)$，

由 $X_t-a_1X_{t-1}-\cdots-a_pX_{t-p}=\varepsilon_t-\beta_1\varepsilon_{t-1}-\cdots-\beta_q\varepsilon_{t-q}$，移项得

$$\varepsilon_t=X_t-\alpha_1X_{t-1}-\alpha_2X_{t-2}-\cdots-\alpha_pX_{t-p}+\beta_1\varepsilon_{t-1}+\beta_2\varepsilon_{t-2}+\cdots+\beta_q\varepsilon_{t-q},$$

取初始值 $X_0=X_{-1}=\cdots=X_{-p+1}=0$，$\varepsilon_0=\varepsilon_{-1}=\cdots=\varepsilon_{-q+1}=0$，

再取 $t=1,\ 2,\ \cdots,\ n$，计算得

$$\hat{\varepsilon}_1=x_1$$
$$\hat{\varepsilon}_2=x_2-a_1x_1+\beta_1x_1=x_2-(a_1-\beta_1)x_1$$
$$\hat{\varepsilon}_3=x_3-\alpha_1x_2-\alpha_2x_1+\beta_1(x_2-a_1x_1+\beta_1x_1)+\beta_2x_1$$
$$=x_3-(a_1-\beta_1)x_2+(-\alpha_2-a_1\beta_1+\beta_2+\beta_1^2)x_1$$
$$\cdots$$

记 $\boldsymbol{\theta}=(a_1,\ a_2,\ \cdots,\ \alpha_p,\ \beta_1,\ \beta_2,\ \cdots,\ \beta_q)$

$$\ln L(\boldsymbol{\theta}, \sigma^2) = -\frac{n}{2}\ln(2\pi) - \frac{n}{2}\ln\sigma^2 - \frac{1}{2\sigma^2}\sum_{k=1}^{n}\varepsilon_k^2$$

$$\frac{\partial \ln L}{\partial \sigma^2} = -\frac{n}{2\sigma^2} + \frac{1}{2\sigma^4}\sum_{k=1}^{n}\varepsilon_k^2$$

$$\frac{\partial \ln L}{\partial \boldsymbol{\theta}^{\mathrm{T}}} = -\frac{1}{2\sigma^2}\frac{\partial \sum_{k=1}^{n}\varepsilon_k^2}{\partial \boldsymbol{\theta}^{\mathrm{T}}} = \mathbf{0}$$

所以 $\hat{\sigma}^2 = \dfrac{\sum_{k=1}^{n}\varepsilon_k^2}{n}$，$\dfrac{\partial \sum_{k=1}^{n}\varepsilon_k^2}{\partial \boldsymbol{\theta}^{\mathrm{T}}} = 0$

注　上式中用 $\hat{\varepsilon}_t$ 代替 ε_t，$t = 1, 2, \cdots, n$，就可以解此方程组得参数的近似 MLE。

4.3.2　*ARMA*(*p*, *q*)模型的定阶

AIC 准则定价：准则函数 $AIC(k, j) = \ln \hat{\sigma}^2(k, j) + \dfrac{\alpha(k+j)}{n}$，$0 \leqslant k$，$j \leqslant N$，$N$ 是 p，q 的某个公共上界。

若有 $AIC(\hat{p}, \hat{q}) = \min\limits_{0\leqslant k,\, j\leqslant N} AIC(k, j)$，则称 $\hat{p}$，$\hat{q}$ 为 p，q 由 AIC 准则确定的估计。还有其他的定阶准则如 BIC，HIC 等。

4.3.3　*ARMA*(*p*, *q*)模型的拟合检验

取初值 $X_0 = X_{-1} = \cdots = X_{-\hat{p}+1} = \varepsilon_0 = \varepsilon_{-1} = \cdots = \varepsilon_{-\hat{q}+1} = 0$，

计算 $\hat{\varepsilon}_t = X_t - \hat{a}_t X_{t-1} - \cdots - \hat{a}_{\hat{p}} X_{t-\hat{p}} + \hat{\beta}_1 \hat{\varepsilon}_{t-1} + \cdots + \hat{\beta}_q \varepsilon_{t-\hat{q}}$，$t = 1, 2, \cdots, n$

检验 $\hat{\varepsilon}_1, \cdots, \hat{\varepsilon}_n$ 是否为独立同分布序列。

若通过则接受 H_0，即认为建模有效；否则拒绝 H_0，即认为所建模型无效。

4.4　*ARIMA*(*p*, *d*, *q*)模型的建模简介

$ARIMA(p, d, q)$模型的建模问题可以按下述步骤进行。

第一步： 对样本数据 $x_1, x_2, \cdots, x_n$ 逐次作差分，即一次差分得 $y_t = (1-B)x_t = x_t - x_{t-1}$，二次差分得 $z_t = (1-B)y_t = y_t - y_{t-1}$，…，差分到平稳为止，若 k 次差分后平稳，则取 $d = k$；

第二步：令 $w_t = (1-B)^d x_t$，$t = d+1$，$d+2$，…，n；

第三步：对时间序列 w_{d+1}，w_{d+2}，…，w_n 用 $ARMA(p, q)$ 模型的参数估计，定阶和拟合检验；

第四步：若检验通不过，再提高 d 的值，继续重复第二、第三步直到通过为止。

4.5 季节模型的建模简介

仅介绍一种特殊的季节模型的建模问题。设时间序列 $\{X_t\}$ 适合 $(1-B^T)^d X_t = W_t$，其中 W_t 为 $ARIMA(p, d, q)$ 序列，T 为 $\{X_t\}$ 的周期，假定 T 已知(确定周期是一个难点，但有时可以根据实际背景或散点图或经验、专业知识等来定)。建模问题可以按下述步骤进行。

第一步：对样本数据 x_1，x_2，…，x_n 逐次作形如 $(1-B^T)^d X_t$ 差分，第一次差分得 $y_t = (1-B^T)x_t = x_t - x_{t-T}$，第二次差分得 $z_t = (1-B^T)y_t = y_t - y_{t-T}$，…(注：差分到检验通过 $ARIMA(p, d, q)$ 序列检验为止，若检验通不过，再提高 d 的值，继续差分直到通过为止。若 k 次差分后通过了，则取 $d = k$)；

第二步：令 $w_t = (1-B^T)^d x_t$，$t = dT+1$，$dT+2$，…，n；

第三步：对时间序列 w_{dT+1}，w_{dT+2}，…，w_n 用 $ARIMA(p, d, q)$ 模型的参数估计，定阶和拟合检验；

第四步：若检验通不过，再提高 d 的值，继续重复第二、第三步直到通过为止。

若 T 未知时，根据最常见的周期为 4 到 12 的经验总结。可以先取 4，再用上述方法进行建模，若检验通不过，再提高 $T = 5$，再试，…，如此一直试到 $T = 12$，有可能试到某个 T 的值就能成功。这也是搞一个循环定周期的方法。

习 题 4

1. 设 $\{X_t\}$ 是 $AR(1)$ 序列，$X_t = aX_{t-1} + \varepsilon_t$，$\forall s < t$，$EX_s\varepsilon_t = 0$，来自 $\{X_t\}$ 的样本为：X_1，X_2，…，X_n，试求 a 的 Yule - walker 估计。

2. 在习题 3 第 1 题条件下，若 $AR(1)$ 模型适合，设 $X_t = aX_{t-1} + \varepsilon_t$，试求 a 与 ε_t 的方差 σ^2 的 Yule - walker 估计。

3. 在习题 3 第 2 题条件下，若 $ARIMA(0, 1, 1)$ 模型适合，且已知 $\hat{r}_0 = 1$(一

阶差分后数据)，设 $X_t - X_{t-1} = \varepsilon_t - \beta\varepsilon_{t-1}$，试求 β 与 ε_t 的方差 σ^2 的矩估计。

4. 在习题 3 第 3 题条件下，若 $AR(2)$ 模型适合，设 $X_t = a_1 X_{t-1} + a_2 X_{t-2} + \varepsilon_t$，试求 a_1，a_2 与 ε_t 的方差 σ^2 的 Yule - walker 估计。

5. 设来自 $\{X_t\}$ 的样本为：X_1，X_2，…，X_n，(1) 若 $\{X_t\}$ 是平稳的 $AR(1)$ 序列，适合 $X_t = aX_{t-1} + \varepsilon_t$，给出 a 的最小二乘估计表达式；(2) 若 $\{X_t\}$ 是可逆的 $MA(1)$ 序列，适合 $X_1 = \varepsilon_1 + b\varepsilon_{t-1}$，给出 b 的矩估计表达式。

***6.** 已知平稳的 $AR(1)$ 模型：$X_t = aX_{t-1} + \varepsilon_t$，其中正态白噪声 $\varepsilon_t \sim N(0, \sigma^2)$，来自 $AR(1)$ 序列的样本为 X_1，X_2，$|X_1| \neq |X_2|$，试求参数 a，σ^2 的近似极大似然估计。

7. 设 $\{X_t\}$ 是平稳可逆的 $ARMA(p, 1)$ 序列，适合 $X_t - a_1 X_{t-1} - \cdots - a_p X_{t-p} = \varepsilon_1 + b\varepsilon_{t-1}$，来自 $\{X_t\}$ 的样本为：X_1，X_2，…，X_n，试求 a_1，a_2，…，a_p，b 的矩估计。

8. 设来自 $\{X_t\}$ 的样本为：X_1，X_2，…，X_n，若 $\{X_t\}$ 适合：$X_t = \sum_{i=1}^{k} a_i \sin(\lambda_i t) + \varepsilon_t$，$t \in \mathbf{N}^+$，其中 λ_1，λ_2，…，λ_k 为已知常数，设 $\{\varepsilon_t\}$ 为零均值白噪声序列，给出参数向量 $(\boldsymbol{a}_1, \boldsymbol{a}_2, \cdots, \boldsymbol{a}_k)$ 最小二乘估计的表达式。

第 5 章　时间序列的预报方法

时间序列分析重要任务除建模外，另一重要任务是进行预测，即用现象、事物过去和现在的数据，预测它将来的数据。这一章介绍一些预测方法，前两节介绍的是两种具有一般性的预测方法，第 3 节对于具体模型介绍具有一定特殊性的预测方法。

5.1　线性最小均方误差预报方法

先作如下说明。

(1) 讨论预报时假定参数已知。

(2) 预报的含义：

已知数据 x_n，x_{n-1}，…，x_{n-m}($m+1$ 个)，也称历史数据，其中 x_n 称为当前时刻值，要求对未来时刻 $n+k(m>k\geqslant 1)$ 的值 x_{n+k} 作预测。

(3) 本质上预报是对随机变量取值的估计，对 x_{n+k} 的预报记为 $\hat{x}_{n+k}$。

由于估计的方法不唯一，产生一个比较估计优劣的标准问题。若标准采用：① 均方误差小；② 是样本 x_n，x_{n-1}，…，x_{n-m} 的线性组合(即线性估计)，则得到下面介绍的最佳线性预报。

线性最小均方误差预报如下：

设 X_1，X_2，…，X_n 是零均值的时间序列，Y 是零均值随机变量。

记 $\boldsymbol{X}=\begin{bmatrix} X_1 \\ X_2 \\ \vdots \\ X_n \end{bmatrix}$，用 $\boldsymbol{X}$ 估计 Y。

(若不是零均值，可用 $\boldsymbol{X}-E\boldsymbol{X}$，$Y-EY$ 代替讨论)

1) 线性最小均方误差估计

定义 5.1.1　$\hat{Y}$ 被称为 Y 的线性最小均方误差估计，若 $\hat{Y}$ 满足：

(1) $\hat{Y}=\boldsymbol{h}^{\mathrm{T}}\boldsymbol{X}(\boldsymbol{h}\in\mathbf{R}^n)$，即 $\hat{Y}$ 是线性估计；

(2) $E(\hat{Y}-Y)^2 = \inf_{\boldsymbol{h}\in \mathbf{R}^n} E(\boldsymbol{h}^{\mathrm{T}}\boldsymbol{X}-Y)^2$，即 $\hat{Y}$ 估计 Y 的均方误差达到最小。

定理 5.1.1　设 $E(\boldsymbol{X}\boldsymbol{X}^{\mathrm{T}})$ 是满秩的，则 $\boldsymbol{X}$ 对 Y 所作的线性最小均方误差估计为

$\hat{Y} = E(Y\boldsymbol{X}^{\mathrm{T}})[E(\boldsymbol{X}\boldsymbol{X}^{\mathrm{T}})]^{-1}\boldsymbol{X}$ 且 $E(\hat{Y}-Y)^2 = EY^2 - E(Y\boldsymbol{X}^{\mathrm{T}})[E(\boldsymbol{X}\boldsymbol{X}^{\mathrm{T}})]^{-1}E(Y\boldsymbol{X})$。

证明　$g(\boldsymbol{h}) = E(\boldsymbol{h}^{\mathrm{T}}\boldsymbol{X}-Y)^2 = E(\boldsymbol{h}^{\mathrm{T}}\boldsymbol{X}-Y)(\boldsymbol{h}^{\mathrm{T}}\boldsymbol{X}-Y)^{\mathrm{T}} = \boldsymbol{h}^{\mathrm{T}}E\boldsymbol{X}\boldsymbol{X}^{\mathrm{T}}\boldsymbol{h} - 2\boldsymbol{h}^{\mathrm{T}}E\boldsymbol{X}Y + EY^2$

对 $\boldsymbol{h}$ 微分，得 $\mathrm{d}g(\boldsymbol{h}) = \mathrm{d}\boldsymbol{h}^{\mathrm{T}}E\boldsymbol{X}\boldsymbol{X}^{\mathrm{T}}\boldsymbol{h} + \boldsymbol{h}^{\mathrm{T}}E\boldsymbol{X}\boldsymbol{X}^{\mathrm{T}}\mathrm{d}\boldsymbol{h} - 2\mathrm{d}\boldsymbol{h}^{\mathrm{T}}E\boldsymbol{X}Y = 2\boldsymbol{h}^{\mathrm{T}}E\boldsymbol{X}\boldsymbol{X}^{\mathrm{T}}\mathrm{d}\boldsymbol{h} - 2E\boldsymbol{X}^{\mathrm{T}}Y\mathrm{d}\boldsymbol{h}$，

得 $\dfrac{\partial g(\boldsymbol{h})}{\partial \boldsymbol{h}^{\mathrm{T}}} = 2\boldsymbol{h}^{\mathrm{T}}E\boldsymbol{X}\boldsymbol{X}^{\mathrm{T}} - 2E\boldsymbol{X}^{\mathrm{T}}Y = \mathbf{0}$，

则 $\boldsymbol{h}^{\mathrm{T}}E\boldsymbol{X}\boldsymbol{X}^{\mathrm{T}} = E\boldsymbol{X}^{\mathrm{T}}Y$，由 $(E\boldsymbol{X}\boldsymbol{X}^{\mathrm{T}})^{-1}$ 存在，得 $\boldsymbol{h}^{\mathrm{T}} = E\boldsymbol{X}^{\mathrm{T}}Y(E\boldsymbol{X}\boldsymbol{X}^{\mathrm{T}})^{-1}$。

驻点唯一，又因为非负二次函数一定有最小值，

所以 $\hat{Y} = E(Y\boldsymbol{X}^{\mathrm{T}})[E(\boldsymbol{X}\boldsymbol{X}^{\mathrm{T}})]^{-1}\boldsymbol{X}$ 是线性最小均方误差估计。

$$
\begin{aligned}
E(\hat{Y}-Y)^2 &= E(E(Y\boldsymbol{X}^{\mathrm{T}})[E(\boldsymbol{X}\boldsymbol{X}^{\mathrm{T}})]^{-1}\boldsymbol{X}-Y)^2 \\
&= E(E(Y\boldsymbol{X}^{\mathrm{T}})[E(\boldsymbol{X}\boldsymbol{X}^{\mathrm{T}})]^{-1}\boldsymbol{X}-Y)(E(Y\boldsymbol{X}^{\mathrm{T}})[E(\boldsymbol{X}\boldsymbol{X}^{\mathrm{T}})]^{-1}\boldsymbol{X}-Y)^{\mathrm{T}} \\
&= E(Y\boldsymbol{X}^{\mathrm{T}})[E(\boldsymbol{X}\boldsymbol{X}^{\mathrm{T}})]^{-1}E\boldsymbol{X}\boldsymbol{X}^{\mathrm{T}}[E(\boldsymbol{X}\boldsymbol{X}^{\mathrm{T}})]^{-1}E(Y\boldsymbol{X}) - \\
&\quad 2E(Y\boldsymbol{X}^{\mathrm{T}})[E(\boldsymbol{X}\boldsymbol{X}^{\mathrm{T}})]^{-1}E(Y\boldsymbol{X}) + EY^2 \\
&= E(Y\boldsymbol{X}^{\mathrm{T}})[E(\boldsymbol{X}\boldsymbol{X}^{\mathrm{T}})]^{-1}E(Y\boldsymbol{X}) - 2E(Y\boldsymbol{X}^{\mathrm{T}})[E(\boldsymbol{X}\boldsymbol{X}^{\mathrm{T}})]^{-1}E(Y\boldsymbol{X}) + \\
&\quad EY^2 = EY^2 - E(Y\boldsymbol{X}^{\mathrm{T}})[E(\boldsymbol{X}\boldsymbol{X}^{\mathrm{T}})]^{-1}EY\boldsymbol{X}
\end{aligned}
$$

推论　若 $E(Y\boldsymbol{X}) = \mathbf{0}$，则 $\hat{Y} = 0$，即用一个不相关样本向量预报时预报值为 0。

引进记号，$\boldsymbol{X}$ 的分量线性组合的全体记为 $L(\boldsymbol{X}) = \{\boldsymbol{h}^{\mathrm{T}}\boldsymbol{X},\ \boldsymbol{h}\in\mathbf{R}^n\}$，

用 $\boldsymbol{X}$ 对 Y 的线性最小均方误差估计记为 $\hat{Y} = L(Y \mid \boldsymbol{X}) = L(Y \mid X_1, X_2, \cdots, X_n)$，

则 $\hat{Y}$ 满足等式 $E(\hat{Y}-Y)^2 = \inf_{Y^*\in L(\boldsymbol{X})} E(Y^*-Y)^2$。

引理 5.1.1　设 $\boldsymbol{X} = \begin{bmatrix} X_1 \\ X_2 \\ \vdots \\ X_m \end{bmatrix}$，$m < +\infty$，$\boldsymbol{T}$ 是 m 阶满秩方阵，则有：(1) $L(\boldsymbol{X}) =$

$L(\boldsymbol{TX})$；

(2) $L(Y \mid \boldsymbol{X}) = L(Y \mid \boldsymbol{TX})$。

证明 (1) 先证 $L(\boldsymbol{X}) \subset L(\boldsymbol{TX})$，设 $\forall Y \in L(\boldsymbol{X})$，则存在 $\boldsymbol{h} \in \mathbf{R}^n$，使 $Y = \boldsymbol{h}^{\mathrm{T}}\boldsymbol{X} = \boldsymbol{h}^{\mathrm{T}}\boldsymbol{T}^{-1}\boldsymbol{TX} = ((\boldsymbol{T}^{\mathrm{T}})^{-1}\boldsymbol{h})^{\mathrm{T}}\boldsymbol{TX}$，其中 $(\boldsymbol{T}^{\mathrm{T}})^{-1}\boldsymbol{h} \in \mathbf{R}^n$，故 $Y \in L(\boldsymbol{TX})$。

所以 $L(\boldsymbol{X}) \subset L(\boldsymbol{TX})$。

再证 $L(\boldsymbol{TX}) \subset L(\boldsymbol{X})$，设 $\forall Y \in L(\boldsymbol{TX})$，则存在 $\boldsymbol{h} \in \mathbf{R}^n$ 使 $Y = \boldsymbol{h}^{\mathrm{T}}\boldsymbol{TX} = (\boldsymbol{T}^{\mathrm{T}}\boldsymbol{h})^{\mathrm{T}}\boldsymbol{X}$，其中 $\boldsymbol{T}^{\mathrm{T}}\boldsymbol{h} \in \mathbf{R}^n$。所以 $Y \in L(\boldsymbol{X})$；

即
$$L(\boldsymbol{TX}) \subset L(\boldsymbol{X})$$
$$L(\boldsymbol{X}) = L(\boldsymbol{TX})$$

由(1)即可得到(2)。

定理 5.1.2 在定理 5.1.1 的条件下，若记 $E(\boldsymbol{XX}^{\mathrm{T}}) = \boldsymbol{\Gamma}$，$\boldsymbol{\Gamma}$ 的秩 $= r < m$，则：

(1) 存在正交阵 $\boldsymbol{T}$，使 $\boldsymbol{T\Gamma T}^{\mathrm{T}} = \mathrm{diag}(\lambda_1 \cdots, \lambda r, 0, \cdots 0)$；

(2) 令 $\boldsymbol{Z} = \boldsymbol{TX}$，则 $\boldsymbol{Z}^{\mathrm{T}} = (Z_1, \cdots, Z_r, 0, \cdots, 0)$；a. s. 。

(3) 令 $\boldsymbol{\xi}^{\mathrm{T}} = (Z_1, Z_2, \cdots, Z_r)$，则 $\hat{Y} = L(Y \mid \boldsymbol{X}) = E(Y\boldsymbol{\xi}^{\mathrm{T}})[E(\boldsymbol{\xi\xi}^{\mathrm{T}})]^{-1}\boldsymbol{\xi}$

证明 (1) 因为 $\boldsymbol{\Gamma}$ 是实对称矩阵，

所以存在正交阵 $\boldsymbol{T}$，使 $\boldsymbol{T\Gamma T}^{\mathrm{T}} = \mathrm{diag}(\lambda_1 \cdots, \lambda r, 0, \cdots 0)$，$\lambda_i \neq 0$，$i = 1, 2, \cdots, r$。

(2) 令 $\boldsymbol{Z} = T\boldsymbol{X}$，则 $\mathrm{cov}(\boldsymbol{Z}, \boldsymbol{Z}) = \mathrm{cov}(T\boldsymbol{X}, T\boldsymbol{X}) = T\mathrm{cov}(\boldsymbol{X}, \boldsymbol{X})T^{\mathrm{T}} = \boldsymbol{T\Gamma T}^{\mathrm{T}} =$

$$\begin{bmatrix} \lambda_1 & 0 & 0 & \cdots & 0 \\ 0 & \ddots & 0 & \cdots & 0 \\ 0 & 0 & \lambda_r & \cdots & 0 \\ \vdots & \vdots & \vdots & \ddots & \vdots \\ 0 & 0 & 0 & \cdots & 0 \end{bmatrix}，则\ EZ_i^2 = \begin{cases} \lambda_i, & i = 1, 2, \cdots, r \\ 0, & i = r+1, r+2, \cdots, m \end{cases}$$

$$P(Z_i = 0) = 1, i = r+1, r+2, \cdots, m$$

$$\boldsymbol{Z}^{\mathrm{T}} = (Z_1, \cdots, Z_r, 0, \cdots, 0)。\text{a. s.}$$

(3) 由引理 5.1.1 和定理 5.1.1 就可以得到。

下面把 m 有限推广到 $m = +\infty$ 情形。

记 $L^*(\boldsymbol{X}) = \{\boldsymbol{h}^{\mathrm{T}}\boldsymbol{X}_n, \boldsymbol{X}_n = (X_1, X_2, \cdots, X_n), \forall n \in \mathbf{N}^+ 及 \boldsymbol{h} \in \mathbf{R}^n\}^{\mathrm{T}}$。

定义 5.1.2 $\hat{Y}$ 称为 Y 的线性最小均方误差估计，若 $\hat{Y}$ 满足：

(1) $\hat{Y} \in L^*(\boldsymbol{X})$;

(2) $E(\hat{Y}-Y)^2 = \inf\limits_{Y' \in L^*(\boldsymbol{X})} E(Y'-Y)^2$,

这时记 $\hat{Y} = L^*(Y \mid \boldsymbol{X}) = L^*(Y \mid X_1, X_2, \cdots)$，但它一般没有显式。

2) 线性最小均方误差估计的性质

假定 $E(\boldsymbol{X}\boldsymbol{X}^{\mathrm{T}})$ 可逆，$\hat{Y} = E(Y\boldsymbol{X}^{\mathrm{T}})[E(\boldsymbol{X}\boldsymbol{X}^{\mathrm{T}})]^{-1}\boldsymbol{X}$。

性质 1　若 Y_i 为随机变量，$EY_i = 0$，$EY_i^2 < +\infty$，$i = 1, 2, \cdots, k$，a_1，a_2，$\cdots$，a_k 为实常数，则 $L\left(\sum\limits_{i=1}^{k} a_i Y_i \mid \boldsymbol{X}\right) = \sum\limits_{i=1}^{k} a_i L(Y_i \mid \boldsymbol{X})$，即和的线性最小均方误差估计等于线性最小均方误差估计的和。

证明　$L\left(\sum\limits_{i=1}^{k} a_i Y_i \mid \boldsymbol{X}\right) = E\left(\sum\limits_{i=1}^{k} a_i Y_i \boldsymbol{X}^{\mathrm{T}}\right)[E(\boldsymbol{X}\boldsymbol{X}^{\mathrm{T}})]^{-1}\boldsymbol{X} = \sum\limits_{i=1}^{k} a_i E(Y_i \boldsymbol{X}^{\mathrm{T}})[E(\boldsymbol{X}\boldsymbol{X}^{\mathrm{T}})]^{-1}\boldsymbol{X} = \sum\limits_{i=1}^{k} a_i L(Y_i \mid \boldsymbol{X})$。

性质 2　若 $Y \in L(\boldsymbol{X})$，则 $\hat{Y} = L(Y \mid \boldsymbol{X}) = Y$。

由 $E(\hat{Y}-Y)^2 = 0$ 可知结果成立。

性质 3　$\boldsymbol{X}_1$，$\boldsymbol{X}_2$ 是两个随机向量，$E\boldsymbol{X}_i = \boldsymbol{0}$，$E\boldsymbol{X}_i\boldsymbol{X}_i^{\mathrm{T}}$ 可逆，$i = 1, 2$ 且 $E\boldsymbol{X}_1\boldsymbol{X}_2^{\mathrm{T}} = \boldsymbol{0}$（不相关），则 $\hat{Y} = L(Y \mid (\boldsymbol{X}_1^{\mathrm{T}}, \boldsymbol{X}_2^{\mathrm{T}})) = L(Y \mid \boldsymbol{X}_1^{\mathrm{T}}) + L(Y \mid \boldsymbol{X}_2^{\mathrm{T}})$。

证明　$\hat{Y} = L(Y \mid (\boldsymbol{X}_1^{\mathrm{T}}, \boldsymbol{X}_2^{\mathrm{T}}))$

$$
\begin{aligned}
&= E[Y(\boldsymbol{X}_1^{\mathrm{T}}, \boldsymbol{X}_2^{\mathrm{T}})]\left[E\begin{pmatrix}\boldsymbol{X}_1\\ \boldsymbol{X}_2\end{pmatrix}(\boldsymbol{X}_1^{\mathrm{T}}, \boldsymbol{X}_2^{\mathrm{T}})\right]^{-1}\begin{bmatrix}\boldsymbol{X}_1\\ \boldsymbol{X}_2\end{bmatrix}\\
&= (EY\boldsymbol{X}_1^{\mathrm{T}}, EY\boldsymbol{X}_2^{\mathrm{T}})\begin{pmatrix}E\boldsymbol{X}_1\boldsymbol{X}_1^{\mathrm{T}} & E\boldsymbol{X}_1\boldsymbol{X}_2^{\mathrm{T}}\\ E\boldsymbol{X}_2\boldsymbol{X}_1^{\mathrm{T}} & E\boldsymbol{X}_2\boldsymbol{X}_2^{\mathrm{T}}\end{pmatrix}^{-1}\begin{bmatrix}\boldsymbol{X}_1\\ \boldsymbol{X}_2\end{bmatrix}\\
&= (EY\boldsymbol{X}_1^{\mathrm{T}}, EY\boldsymbol{X}_2^{\mathrm{T}})\begin{pmatrix}E\boldsymbol{X}_1\boldsymbol{X}_1^{\mathrm{T}} & \boldsymbol{0}\\ \boldsymbol{0} & E\boldsymbol{X}_2\boldsymbol{X}_2^{\mathrm{T}}\end{pmatrix}^{-1}\begin{bmatrix}\boldsymbol{X}_1\\ \boldsymbol{X}_2\end{bmatrix}\\
&= (EY\boldsymbol{X}_1^{\mathrm{T}}, EY\boldsymbol{X}_2^{\mathrm{T}})\begin{bmatrix}(E\boldsymbol{X}_1\boldsymbol{X}_1^{\mathrm{T}})^{-1} & \boldsymbol{0}\\ \boldsymbol{0} & (E\boldsymbol{X}_2\boldsymbol{X}_2^{\mathrm{T}})^{-1}\end{bmatrix}\begin{bmatrix}\boldsymbol{X}_1\\ \boldsymbol{X}_2\end{bmatrix}\\
&= E(Y\boldsymbol{X}_1^{\mathrm{T}})(E\boldsymbol{X}_1\boldsymbol{X}_1^{\mathrm{T}})^{-1}\boldsymbol{X}_1 + E(Y\boldsymbol{X}_2^{\mathrm{T}})(E\boldsymbol{X}_2\boldsymbol{X}_2^{\mathrm{T}})^{-1}\boldsymbol{X}_2\\
&= L(Y \mid \boldsymbol{X}_1) + L(Y \mid \boldsymbol{X}_2)。
\end{aligned}
$$

性质 4　记 $Y^* = L(Y \mid \boldsymbol{x}) - Y$，则当 $X_1 \in L(\boldsymbol{x})$ 时，有 $EY^* X_1 = 0$。

证明(反证法) 设 $EY^* X_1 = c \neq 0$，由许瓦兹不等式，得

$0 < c^2 = (EY^* X_1)^2 \leqslant EY^{*2} EX_1^2$，故 $EX_1^2 > 0$。

令 $\widetilde{Y} = L(Y \mid \boldsymbol{X}) - c\,(EX_1^2)^{-1} X_1 \in L(\boldsymbol{X})$，

$$\begin{aligned} E\,(\widetilde{Y} - Y)^2 &= E\,(L(Y \mid \boldsymbol{X}) - Y - c\,(EX_1^2)^{-1} X_1)^2 \\ &= E\,(L(Y \mid \boldsymbol{X}) - Y)^2 - 2E(L(Y \mid \boldsymbol{X}) \\ &\quad - Y)c\,(EX_1^2)^{-1} X_1 + c^2\,(EX_1^2)^{-2} EX_1^2 \\ &= E(L(Y \mid \boldsymbol{X}) - Y)^2 - c^2\,(EX_1^2)^{-1} < E(L(Y \mid \boldsymbol{X}) - Y)^2, \text{矛盾}, \end{aligned}$$

所以性质 4 成立。

性质 5 若 $\boldsymbol{a} \in \mathbf{R}^n$ 适合 $\boldsymbol{\Gamma a} = E(\boldsymbol{X}Y)$，则 $L(Y \mid \boldsymbol{X}) = \boldsymbol{a}^{\mathrm{T}} \boldsymbol{X}$ 且 $E(Y - L(Y \mid \boldsymbol{X}))^2 = EY^2 - \boldsymbol{a}^{\mathrm{T}} \boldsymbol{\Gamma}^{-1} \boldsymbol{a}$。

从定理 5.1.1 和定理 5.1.2 及其证明可知性质 5 成立，证明略。

称 $\boldsymbol{\Gamma a} = E(\boldsymbol{X}Y)$ 为预测方程。

性质 6 设 $Y^* = \boldsymbol{b}^{\mathrm{T}} \boldsymbol{X}$，其中 $\boldsymbol{X}^{\mathrm{T}} = (X_1, X_2, \cdots, X_n)$ 则 $Y^* = L(Y \mid \boldsymbol{X})$ 的充要条件为 $E(Y - Y^*) X_j = 0,\ 1 \leqslant j \leqslant n$。

证明 先证必要性：

因 $Y^* = L(Y \mid \boldsymbol{X}),\ X_j \in L(\boldsymbol{X}),\ 1 \leqslant j \leqslant n$，

故由性质 4，得 $E(Y - Y^*) X_j = 0,\ 1 \leqslant j \leqslant n$。

再证充分性：

因 $E(Y - Y^*) X_j = 0,\ 1 \leqslant j \leqslant n$，

故 $E(Y - Y^*) \boldsymbol{X}^{\mathrm{T}} = \boldsymbol{0}^{\mathrm{T}}$，即 $E(Y - \boldsymbol{b}^{\mathrm{T}} \boldsymbol{X}) \boldsymbol{X}^{\mathrm{T}} = \boldsymbol{0}^{\mathrm{T}}$。

则 $EY\boldsymbol{X}^{\mathrm{T}} = \boldsymbol{b}^{\mathrm{T}} E\boldsymbol{X}\boldsymbol{X}^{\mathrm{T}}$，所以 $\boldsymbol{b}$ 适合预测方程，由性质 5，得 $Y^* = L(Y \mid \boldsymbol{X})$。

性质 7 预测方程 $\boldsymbol{\Gamma a} = E(\boldsymbol{X}Y)$ 的解不一定唯一，但 $L(Y \mid \boldsymbol{X})$ 在 a. s. 意义下唯一。

证明 设预测方程 $\boldsymbol{\Gamma a} = E(\boldsymbol{X}Y)$ 的任意两个解为：$\boldsymbol{a}_1^{\mathrm{T}} \boldsymbol{X}$，$\boldsymbol{a}_2^{\mathrm{T}} \boldsymbol{X}$，则 $\boldsymbol{\Gamma a}_1 = E(\boldsymbol{X}Y)$，$\boldsymbol{\Gamma a}_2 = E(\boldsymbol{X}Y)$。

$$\begin{aligned} E\,(\boldsymbol{a}_1^{\mathrm{T}} \boldsymbol{X} - \boldsymbol{a}_2^{\mathrm{T}} \boldsymbol{X})^2 &= E(\boldsymbol{a}_1^{\mathrm{T}} \boldsymbol{X} - \boldsymbol{a}_2^{\mathrm{T}} \boldsymbol{X})\,(\boldsymbol{a}_1^{\mathrm{T}} \boldsymbol{X} - \boldsymbol{a}_2^{\mathrm{T}} \boldsymbol{X})^{\mathrm{T}} \\ &= E(\boldsymbol{a}_1^{\mathrm{T}} \boldsymbol{X} - \boldsymbol{a}_2^{\mathrm{T}} \boldsymbol{X})(\boldsymbol{X}^{\mathrm{T}} \boldsymbol{a}_1 - \boldsymbol{X}^{\mathrm{T}} \boldsymbol{a}_2) \\ &= E\boldsymbol{a}_1^{\mathrm{T}} \boldsymbol{X}\boldsymbol{X}^{\mathrm{T}} \boldsymbol{a}_1 + E\boldsymbol{a}_2^{\mathrm{T}} \boldsymbol{X}\boldsymbol{X}^{\mathrm{T}} \boldsymbol{a}_2 - E\boldsymbol{a}_1^{\mathrm{T}} \boldsymbol{X}\boldsymbol{X}^{\mathrm{T}} \boldsymbol{a}_2 - E\boldsymbol{a}_2^{\mathrm{T}} \boldsymbol{X}\boldsymbol{X}^{\mathrm{T}} \boldsymbol{a}_1 \\ &= \boldsymbol{a}_1^{\mathrm{T}} E\boldsymbol{X}\boldsymbol{X}^{\mathrm{T}} \boldsymbol{a}_1 + \boldsymbol{a}_2^{\mathrm{T}} E\boldsymbol{X}\boldsymbol{X}^{\mathrm{T}} \boldsymbol{a}_2 - \boldsymbol{a}_1^{\mathrm{T}} E\boldsymbol{X}\boldsymbol{X}^{\mathrm{T}} \boldsymbol{a}_2 - \boldsymbol{a}_2^{\mathrm{T}} E\boldsymbol{X}\boldsymbol{X}^{\mathrm{T}} \boldsymbol{a}_1 \end{aligned}$$

把 $\boldsymbol{\Gamma a}_1 = E(\boldsymbol{X}Y)$, $\boldsymbol{\Gamma a}_2 = E(\boldsymbol{X}Y)$ 代入,得

$$E(\boldsymbol{a}_1^{\mathrm{T}}\boldsymbol{X}-\boldsymbol{a}_2^{\mathrm{T}}\boldsymbol{X})^2 = \boldsymbol{a}_1^{\mathrm{T}}E\boldsymbol{X}\boldsymbol{X}^{\mathrm{T}}\boldsymbol{a}_1 + \boldsymbol{a}_2^{\mathrm{T}}E\boldsymbol{X}\boldsymbol{X}^{\mathrm{T}}\boldsymbol{a}_2 - \boldsymbol{a}_1^{\mathrm{T}}E\boldsymbol{X}\boldsymbol{X}^{\mathrm{T}}\boldsymbol{a}_2 - \boldsymbol{a}_2^{\mathrm{T}}E\boldsymbol{X}\boldsymbol{X}^{\mathrm{T}}\boldsymbol{a}_1$$

$$= \boldsymbol{a}_1^{\mathrm{T}}EY\boldsymbol{X} + \boldsymbol{a}_2^{\mathrm{T}}EY\boldsymbol{X} - \boldsymbol{a}_1^{\mathrm{T}}EY\boldsymbol{X} - \boldsymbol{a}_2^{\mathrm{T}}EY\boldsymbol{X} = 0$$

故 $E(\boldsymbol{a}_1^{\mathrm{T}}\boldsymbol{X}-\boldsymbol{a}_2^{\mathrm{T}}\boldsymbol{X})^2 = 0$, $P(\boldsymbol{a}_1^{\mathrm{T}}\boldsymbol{X} = \boldsymbol{a}_2^{\mathrm{T}}\boldsymbol{X}) = 1$,所以 $L(Y \mid \boldsymbol{X})$ 在 a. s 意义下唯一。

性质 8 若 $\hat{Y} = L(Y \mid X_1, X_2, \cdots, X_n)$, $\tilde{Y} = L(Y \mid X_1, X_2, \cdots, X_{n-1})$, 则 $L(\hat{Y} \mid X_1, X_2, \cdots, X_{n-1}) = \tilde{Y}$, 且 $E(Y-\hat{Y})^2 \leqslant E(Y-\tilde{Y})^2$。

证明 $E(\tilde{Y}-\hat{Y})X_i = E(\tilde{Y}-Y+Y-\hat{Y})X_i = E(\tilde{Y}-Y)X_i + E(Y-\hat{Y})X_i = 0$, $1 \leqslant i \leqslant n-1$。

由性质 6,得 $L(\hat{Y} \mid X_1, X_2, \cdots, X_{n-1}) = \tilde{Y}$,

$$E(\hat{Y}-Y)^2 = \inf_{\boldsymbol{h}\in\mathbf{R}^n} E(\boldsymbol{h}^{\mathrm{T}}\boldsymbol{X}-Y)^2 \leqslant \inf_{(\boldsymbol{h}_1^{\mathrm{T}},\,0)\in\mathbf{R}^n} E((\boldsymbol{h}_1^{\mathrm{T}}, 0)\boldsymbol{X}-Y)^2$$

$$= E(\tilde{Y}-Y)^2\text{。}$$

结论 设 $\hat{\boldsymbol{Y}}_k = L(Y \mid X_1, X_2, \cdots, X_k)$, $\hat{\boldsymbol{Y}}_{-k} = L(Y \mid X_{k+1}, X_{k+2}, \cdots)$, 则

$$E(\hat{\boldsymbol{Y}}_k - Y)^2 \geqslant E(\hat{Y}_{k+1} - Y)^2,\ E(\hat{Y}_{-k} - Y)^2 \leqslant E(\hat{Y}_{-k-1} - Y)^2\text{。}$$

此结论的证明留作习题。

性质 9 若 $EY = b$, $E\boldsymbol{X} = \boldsymbol{\mu}$, 则 $E(Y - L(Y \mid \boldsymbol{X}))^2 \leqslant E(Y - c_0 - \boldsymbol{c}^{\mathrm{T}}\boldsymbol{X})^2$, 其中 $c_0 \in \mathbf{R}$, $\boldsymbol{c} \in \mathbf{R}^n$ 为任意常数或常数向量。

定义 5.1.3 当 $EY = b$, $E\boldsymbol{X} = \boldsymbol{\mu}$ 时,则定义 $L(Y \mid \boldsymbol{X}) = L(Y-b \mid \boldsymbol{X}-\boldsymbol{\mu}) + b$。

性质 10 设 $\boldsymbol{X}$ 和 $\boldsymbol{Y}$ 分别是 m、n 维向量,如果有实矩阵 $\boldsymbol{A}$、$\boldsymbol{B}$ 使得 $\boldsymbol{X} = \boldsymbol{AY}$ 和 $\boldsymbol{Y} = \boldsymbol{BX}$, 则 $L(Z \mid \boldsymbol{X}) = L(Z \mid \boldsymbol{Y})$。

证明留作习题。

3) 平稳序列的预报

用 $(X_n, X_{n-1}, \cdots, X_{n-m+1})$ 来预报 $X_{n+k}(m > k \geqslant 1)$。

$\hat{X}_{n+k} = L(X_{n+k} \mid X_n, X_{n-1}, \cdots, X_{n-m+1})$,

记 $\boldsymbol{\Gamma}_m = \begin{bmatrix} r_0 & r_1 & \cdots & r_{m-1} \\ r_1 & r_0 & \cdots & r_{m-2} \\ \vdots & \cdots & \cdots & \vdots \\ r_{m-1} & r_{m-2} & \cdots & r_0 \end{bmatrix}$

$$\boldsymbol{b}_{k,m}^{\mathrm{T}} = (r_k, r_{k+1}, \cdots, r_{k+m-1}) = EX_{n+k}\boldsymbol{X}^{\mathrm{T}}, \boldsymbol{X}_{n,m} = \begin{bmatrix} X_n \\ X_{n-1} \\ \vdots \\ X_{n-m+1} \end{bmatrix}$$

则 $\hat{X}_{n+k} = \boldsymbol{b}_{k,m}^{\mathrm{T}}\boldsymbol{\Gamma}_m^{-1}\boldsymbol{X}_{n,m}$ (5.1)

$$\begin{aligned}\sigma_{k,m}^2 &= E(X_{n+k}) - E(X_{n+k}\boldsymbol{X}^{\mathrm{T}})[E(\boldsymbol{X}\boldsymbol{X}^{\mathrm{T}})]^{-1}E(X_{n+k}\boldsymbol{X}) \\ &= r_0 - \boldsymbol{b}_{k,m}^{\mathrm{T}}\boldsymbol{\Gamma}_m^{-1}\boldsymbol{b}_{k,m}\end{aligned}$$

在实际问题中,通常协方差未知,需要用样本协方差代替后,再用上面预报公式就可计算得到预报值。

4) 新息预报

设 $\{X_t\}$ 是零均值的二阶矩时间序列,来自 $\{X_t\}$ 的样本为 $X_1, X_2, \cdots, X_n$,要预报 X_{n+k}。

记 $L(\boldsymbol{X}_t) = L(X_t, X_{t-1}, \cdots, X_1)$,

令 $\hat{X}_1 = 0$, $\hat{X}_n = L(X_n \mid X_{n-1}, X_{n-2}, \cdots, X_1)$, $n = 2, 3, \cdots$

构造新息序列:$\varepsilon_n = X_n - \hat{X}_n$, $n = 1, 2, 3, \cdots$,则由线性最小均方误差估计的性质得

$$E\varepsilon_n\boldsymbol{X}_{n-1} = \boldsymbol{0},\ n = 2, 3, \cdots \tag{5.2}$$

记 $D\varepsilon_n = v_{n-1}$, $n = 2, 3, \cdots$; $L(\boldsymbol{\varepsilon}_t) = L(\varepsilon_t, \varepsilon_{t-1}, \cdots, \varepsilon_1)$,

$$E\varepsilon_s\varepsilon_t = 0,\ s \neq t \tag{5.3}$$

式(5.3)的成立是由于当 $t < s$ 时,$\varepsilon_t \in L(\boldsymbol{X}_t) \subset L(\boldsymbol{X}_{s-1})$,再由式(5.2)即可得到结论。$\{\varepsilon_t\}$ 是零均值两两不相关的二阶矩序列,但它还不是白噪声序列,因为方差可能相异。

下面证明 $L(\boldsymbol{X}_t) = L(\boldsymbol{\varepsilon}_t)$:

显然有 $L(\boldsymbol{\varepsilon}_t) \subset L(\boldsymbol{X}_t)$,只要证 $L(\boldsymbol{X}_t) \subset L(\boldsymbol{\varepsilon}_t)$,

$$X_1 = \varepsilon_1 \in L(\varepsilon_1),$$

假设 $k \leqslant n$ 时,$X_k \in L(\boldsymbol{\varepsilon}_n)$,则当 $k = n+1$ 时,$X_{n+1} = \varepsilon_{n+1} + \hat{X}_{n+1} \in L(\boldsymbol{\varepsilon}_{n+1})$。

由数学归纳法得 $L(\boldsymbol{X}_t) \subset L(\boldsymbol{\varepsilon}_t)$,

故 $L(\boldsymbol{X}_t) = L(\boldsymbol{\varepsilon}_t)$

由于 $\{\varepsilon_t\}$ 是零均值两两不相关的序列,应用线性最小均方误差估计的

性质

$$\hat{X}_{n+k}=L(X_{n+k}\mid X_n,\ X_{n-1},\ \cdots,\ X_1)=L(X_{n+k}\mid \varepsilon_n,\ \varepsilon_{n-1},\ \cdots,\ \varepsilon_1)$$
$$=\sum_{i=1}^{n}L(X_{n+k}\mid \varepsilon_i)$$

由此可见利用新息序列预报有简化计算的优点。

5）区间预报

设 $\{X_t\}$ 是零均值正态序列，则 $\varepsilon_{n+1}=X_{n+1}-\hat{X}_{n+1}\sim N(0,\ V_n)$，

故 $\dfrac{X_{n+1}-\hat{X}_{n+1}}{\sqrt{V_n}}\sim N(0,\ 1)$，

由此可以得到 X_{n+1} 的一步区间预测：

$X_{n+1}\in[\hat{X}_{n+1}\mp z_{1-\frac{\alpha}{2}}\sqrt{V_n}]$，式中 $z_{1-\frac{\alpha}{2}}$ 为标准正态分布下侧 $1-\dfrac{\alpha}{2}$ 分位数，V_n 一般未知需要估计：

$$V_n=E\varepsilon_{n+1}^2=E(X_{n+1}-\hat{X}_{n+1})^2=E(X_{n+1}-\hat{X}_{n+1})X_{n+1}$$
$$=EX_{n+1}^2-E(X_{n+1}\boldsymbol{X}^{\mathrm{T}})[E(\boldsymbol{X}\boldsymbol{X}^{\mathrm{T}})]^{-1}E(X_{n+1}\boldsymbol{X})$$

5.2　条件期望预报方法

定义 5.2.1　设 $\boldsymbol{X}=\begin{bmatrix}X_1\\X_2\\\vdots\\X_m\end{bmatrix}$，$m<+\infty$，$(\boldsymbol{X}^{\mathrm{T}},\ Y)$ 是 $m+1$ 维随机向量，其联合分布已知，用 $E(Y\mid\boldsymbol{X})$ 来估计 Y，称 $E(Y\mid\boldsymbol{X})$ 为 Y 的条件均值估计。

定理 5.2.1　设 $(\boldsymbol{X}^{\mathrm{T}},\ Y)$ 为零均值且二阶矩有限的随机变量，记 $\hat{Y}_1=L(Y\mid\boldsymbol{X})$，$\hat{Y}_2=E(Y\mid\boldsymbol{X})$，则 $E(\hat{Y}_2-Y)^2\leqslant E(\hat{Y}_1-Y)^2$。

证明　$E(\hat{Y}_2-Y)^2=E(\hat{Y}_2-\hat{Y}_1+\hat{Y}_1-Y)^2$

$$=E(\hat{Y}_2-\hat{Y}_1)^2+E(\hat{Y}_1-Y)^2+2E(\hat{Y}_2-\hat{Y}_1)(\hat{Y}_1-Y)$$

其中 $E(\hat{Y}_2-\hat{Y}_1)(\hat{Y}_1-Y)=E^{\boldsymbol{X}}E^{Y|\boldsymbol{X}}[(\hat{Y}_2-\hat{Y}_1)(\hat{Y}_1-Y)]$

$$=E^{\boldsymbol{X}}[(\hat{Y}_2-\hat{Y}_1)]E^{Y|\boldsymbol{X}}[(\hat{Y}_1-Y)]$$

$$= E^{\boldsymbol{X}}(\hat{Y}_2 - \hat{Y}_1)(\hat{Y}_1 - E^{Y|\boldsymbol{X}}Y)$$

$$= E^{\boldsymbol{X}}(\hat{Y}_2 - \hat{Y}_1)(\hat{Y}_1 - \hat{Y}_2) = -E(\hat{Y}_2 - \hat{Y}_1)^2$$

所以 $E(\hat{Y}_2 - Y)^2 = E(\hat{Y}_2 - \hat{Y}_1 + \hat{Y}_1 - Y)^2 = -E(\hat{Y}_2 - \hat{Y}_1)^2 + E(\hat{Y}_1 - Y)^2 \leqslant E(\hat{Y}_1 - Y)^2$。

从上述证明过程中可以看出，条件均值估计是所有估计中均方误差最小的，因此也可以说是最优的。

定理 5.2.2 在定理 5.2.1 条件下，若 $(\boldsymbol{X}^{\mathrm{T}}, Y)$ 是多元正态变量，则 $E(\hat{Y}_2 - Y)^2 = E(\hat{Y}_1 - Y)^2$，进一步有 $\hat{Y}_1 = \hat{Y}_2$。

证明 $(\boldsymbol{X}^{\mathrm{T}}, Y) \sim$ 正态分布。

令 $Y_1 = \hat{Y}_1 - Y$，由线性最小方差估计的性质，得 $EY_1\boldsymbol{X} = \boldsymbol{0}$，所以 Y_1 与 $\boldsymbol{X}$ 不相关。

由 $\begin{bmatrix} Y_1 \\ \boldsymbol{X} \end{bmatrix} = \begin{bmatrix} \boldsymbol{a}^{\mathrm{T}}\boldsymbol{X} - Y \\ \boldsymbol{X} \end{bmatrix} = \begin{bmatrix} \boldsymbol{a}^{\mathrm{T}} & -1 \\ I & 0 \end{bmatrix} \begin{bmatrix} \boldsymbol{X} \\ Y \end{bmatrix}$，

得 $\begin{bmatrix} Y_1 \\ \boldsymbol{X} \end{bmatrix}$ 是正态向量的线性变换，所以 $\begin{bmatrix} Y_1 \\ \boldsymbol{X} \end{bmatrix} \sim$ 正态分布，所以 $\boldsymbol{Y}_1$ 与 $\boldsymbol{X}$ 相互独立。

$$\hat{Y}_2 = E(Y \mid \boldsymbol{X}) = E(Y - \hat{Y}_1 + \hat{Y}_1 \mid \boldsymbol{X})$$

$$= E(Y - \hat{Y}_1 \mid \boldsymbol{X}) + E(\hat{Y}_1 \mid \boldsymbol{X}) = E(Y - \hat{Y}_1) + \hat{Y}_1 = \hat{Y}_1$$

例 5.2.1 设 $X = \eta$, $Y = (3\varepsilon^2 - \eta^2)\eta$，其中 $\varepsilon, \eta \overset{\text{iid}}{\sim} N(0, 1)$，试求 $L(Y \mid X)$，$E(Y \mid X)$，并比较它们的均方误差。

解 $EX = E\eta = 0$, $EY = E(3\varepsilon^2\eta - \eta^3) = 3E\varepsilon^2 E\eta - E\eta^3 = 0$,

$$EXY = E(3\varepsilon^2\eta^2 - \eta^4) = 3E\varepsilon^2 E\eta^2 - E\eta^4 = 3 - E\eta^4,$$

$$E\eta^4 = \int_{-\infty}^{+\infty} z^4 \frac{1}{\sqrt{2\pi}} \mathrm{e}^{-z^2/2} \mathrm{d}z = \frac{2}{\sqrt{2\pi}} \int_0^{+\infty} z^4 \mathrm{e}^{-z^2/2} \mathrm{d}z$$

$$\xlongequal{z^2/2=t} \frac{2 \times 4}{\sqrt{2}\sqrt{2\pi}} \int_0^{+\infty} t^2 \mathrm{e}^{-t} \frac{1}{\sqrt{t}} \mathrm{d}z$$

$$= \frac{4}{\sqrt{\pi}} \int_0^{+\infty} t^{3/2} \mathrm{e}^{-t} \mathrm{d}z = \frac{4}{\sqrt{\pi}} \boldsymbol{\Gamma}\left(\frac{5}{2}\right)$$

$$= \frac{4}{\sqrt{\pi}} \frac{3}{2} \frac{1}{2} \boldsymbol{\Gamma}\left(\frac{1}{2}\right) = 3,$$

故 $EXY=0$，

所以 $L(Y \mid X)=0$。

$$E(Y-L(Y \mid X))^2=EY^2=E(3\varepsilon^2-\eta^2)^2\eta^2=E(9\varepsilon^4\eta^2-6\varepsilon^2\eta^4+\eta^6)$$

$$=9E\varepsilon^4E\eta^2-6E\varepsilon^2E\eta^4+E\eta^6$$

$$=9\times3\times1-6\times1\times3+E\eta^6,$$

$$E\eta^6=\int_{-\infty}^{+\infty}z^6\frac{1}{\sqrt{2\pi}}e^{-z^2/2}dz=\frac{2}{\sqrt{2\pi}}\int_0^{+\infty}z^6e^{-z^2/2}dz$$

$$\overset{z^2/2=t}{=\!=}\frac{2\times8}{\sqrt{2}\sqrt{2\pi}}\int_0^{+\infty}t^3e^{-t}\frac{1}{\sqrt{t}}dz$$

$$=\frac{8}{\sqrt{\pi}}\int_0^{+\infty}t^{5/2}e^{-t}dz=\frac{8}{\sqrt{\pi}}\Gamma\left(\frac{7}{2}\right)$$

$$=\frac{8}{\sqrt{\pi}}\times\frac{5}{2}\times\frac{3}{2}\times\frac{1}{2}\Gamma\left(\frac{1}{2}\right)=15。$$

$$E(Y-L(Y \mid X))^2=9\times3\times1-6\times1\times3+15=24。$$

$$E(Y \mid X)=E[(3\varepsilon^2-\eta^2)\eta \mid X]=E[(3\varepsilon^2-\eta^2)\eta \mid X]$$

$$=3XE\varepsilon^2-X^3=3X-X^3。$$

$$E(Y-E(Y \mid X))^2=EY=E((3\varepsilon^2-X^2)X-3X+X^3)^2$$

$$=E(3X)^2(\varepsilon^2-1)^2=9\times(3-2+1)=18。$$

5.3　具体模型的预报方法

在实际问题中，由样本 $X_1, X_2, \cdots, X_n$，求线性最小均方误差预报 $\hat{X}_{n+k}$，可以先用样本协方差代替协方差后再应用预报公式(5.1)得到 $\hat{X}_{n+k}$，但如此计算较烦琐，本小节介绍较简单的计算方法——直接递推预报方法。

5.3.1　*AR*(*p*) 序列的递推预报

设零均值平稳序列 $\{X_t\}$ 适合：$X_t=a_1X_{t-1}+\cdots+a_pX_{t-p}+\varepsilon_t$，$\forall s<t$，有 $EX_s\varepsilon_t=0$，$\{\varepsilon_t\}$ 为白噪声序列，求此 $AR(p)$序列的预报 $\hat{X}_{n+k}$。

直接递推预报方法：

$$\begin{aligned}\hat{X}_{n+k} &= L(X_{n+k} \mid X_1, X_2, \cdots, X_n) \\ &= L(a_1 X_{n+k-1} + a_2 X_{n+k-2} + \cdots + a_p X_{n+k-p} + \varepsilon_{n+k} \mid X_1, X_2, \cdots, X_n) \\ &= a_1 L(X_{n+k-1} \mid X_1, X_2, \cdots, X_n) + \cdots + \\ &\quad a_p L(X_{n+k-p} \mid X_1, X_2, \cdots, X_n) + L(\varepsilon_{n+k} \mid X_1, X_2, \cdots, X_n) \\ &= a_1 \hat{X}_{n+k-1} + \cdots + a_p \hat{X}_{n+k-p} = \cdots (k \geqslant 1)\end{aligned}$$

$$(\hat{X}_n = X_n, \hat{X}_{n-1} = X_{n-1}, \cdots)$$

例 5.3.1 平稳的 $AR(1)$模型，$X_t = aX_{t-1} + \varepsilon_t$，由样本 $X_1, X_2, \cdots, X_n$ 求线性最小均方误差预报 $\hat{X}_{n+k}$，并计算 k 步预报的均方误差。

解 $\hat{X}_{n+k} = a\hat{X}_{n+k-1} = \cdots = a^k \hat{X}_n = a^k X_n$，

$$\begin{aligned}X_{n+k} &= aX_{n+k-1} + \varepsilon_{n+k} = a(aX_{n+k-2} + \varepsilon_{n+k-1})X_{n+k-1} + \varepsilon_{n+k} \\ &= a^2 X_{n+k-2} + a\varepsilon_{n+k-1} + \varepsilon_{n+k} = a^2(aX_{n+k-3} + \varepsilon_{n+k-2}) + a\varepsilon_{t-1} + \varepsilon_t \\ &= a^3 X_{n+k-3} + a^2 \varepsilon_{n+k-2} + a\varepsilon_{n+k-1} + \varepsilon_{n+k} \\ &= \cdots = a^k X_n + a^{k-1}\varepsilon_{n+1} + \cdots + a\varepsilon_{n+k-1} + \varepsilon_{n+k}\end{aligned}$$

k 步预报的均方误差：

$$\begin{aligned}E(\hat{X}_{n+k} - X_{n+k})^2 &= E(a^k X_n - X_{n+k})^2 = E(a^{k-1}\varepsilon_{n+1} + \cdots + a\varepsilon_{n+k-1} + \varepsilon_{n+k})^2 \\ &= a^{2k-2} E\varepsilon_{n+1}^2 + \cdots + a^2 E\varepsilon_{n+k-1}^2 + E\varepsilon_{n+k}^2 \\ &= \sigma^2(a^{2k-2} + \cdots + a^2 + 1) = \sigma^2 \times \frac{1 - a^{2k}}{1 - a^2}\end{aligned}$$

平稳时，$0 < |a| < 1$，所以 $E(\hat{X}_{n+k} - X_{n+k})^2 = \sigma^2 \times \dfrac{1 - a^{2k}}{1 - a^2} \to \sigma^2 \times \dfrac{1}{1 - a^2} = r_0 (k \to \infty)$。

例 5.3.2 设一个零均值平稳 $AR(2)$序列 $\{X_t\}$ 适合 $X_t = 0.2X_{t-1} + 0.5X_{t-2} + \varepsilon_t$，已知白噪声的方差 $E\varepsilon^2 = \sigma^2 = 0.8$，已知样本观察值 $X_{50} = 1.5$，$X_{49} = 2$，试求：(1) 一步和二步线性最小均方误差预报$\hat{X}_{51}$、$\hat{X}_{52}$；(2) 给出一步线性最小均方误差预报的均方误差。

解 (1) $\hat{X}_{51} = 0.2X_{50} + 0.5X_{49} = 1.3$，$\hat{X}_{52} = 0.2\hat{X}_{51} + 0.5X_{50} = 1.01$。

(2) 一步线性最小均方误差预报的均方误差

$= E(\hat{X}_{51} - X_{51})^2 = E(0.2X_{50} + 0.5X_{49} - 0.2X_{50} - 0.5X_{49} - \varepsilon_{51})^2$

$= E\varepsilon_{51}^2 = 0.8$。

5.3.2 $MA(q)$序列的递推预报

设 $\{X_t\}$ 适合 $X_t = \varepsilon_t - b_1\varepsilon_{t-1} - \cdots - b_q\varepsilon_{t-q}$，$\{\varepsilon_t\}$ 为白噪声序列。

由样本 $X_1, X_2, \cdots, X_n$，求线性最小方差预报 $\hat{X}_{n+k}$，也可以用递推方法预报。

$$\hat{X}_{n+k} = L(\varepsilon_{n+k} - b_1\varepsilon_{n+k-1} - \cdots - b_q\varepsilon_{n+k-q} \mid X_1, X_2, \cdots, X_n)$$

当 $k > q$ 时，$\hat{X}_{n+k} = 0$；

当 $1 \leqslant k \leqslant q$ 时，$\hat{X}_{n+k} = \hat{\varepsilon}_{n+k} - b_1\hat{\varepsilon}_{n+k-1} - \cdots - b_q\hat{\varepsilon}_{n+k-q} = -b_k\hat{\varepsilon}_n - b_{k+1}\hat{\varepsilon}_{n-1} - \cdots - b_q\hat{\varepsilon}_{n+k-q}$。

下面介绍一种 $\hat{\varepsilon}_i$，$i = 1, 2, \cdots, n$ 的近似算法：

(1) 取初值 $\varepsilon_0 = \varepsilon_{-1} = \cdots = \varepsilon_{-q+1} = 0$；

(2) $\hat{\varepsilon}_t = X_t + b_1\varepsilon_{t-1} + \cdots + b_q\varepsilon_{t-q}$，$t = 1, 2, \cdots, n$；

(3) $\hat{X}_{n+k} = -b_k\hat{\varepsilon}_n - b_{k+1}\hat{\varepsilon}_{n-1} - \cdots - b_q\hat{\varepsilon}_{n+k-q}$。

例 5.3.3　$MA(1)$ 模型 $X_t = \varepsilon_t - b\varepsilon_{t-1}$，由样本 $X_1, X_2, \cdots, X_n$ 求线性最小均方误差预报 $\hat{X}_{n+k}$。

解　$\hat{X}_{n+k} = \begin{cases} 0, & k > 1 \\ -b\hat{\varepsilon}_n, & k = 1 \end{cases}$

$\varepsilon_t = X_t + b\varepsilon_{t-1}$　(取初值 $\varepsilon_0 = \varepsilon_{-1} = 0$)

$$\hat{\varepsilon}_1 = X_1$$

$$\hat{\varepsilon}_2 = X_2 + b\hat{\varepsilon}_1 = X_2 + bX_1$$

$$\cdots$$

$$\hat{\varepsilon}_n = X_n + bX_{n-1} + \cdots + b^{n-1}X_1$$

所以 $\hat{X}_{n+1} = -b(X_n + bX_{n-1} + \cdots + b^{n-1}X_1)$

5.3.3 $ARMA(p, q)$序列的递推预报

设零均值平稳序列 $\{X_t\}$ 适合：$X_t = a_1X_{t-1} + a_2X_{t-2} + \cdots + a_pX_{t-p} + \varepsilon_t -$

$b_1\varepsilon_{t-1}-\cdots-b_q\varepsilon_{t-q}$，$\forall s<t$，有 $EX_s\varepsilon_t=0$，由 $X_1, X_2, \cdots, X_n$ 求线性最小均方误差预报 $\hat{X}_{n+k}$。

(1) 当 $k>q$ 时，

$$\hat{X}_{n+k}=a_1\hat{X}_{n+k-1}+\cdots+a_p\hat{X}_{n+k-p}$$

(2) 当 $1\leqslant k\leqslant q$ 时，

$$\hat{X}_{n+k}=a_1\hat{X}_{n+k-1}+\cdots+a_p\hat{X}_{n+k-p}-b_k\hat{\varepsilon}_n-\cdots-b_q\hat{\varepsilon}_{n+k-q}$$

下面介绍一个近似算法。

$$\begin{cases}\hat{\varepsilon}_t=X_t-a_1X_{t-1}-\cdots-a_pX_{t-p}+b_1\varepsilon_{t-1}+\cdots+b_q\varepsilon_{t-q}\\ \text{取初值}\ \varepsilon_0=\varepsilon_{-1}=\cdots=\varepsilon_{-q+1}=0;\ X_0=X_{-1}=\cdots=X_{-p+1}=0\\ t=1, 2, \cdots, n\end{cases}$$

例 5.3.4 平稳的 $ARMA(1, 1)$模型，$X_t=aX_{t-1}+\varepsilon_t-b\varepsilon_{t-1}$，由样本 X_1，$X_2, \cdots, X_n$ 求线性最小均方误差预报 $\hat{X}_{n+k}$。

解 $X_t=aX_{t-1}+\varepsilon_t-b\varepsilon_{t-1}$

$$\hat{X}_{n+1}=aX_n-b\hat{\varepsilon}_n$$

$$\varepsilon_t=X_t-aX_{t-1}+b\varepsilon_{t-1}$$

取初值 $\varepsilon_0=X_0=0$

$$\hat{\varepsilon}_1=X_1$$

$$\hat{\varepsilon}_2=X_2-aX_1+b\hat{\varepsilon}_1=X_2+(b-a)X_1$$

$$\hat{\varepsilon}_3\doteq X_3+(b-a)X_2+b(b-a)X_1$$

$$\cdots$$

$$\hat{\varepsilon}_n=X_n+(b-a)X_{n-1}+\cdots+b^{n-2}(b-a)X_1$$

所以 $\hat{X}_{n+1}=aX_n-b\hat{\varepsilon}_n\doteq-(b-a)(X_n+bX_{n-1}+\cdots+b^{n-1}X_1)$

$k>1$ 时，$\hat{X}_{n+k}=a\hat{X}_{n+k-1}=\cdots=a^{k-1}\hat{X}_{n+1}=-a^{k-1}(b-a)(X_n+bX_{n-1}+\cdots+b^{n-1}X_1)$

递推预报方法主要有两种方法：直接递推和构造新息序列进行递推。对于常见的 $AR(p)$、$MA(q)$和 $ARMA(p, q)$序列的新息预报，已有现成的计算公式，见参考书目[5]。

5.3.4 $ARIMA(p, d, q)$序列的预报

设 $ARIMA(p, d, q)$序列 $\{X_t\}$ 适合 $(1-B)^dX_t=W_t$，其中 W_t 是平稳可

逆的 $ARMA(p, q)$ 序列,来自 $ARIMA(p, d, q)$ 序列的样本为 $X_1, X_2, \cdots, X_n$, 求 X_{n+k} 的预报 $\hat{X}_{n+k}$。

预报方法主要分两步。

第一步: 求 $ARMA(p, q)$ 序列的预报:

先由 $W_t = (1-B)^d X_t$ 计算得 $W_{d+1}, W_{d+2}, \cdots, W_n$, 把它们看作来自 $ARMA(p, q)$ 序列的样本,由这些值预报 $\hat{W}_{n+1}, \hat{W}_{n+2}, \cdots, \hat{W}_{n+k}$。

第二步: 把第一步求得的预报值代回原模型求解,计算得原序列的预报。

由原模型 $(1-B)^d X_t = W_t$, 得 $X_t = \sum_{i=1}^{d} (-1)^{i-1} C_d^i X_{t-i} + W_t$,

所以 $\hat{X}_{n+k} = \sum_{i=1}^{d} (-1)^{i-1} C_d^i \hat{X}_{n+k-i} + \hat{W}_{n+k}$, 作为递推公式计算就可以得到预报 $\hat{X}_{n+k}$。

5.3.5　季节序列的预报

本小节介绍一种特殊但较常用的季节序列的预报方法。

设季节序列 $\{X_t\}$ 适合 $(1-B^T)^d X_t = W_t$, 其中 W_t 是 $ARIMA(p, d, q)$ 序列,来自序列 $\{X_t\}$ 的样本为 $X_1, X_2, \cdots, X_n$, 求 X_{n+k} 的预报 $\hat{X}_{n+k}$。

预报方法主要分两步:

第一步: 先求 $ARIMA(p, d, q)$ 序列的预报:

先由 $W_t = (1-B^T)^d X_t$ 计算得 $W_{dT+1}, W_{dT+2}, \cdots, W_n$, 把它们看作来自 $ARIMA(p, d, q)$ 序列的样本,由这些值预报 $\hat{W}_{n+1}, \hat{W}_{n+2}, \cdots, \hat{W}_{n+k}$。

第二步: 把第一步求得的预报值代回原模型求解,计算得原序列的预报:

由原模型 $(1-B^T)^d X_t = W_t$, 得 $X_t = \sum_{i=1}^{d} (-1)^{i-1} C_d^i X_{t-iT} + W_t$,

所以 $\hat{X}_{n+k} = \sum_{i=1}^{d} (-1)^{i-1} C_d^i \hat{X}_{n+k-iT} + \hat{W}_{n+k}$, 作为递推公式就可以得到序列的预报 $\hat{X}_{n+k}$。

一般的季节模型的预报问题可以类似处理。

5.3.6　加法模型与乘法模型的预报方法

1) 模型选择

设 X 表示指标值, T, S, C, R 分别表示四种构成因素。加法模型与乘法模型是两种常见的时间序列模型。

(1) 加法模型。

$$X_t = T_t + S_t + C_t + R_t$$

式中：T 取非负值；S、C 取值可正可负，要求它们的平均值 $\overline{S} = 0$，$\overline{C} = 0$。

当时间序列指标值是年度数据，这时不能考虑 S，当时间序列指标值只有若干年(<10 年)的月份或季度数据，这时不能考虑 C，有下面特例：

$$X_t = T_t + C_t + R_t \text{ 或 } X_t = T_t + S_t + R_t$$

(2) 乘法模型。

$$X_t = T_t \times S_t \times C_t \times R_t$$

这时 T，S，C 均取非负值，要求平均值 $\overline{S} = 1$，$\overline{C} = 1$。

特例：$$X_t = T_t \times C_t \times R_t \text{ 或 } X_t = T_t \times S_t \times R_t$$

模型的选择可以作散点图或时间序列图来选，若时间序列图夹在两条平行线之间，可选用加法模型；若时间序列图夹在两条喇叭形线之间，可选用乘法模型。图 5.1 是喇叭形线之间的示意图。

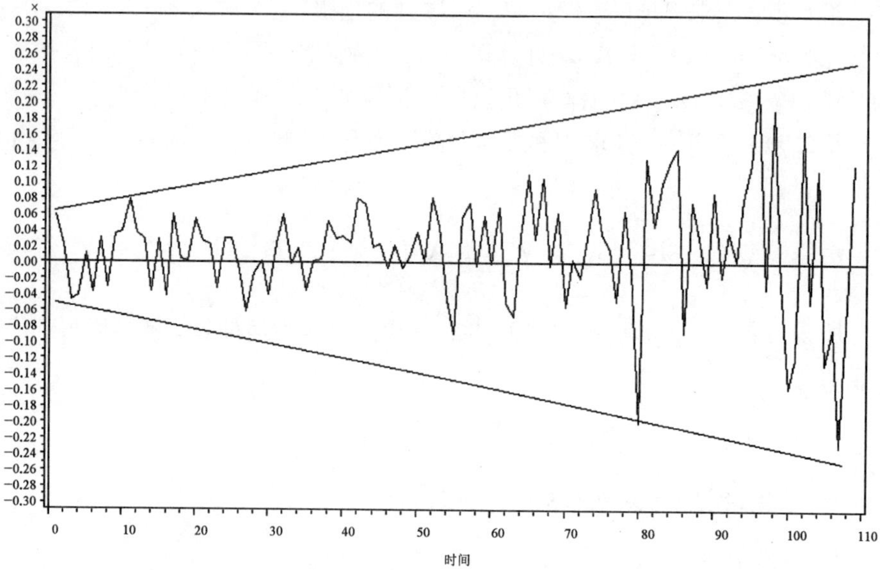

图 5.1 *NASDAQ* 指数 1992 年 1 月至 2001 年 1 月月平均收益率

2）时间序列因素的确定

（1）长期趋势的确定常用方法之一是移动平均法。从时间数列的第一项开始，按一定项数，求平均数，逐项移动，得出一个由移动平均数构成的时间数列，由这些平均数形成的新的时间数列对原时间数列的波动起到一定修匀作用，削弱了原数列中短期偶然因素的影响，从而呈现出现象发展的长期趋势。

按 K 项移动的计算公式：

$$\overline{X}_1 = \frac{X_1 + X_2 + \cdots + X_K}{K},\ \overline{X}_2 = \frac{X_2 + X_3 + \cdots + X_{K+1}}{K},\ \cdots,$$

$$\overline{X}_i = \frac{X_i + X_{i+1} + \cdots + X_{K+i-1}}{K}$$

移动平均法根据资料的特点及研究的具体任务，选择移动平均的项数。奇数项移动平均的所得值应放在中间一项对应的位置上，偶数项移动平均的所得值应放在中间两项位置中间，它需要移正平均，即再作一次二项移动平均，才得到最后的趋势值。被移动平均的项数越多，对原数列的修匀作用就越大，但得到的新时间数列的项数越少。移动平均法是一种比较简单、有效的方法。

（2）季节变动的确定主要方法是移动平均趋势剔除法。该方法的基本思想是先将时间数列中的长期趋势予以消除，然后再计算季节比值来确定季节变动。其中数列中的长期趋势值可采用移动平均法求得。

定义 5.3.1　称同月（或同季度）平均数除以（或减去）所有月（或季度）平均数为季节比值。

季节比值能反映季节变动影响的大小，季节比值大受季节变动影响处于高峰；季节比值小受季节变动影响处于低潮。计算前提条件是要有若干年的分期（如月或季度）资料。$S_i = \dfrac{\overline{X}_i}{\overline{X}}$，或 $S_i = \overline{X}_i - \overline{X}$，$i = 1, 2, \cdots, N$，一般 $N = 4$ 或 12。

前者用于乘法模型，后者用于加法模型。

对乘法模型当 $\sum S_i \neq N$，$\overline{S} \neq 1$ 时，要计算调整的季节比值：$S_i^* = \dfrac{S_i}{\overline{S}}$，$i = 1, 2, \cdots, N$；对加法模型当 $\sum S_i \neq 0$ 时，要计算调整的季节比值：$S_i^* = S_i - \overline{S}$，$i = 1, 2, \cdots, N$。

假定时间数列模型为 $X_t = T_t \times S_t \times R_t$

移动平均趋势剔除法测定季节变动的步骤概括如下：

第一步：根据各年的月(季)资料，计算 12 项(或 4 项)移动平均趋势值 T_t；

第二步：将各实际值除以相应的趋势值，即得 $\dfrac{X_t}{T_t} = S_t \times R_t$；

(若加法模型 $X_t = T_t + S_t + R_t$，则用 $X_t - T_t = S_t + R_t$ 剔除趋势值)

第三步：将 $S_t \times R_t$ 重新按月(季)排列，求得同月(同季)平均数，再将其除以总平均数，即得季节比值 S_i。

3) 加法模型和乘法模型的预报

若模型为 $X_t = T_t \times S_t \times R_t$，预报公式为 $\hat{X}_l = \hat{T}_l \times S_i$，

若要用过去、现在资料预报将来某时刻 l 的指标值。先可以计算趋势值数列 $(t_i,\ T_i)$，利用此数列给出将来某时刻 l 的估计值 $\hat{T}_l$，再用移动平均趋势剔除法计算得季节比值 S_i，再用预报公式可得预报值。下面举例说明预报方法。

例 5.3.5 某地区记录的 4 年中为某类商品登的广告数资料如下：

年份	第 1 季度	第 2 季度	第 3 季度	第 4 季度
2003	59	71	43	65
2004	62	80	52	75
2005	62	82	48	72
2006	65	85	55	82

假定乘法模型适合，试预测 2007 年第一季度，第二季度的广告数。

解 计算表如下：

年份	季度	广告数	四项移动平均值	二项移动平均值	X/T	时间代码
2003	1	59	—	—	—	—
			—			
	2	71		—	—	—
			59.5			
	3	43		59.9	0.7	1
			60.25			
	4	65		61.4	1.1	2
			62.5			
2004	1	62		63.6	1.0	3
			64.75			
	2	80		66	1.2	4
			67.25			
	3	52		67.3	0.6	5
			67.25			
	4	75		67.5	1.1	6
			67.75			

续　表

年份	季度	广告数	四项移动平均值	二项移动平均值	X/T	时间代码
2005	1	62	66.75	67.3	0.9	7
	2	82	66	66.4	1.2	8
	3	48	66.75	66.4	0.7	9
	4	72	67.5	67.2	1.1	10
2006	1	65	69.25	68.4	1.0	11
	2	85	71.25	70.5	1.2	12
	3	55	—	—	—	—
	4	82		—	—	—

建立直线趋势方程：$\hat{T}=a+bt$，其中 t 一般要取时间代码。

$$b=\frac{\sum Tt-n\overline{T}\,\bar{t}}{\sum t^2-n\bar{t}^2}=0.71$$

$$a=\overline{T}-b\bar{t}=61.38$$

$$\hat{T}=61.38+0.71t$$

$$\hat{T}_{2007.1}=61.38+0.71\times 15=72.03$$

$$\hat{T}_{2007.2}=61.38+0.71\times 16=72.74$$

计算季节比值表如下：

季度 / x/t / 年份	第 1 季度	第 2 季度	第 3 季度	第 4 季度
2003	—	—	0.7	1.1
2004	1.0	1.2	0.8	1.1
2005	0.9	1.2	0.7	1.1
2006	1.0	1.2	—	—
平均数 $\overline{X}_i$	0.97	1.2	0.73	1.1

注　这时总平均 $\overline{X}=\frac{1}{4}\sum_{i=1}^{4}\overline{X}_i=\frac{1}{4}(0.97+1.2+0.73+1.1)=1$，所以

$$S_i = \frac{\overline{X}_i}{\overline{\overline{X}}} = \overline{X}_i,\ i=1,\ 2,\ 3,\ 4$$

$$\hat{X}_{2007.1} = \hat{T}_{2007.1} \times S_1 = 72.03 \times 0.97 \doteq 70\ 个$$

$$\hat{X}_{2007.2} = \hat{T}_{2007.2} \times S_2 = 72.74 \times 1.2 \doteq 87\ 个$$

即该地区 2007 年第一季度、第二季度的广告数的预测值依次是 70、87 个。

此题是在假设乘法模型下讨论的，它是否符合实际问题呢？有兴趣的读者可以自己去验证，若与实际不符，那么如何处理呢？把它作为一个思考题。

*5.3.7 分解预报法简介

上小节介绍的加法模型和乘法模型的预报方法具有典型性，可以被称为分解预报法。在加法模型 $X_t = T_t + S_t + C_t + R_t$ 中，其中季节项 S_t 和循环项 C_t 均为周期项，它们的和 $S_t + C_t$ 仍具有周期性，若把 $S_t + C_t$ 仍记为 S_t，则模型化为 $X_t = T_t + S_t + R_t$，前面我们把此模型称为加法模型的特殊形式，实际上此形式对时间序列来说具有一般性，可以说一个时间序列常常可以分解为趋势项、周期项和随机项的和，其中趋势项 T_t 和周期项 S_t 为非随机的，而 R_t 为随机的。当 R_t 为零均值白噪声时，将来某时刻 t_0 的预报公式为：

$\hat{X}_{t_0} = \hat{T}_{t_0} + S_i$，式中 $\hat{T}_{t_0}$ 为 t_0 时趋势值 T_{t_0} 的预报值，而 i 是 t_0 所在的季度、月份等时间，如 t_0 为 2016 年 8 月，则 $i=8$；t_0 为 2016 年第 3 季度，则 $i=3$，S_i 的值可以通过计算得到，计算方法可以参考上小节。

应用此预报公式主要要用分解方法，既要先确定趋势项 T_t 和周期项 S_t。下面分 3 种情况讨论。

1) 周期为季节性自然周期情形

方法 1 平均值法

设时间序列 $\{X_t\}$ 有自然周期 N，$N = 4$ 或 12，来自 $\{X_t\}$ 的样本为 X_1，X_2，…，X_n。

第一步：计算趋势值序列，并建立趋势回归方程。

取
$$T_i = \frac{1}{N}\sum_{j=1}^{N} X_j,\ i=1,\ 2,\ \cdots,\ N,$$

$$T_i = \frac{1}{N}\sum_{j=N+1}^{2N} X_j,\ i = N+1,\ N+2,\ \cdots,\ 2N,$$

$$T_i = \frac{1}{N}\sum_{j=(k-1)N+1}^{kN} X_j,\ i = (k-1)N+1, (k-1)N+2,$$

$$\cdots,\ kN,\ k = 1,\ 2,\ \cdots, \frac{n}{N}$$

由此得趋势值序列，$(t_i,\ T_i)$，应用此序列建立趋势值关于时间 t 的有效的回归方程 $\hat{T} = h(t)$。

注 在建立回归方程时可以按等间隔选取数据代表进行，间隔长度为 N，即共用 k 对值。估计时在 N 的两个相邻整数倍间隔中的估计值 $\hat{T}$ 取相同。

第二步：作剔除运算 $Y_i = X_i - T_i,\ i = 1,\ 2,\ \cdots,\ n$。

第三步：计算季节变量，取同月或同季度 $\{Y_t\}$ 的数据平均数，即 $S_i = \overline{Y}_i$，$i = 1,\ 2,\ \cdots,\ N$。

若将来时刻 t_0 所在的季度或月份为 i，则 t_0 时刻的预测值 $\hat{X}_{t_0} = h(t_0) + S_i$。

方法 2 回归趋势剔除法

第一步：先应用原时间序列 $\{X_t\}$ 建立 X_t 关于 t 的直线趋势方程或二次曲线方程，即 $\hat{X}_t = a + bt$ 或 $\hat{X}_t = a + bt + ct^2$，方程的选择可根据时间序列图。取趋势值 $T_t = \hat{X}_t$。

其余步骤同方法 1。

方法 3 移动平均趋势剔除法

可仿上小节加法模型的预报处理。

方法 4 共同回归估计法

共同回归估计法是用回归估计来同时确定趋势项 T_t 和周期项 S_t，下面叙述此方法。

令 $X_t = a + bt + c_1(t)S_1 + c_2(t)S_2 + \cdots + c_N(t)S_N + \varepsilon_t,\ t = 1,\ 2,\ \cdots,\ n$

$$c_i(t) = \begin{cases} 1,\ t = i + (j-1)N, & j = 1,\ 2,\ \cdots, \dfrac{n}{N} \\ 0, & \text{其他} \end{cases}$$

$i = 1,\ 2,\ \cdots,\ N$

则 $a,\ b,\ S_1,\ S_2,\ \cdots,\ S_N$ 的最小二乘估计为：

$$\begin{bmatrix} \hat{a} \\ \hat{b} \\ \hat{S}_1 \\ \hat{S}_2 \\ \vdots \\ \hat{S}_N \end{bmatrix} = (A^T A)^{-1} A^T \begin{bmatrix} X_1 \\ X_2 \\ \vdots \\ X_n \end{bmatrix}$$

式中结构矩阵 $\mathbf{A} = \begin{bmatrix} 1 & 1 & 1 & \cdots & 0 \\ \vdots & \vdots & \vdots & \ddots & \vdots \\ 1 & N & 0 & \cdots & 1 \\ \vdots & \vdots & \vdots & \vdots & \vdots \\ 1 & n-N+1 & 1 & \cdots & 0 \\ \vdots & \vdots & \vdots & \ddots & \vdots \\ 1 & n & 0 & \cdots & 1 \end{bmatrix}$

这时预报公式为：$\hat{X}_{t_0} = \hat{a} + \hat{b}t_0 + \hat{S}_i$，其中 i 是 t_0 所在的季度、月份等对应时间。

注 当矩阵 $\mathbf{A}^T\mathbf{A}$ 退化时，可以考虑取 $a = 0$，这时结构矩阵 A 为：

$\mathbf{A} = \begin{bmatrix} 1 & 1 & \cdots & 0 \\ \vdots & \vdots & \ddots & \vdots \\ N & 0 & \cdots & 1 \\ \vdots & \vdots & \vdots & \vdots \\ n-N+1 & 1 & \cdots & 0 \\ \vdots & \vdots & \ddots & \vdots \\ n & 0 & \cdots & 1 \end{bmatrix}$，另外当趋势值使用一次函数效果欠佳时，可以尝试二次函数取代一次函数。

在时间序列作预报时，考虑变量替换 $Y_t = h(X_t)$，要求函数严格单调，则可以先求得时间序列 $\{Y_t\}$ 在将来时刻 t_0 的预报值 $\hat{Y}_{t_0}$，进而求得时间序列 $\{X_t\}$ 在将来时刻 t_0 的预报值 $\hat{X}_{t_0}$，即 $\hat{X}_{t_0} = h^{-1}(\hat{Y}_{t_0})$，如此处理有时会得到意外效果，常用函数形式有 $h(x) = \ln x$，e^x，$\sqrt{x}$，x^3，$\frac{1}{x}$ 等。

2）周期为一般已知情形

当周期不是季节性自然周期时，设已知周期为 l，这时处理完全可用上述方法类似处理，只要把 l 看作上面的 N。

3）周期未知情形

1. 广义潜周期模型

设 $X_t = \sum_{j=1}^{k}[A_j \sin(\lambda_j t) + B_j \cos(\lambda_j t)] + \varepsilon_t$，$t \in \mathbf{N}_+$，其中 $-\pi < \lambda_1, \lambda_2, \cdots, \lambda_k \leqslant \pi$，$\varepsilon_t$ 为平稳线性序列。

我们称此模型为广义潜周期模型。关于一般的潜周期模型的理论和方法可参阅参考文献[5]，在这里我们仅简要介绍建模的一般步骤，其中包括我们提出的一些参数估计的新改进方法。

设来自 $\{X_t\}$ 的样本为 $X_1, X_2, \cdots, X_N$。

1. 参数 $\lambda_1, \lambda_2, \cdots, \lambda_k$ 和 k 的周期图估计

前面已介绍了周期图估计量：$\frac{1}{2\pi N}\left|\sum_{t=1}^{N} x_t \mathrm{e}^{-\mathrm{i}\lambda t}\right|^2$，记 $S_N(\lambda) = \sum_{t=1}^{N} x_t \mathrm{e}^{-\mathrm{i}\lambda t}$，$\lambda \in (-\pi, \pi]$ 显然当 N 确定时，$|S_N(\lambda)|$ 与周期图估计量成正比，因此利用 $|S_N(\lambda)|$ 的极值估计本质上就是周期图的极值估计。

假设 $\{X_t\}$ 适合广义潜周期模型，$X_t = \sum_{j=1}^{k}[A_j \sin(\lambda_j t) + B_j \cos(\lambda_j t)] + \varepsilon_t$，$t \in \mathbf{N}_+$

记 $\delta = \min_{1 \leqslant j \leqslant q}\{\delta_j\}$，其中 $\delta_j = \min\{|\lambda_j - \lambda_{j+1}|, |\lambda_j - \lambda_{j-1}|\}$

当 N 充分大，且 $\sqrt{N} \geqslant \frac{1}{\delta_j}$ 时，可以检测出 λ_j。函数 $|S_N(\lambda)|$ 具有如下性质：在 λ_j 的 $\frac{\pi}{2N}$ 领域内，$|S_N(\lambda)|$ 的值较大；在所有的 $\lambda_j (1 \leqslant j \leqslant k)$ 的 $\frac{1}{2\sqrt{N}}$ 领域外，$|S_N(\lambda)|$ 的值均较小。若绘制函数 $|S_N(\lambda)|$ 的图像，则可见在每一个 λ_j 附近有一群峰，其中最高峰的横坐标对应的是 λ_j 的值。该性质提供了估计 $\lambda_1, \lambda_2, \cdots, \lambda_k$ 和 k 的有效方法。估计值可以通过试算得到。试算步骤如下：先把区间 $(-\pi, \pi]$ 长度 2π 除以 $2N$，即作 $2N$ 等分，然后依次取 $\lambda = -\pi + \frac{\pi}{N} j$，$j = 1, 2, \cdots, 2N$，并利用样本观察值 $x_1, x_2, \cdots, x_N$，计算得到 $|S_N(\lambda)|$ 的 $2N$ 个函数值，结合 $|S_N(\lambda)|$ 的图像，寻找高低明显的峰群数目作为 k 的估计 $\hat{k}$，其中每一峰群最高峰的横坐标对应的值为 λ_j 的估计值 $\hat{\lambda}_j$，这样就能得到 $\lambda_1, \lambda_2, \cdots, \lambda_k$ 和 k 的周期图估计 $\hat{\lambda}_1, \hat{\lambda}_2, \cdots, \hat{\lambda}_{\hat{k}}, \hat{k}$。若要提高估计的精度，可以把计算点加密，如把区间长度 2π 作 $4N$ 等分。

λ_j 的周期图估计 $\hat{\lambda}_j$ 有较快的收敛速度，在参数估计问题中，估计量的 a. s.

收敛速度一般只达到 $O((N/\ln N)^{-1/2})$，而 λ_j 的周期图估计 $\hat{\lambda}_j$ 的收敛速度达到 $O((N^3/\ln N)^{-1/2})$，即

$$\limsup_{N\to\infty}\sqrt{\frac{N^3}{\ln N}}\,|\hat{\lambda}_j-\lambda_j|=0,\qquad \text{a. s.}$$

2. 参数 A_j，B_j，$j=1, 2, \cdots, \hat{k}$ 的最小二乘估计

建立回归模型 $X_t=\sum_{j=1}^{\hat{k}}[A_j\sin(\hat{\lambda}_j t)+B_j\cos(\hat{\lambda}_j t)]+\varepsilon_t$，$t=1, 2, \cdots, N$

参数向量 $(A_1, \cdots, A_{\hat{k}}, B_1, \cdots, B_{\hat{k}})$ 的最小二乘估计

$$\begin{bmatrix}\hat{A}_1\\ \vdots\\ \hat{A}_{\hat{k}}\\ \hat{B}_1\\ \vdots\\ \hat{B}_{\hat{k}}\end{bmatrix}=(A^TA)^{-1}A^T\begin{bmatrix}X_1\\ X_2\\ \vdots\\ X_N\end{bmatrix}$$

其中结构矩阵 $\mathbf{A}=\begin{bmatrix}\sin(\hat{\lambda}_1) & \cdots & \sin(\hat{\lambda}_{\hat{k}}) & \cos(\hat{\lambda}_1) & \cdots & \cos(\hat{\lambda}_{\hat{k}})\\ \sin(2\hat{\lambda}_1) & \cdots & \sin(2\hat{\lambda}_{\hat{k}}) & \cos(2\hat{\lambda}_1) & \cdots & \cos(2\hat{\lambda}_{\hat{k}})\\ \vdots & \ddots & \vdots & \vdots & \ddots & \vdots\\ \sin(N\hat{\lambda}_1) & \cdots & \sin(N\hat{\lambda}_{\hat{k}}) & \cos(N\hat{\lambda}_1) & \cdots & \cos(N\hat{\lambda}_{\hat{k}})\end{bmatrix}$

预报公式：$\hat{X}_t=\sum_{j=1}^{\hat{k}}[\hat{A}_j\sin(\hat{\lambda}_j t)+\hat{B}_j\cos(\hat{\lambda}_j t)]$，

3. 模型的有效性检验

取 $\hat{\varepsilon}_i=\hat{X}_i-X_i$，$i=1, 2, \cdots, N$，若通过 $\hat{\varepsilon}_1$，$\hat{\varepsilon}_2$，$\cdots$，$\hat{\varepsilon}_N$ 为来自平稳线性序列的检验，则可以认为广义潜周期模型成立。

注 设序列 $\{\hat{\varepsilon}_t\}$ 的自协方差函数为 $\hat{r}_k(\hat{\varepsilon})$，线性平稳序列的直观检验法：可以考察 k 较大时，是否有 $\hat{r}_k(\hat{\varepsilon})\approx 0$。若 $\hat{r}_k(\hat{\varepsilon})$ 接近 0，则可以认为广义潜周期模型成立；否则判不成立。

在实际问题中对于明显具有周期的平稳时间序列可以考虑应用潜周期模型。

4. 模型推广

广义潜周期模型还可以作多方面推广，如随机项序列 $\{\varepsilon_t\}$ 为平稳的 $AR(p)$ 序列(见参考书[5])，下面仅讨论带有直线趋势项的模型推广。

设 $X_t = a + bt + \sum_{j=1}^{k}[A_j \sin(\lambda_j t) + B_j \cos(\lambda_j t)] + \varepsilon_t$，$t \in \mathbf{N}_+$，其中 $-\pi < \lambda_1, \lambda_2, \cdots, \lambda_k \leqslant \pi$，$\varepsilon_t$ 为平稳线性序列。

此模型的处理可以先用差分运算，

$$Y_t = X_t - X_{t-1} = a + bt + \sum_{j=1}^{k}[A_j \sin(\lambda_j t) + B_j \cos(\lambda_j t)] + \varepsilon_t$$

$$-a - b(t-1) - \sum_{j=1}^{k}[A_j \sin(\lambda_j (t-1)) + B_j \cos(\lambda_j (t-1))] - \varepsilon_{t-1}$$

式中 $t = 2, 3, \cdots$

显然 Y_t 可以表示成：

$Y_t = \sum_{j=1}^{k}[A_j^* \sin(\lambda_j t) + B_j^* \cos(\lambda_j t)] + \varepsilon_t^*$，$t = 2, 3, \cdots$，其中 $\{\varepsilon_t^*\}$ 仍为平稳线性序列。因此序列 $\{Y_t\}$ 仍适合广义潜周期模型，应用来自 $\{Y_t\}$ 的样本序列：$Y_2, Y_3, \cdots, Y_N$ 和上述参数估计方法估计得到参数 $\lambda_1, \lambda_2, \cdots, \lambda_k$ 和 k 的周期图估计 $\hat{\lambda}_1, \hat{\lambda}_2, \cdots, \hat{\lambda}_{\hat{k}}$，$\hat{k}$ 和参数 $A_1^*, \cdots, A_{\hat{k}}^*, B_1^*, \cdots, B_{\hat{k}}^*$ 的最小二乘估计 $\hat{A}_1^*, \cdots, \hat{A}_{\hat{k}}^*, \hat{B}_1^*, \cdots, \hat{B}_{\hat{k}}^*$，因此可以得到

$\hat{Y}_t = \sum_{j=1}^{\hat{k}}[\hat{A}_j^* \sin(\hat{\lambda}_j t) + \hat{B}_j^* \cos(\hat{\lambda}_j t)]$，再由 $Y_t = X_t - X_{t-1}$ 得到预报递推公式：

$$\hat{X}_t = \hat{X}_{t-1} + \sum_{j=1}^{\hat{k}}[\hat{A}_j^* \sin(\hat{\lambda}_j t) + \hat{B}_j^* \cos(\hat{\lambda}_j t)]。$$

在实际问题中对于明显的具有周期的非平稳时间序列可以考虑应用上述方法。

时间序列的分解预报法还在发展中，也有更深入的新的研究成果，限于篇幅不介绍了。

*5.4 非决定性平稳序列及其两个分解定理

5.4.1 非决定性平稳序列

设 $\{X_t: t \in \mathbf{Z}\}$ 零均值平稳序列，记 $\mathbf{X}_{n,m} = \begin{bmatrix} X_n \\ X_{n-1} \\ \vdots \\ X_{n-m+1} \end{bmatrix}$，定义 $\hat{X}_{n+1,m} =$

$L(X_{n+1} \mid \boldsymbol{X}_{n,m})$，$\sigma_{1,m}^2 = E(X_{n+1} - \hat{X}_{n+1,m})^2$，则 $\sigma_{1,m}^2$ 是 m 的单调递减函数。

定义 5.4.1 $\sigma_1^2 = \lim\limits_{m\to\infty}\sigma_{1,m}^2 < \infty$，称为 $\{X_t\}$ 的一步预报均方误差。

从直观上看，随着 m 增大，$\sigma_{1,m}^2 = E(X_{n+1} - \hat{X}_{n+1,m})^2$ 在减小，即 $\sigma_{1,m}^2$ 是 m 的单调递减函数，理论上也不难证明这一结论，所以 $\lim\limits_{m\to\infty}\sigma_{1,m}^2$ 存在且有限。

定理 5.4.1 $\sigma_1^2 = \lim\limits_{m\to\infty}\sigma_{1,m}^2$ 与 n 无关。

证明 注意到样本为：$\boldsymbol{X}_{n,m} = \begin{bmatrix} X_n \\ X_{n-1} \\ \vdots \\ X_{n-m+1} \end{bmatrix}$，$\sigma_{1,m}^2 = r_0 - \boldsymbol{b}_{1,m}^{\mathrm{T}}\boldsymbol{\Gamma}_m^{-1}\boldsymbol{b}_{1,m}$

$$\boldsymbol{b}_{1,m} = \begin{bmatrix} r_1 \\ r_2 \\ \vdots \\ r_{m-1} \end{bmatrix},\ \boldsymbol{\Gamma} = \begin{bmatrix} r_0 & r_1 & \cdots & r_{m-1} \\ r_1 & r_0 & \cdots & r_{m-2} \\ \vdots & \vdots & \ddots & \vdots \\ r_{m-1} & r_{m-2} & \cdots & r_0 \end{bmatrix}$$，它们均与 n 无关。

故 $\sigma_1^2 = \lim\limits_{m\to\infty}\sigma_{1,m}^2$ 与 n 无关。

定义 5.4.2 设 $\{X_n : n \in \mathbf{Z}\}$ 是零均值平稳序列，

(1) 若 $\sigma_1^2 = 0$，称 $\{X_t\}$ 是决定性平稳序列；

(2) 若 $\sigma_1^2 > 0$，称 $\{X_t\}$ 是非决定性平稳序列。

定义告诉我们决定性平稳序列是由过去、现在数据完全确定。

类似可以定义 $\hat{X}_{n+k,m} = L(X_{n+k} \mid \boldsymbol{X}_{n,m})$，$\sigma_{k,m}^2 = E(X_{n+k} - \hat{X}_{n+k,m})^2$。

定理 5.4.2 $\sigma_k^2 = \lim\limits_{m\to\infty}\sigma_{k,m}^2 < \infty$ 也与 n 无关。

此定理的证明留作习题。

定义 5.4.3 若 $\{X_t\}$ 是非决定性平稳序列，若 $\lim\limits_{k\to\infty}\sigma_k^2 = r_0$，称 $\{X_t\}$ 是纯非决定性的。这时有

$$\lim_{k\to\infty}\lim_{m\to\infty}E(L(X_{n+k} \mid \boldsymbol{X}_{n,m}))^2 = 0。\tag{5.4}$$

下面推导式(5.4)：

$$\lim_{k\to\infty}\lim_{m\to\infty}E(L(X_{n+k} \mid \boldsymbol{X}_{n,m}))^2 = \lim_{k\to\infty}\lim_{m\to\infty}E(L(X_{n+k} \mid \boldsymbol{X}_{n,m}) - X_{n+k} + X_{n+k})^2$$

$$= \lim_{k\to\infty}\lim_{m\to\infty}E(L(X_{n+k} \mid \boldsymbol{X}_{n,m}) - X_{n+k})^2 +$$

$$2\lim_{k\to\infty}\lim_{m\to\infty}EX_{n+k}(L(X_{n+k}\mid \boldsymbol{X}_{n,m})-X_{n+k})+r_0$$
$$=-2\lim_{k\to\infty}\lim_{m\to\infty}E\,(L(X_{n+k}\mid \boldsymbol{X}_{n,m})-X_{n+k})^2+2r_0=0$$

由此式可知纯非决定性时间序列作中长期预报是不适合的。

5.4.2　Wold 分解定理

定理 5.4.3　(Wold 分解定理)任意非决定性的零均值平稳序列 $\{X_t\}$ 可以表示为

$$X_t=\sum_{j=0}^{\infty}a_j\,\varepsilon_{t-j}+V_t=U_t+V_t \tag{5.5}$$

式中：$\sum_{j=0}^{\infty}a_j\,\varepsilon_{t-j}$ 为平稳线性序列；V_t 为决定性平稳序列。

证明很复杂，略。

在上面定理中：

称式(5.5)为 $\{X_t\}$ 的 Wold 表示式；U_t 为 $\{X_t\}$ 纯非决定性部分；V_t 为 $\{X_t\}$ 的决定性部分；$\{a_t\}$ 为 $\{X_t\}$ 的 Wold 系数；一步预测误差 $\varepsilon_t=X_t-L(X_t\mid X_{t-1},X_{t-2},\cdots)$ 为 $\{X_t\}$ 的(线性)新息序列；$\sigma^2=E\varepsilon_t^2$ 一步预测的均方误差。

例 5.4.1　$ARMA(p,q)$序列的 Wold 表示。

$\alpha(B)X_t=\beta(B)\varepsilon_t$，$\alpha(u)=0$ 的根在单位圆外。

解　Wold 表示式：$X_t=\sum_{j=0}^{\infty}\psi_j\,\varepsilon_{t-j}$，这时 $U_t=\sum_{j=0}^{\infty}\psi_j\,\varepsilon_{t-j}$，$V_t=0$。

最佳预测和最佳线性预测相等的条件。

定理 5.4.4　设平稳序列 $\{X_t\}$ 有 Wold 表示：$X_t=\sum_{j=0}^{\infty}a_j\,\varepsilon_{t-j}$，$t\in\mathbf{Z}$。

$L(X_{t+n}\mid H_t)=E(X_{t+n}\mid \hbar_t)$，$n\geqslant 1$，$t\in\mathbf{Z}$ 充要条件是 $E(\varepsilon_{t+1}\mid\varepsilon_t,\varepsilon_{t-1},\cdots)=0$，$t\in\mathbf{Z}$，

注　h_t为样本变量生成的σ一代数，而 H_t为样本变量生成的闭线性空间。

满足条件 $E(\varepsilon_{t+1}\mid\varepsilon_t,\varepsilon_{t-1},\cdots)=0$，$t\in\mathbf{Z}$ 的白噪声称为鞅差白噪声，独立白噪声一定是鞅差白噪声。更详细的说明见参考书目[5]。

推论　$ARMA(p,q)$序列 $\{X_t\}$ 是平稳线性序列，若 $\{\varepsilon_t\}$ 是独立白噪声，则用全体 $\{X_t,X_{t-1},\cdots\}$ 预测 X_{t+n} 时，最佳预测与最佳线性预测相等。

5.4.3　Cramer 分解定理

定理 5.4.5　任何一个时间序列都可以分解为两部分的叠加：其中一部分

是由多项式决定的确定性趋势成分，另一部分是平稳的零均值误差成分，即 $x_t = \sum_{j=0}^{d}\beta_j t^j + \varepsilon_t$。

证明略。

Wold 分解定理说明任何平稳序列都可以分解为决定性序列和平稳线性序列之和。它是现代时间序列分析理论的基石，是构造 ARMA 模型拟合平稳序列的理论基础，它还揭示了平稳线性序列在时间序列分析中的重要地位。

Cramer 分解定理是 Wold 分解定理的理论推广，它说明任何一个时间序列的波动是同时受到了确定性因素和随机性因素综合影响的结果。平稳序列要求这两方面的影响都是稳定的，而非平稳序列产生的机理就在于它所受到的这两方面的影响至少有一方面是不稳定的。它为非平稳时间序列分析指明了方向。

习　题　5

1. 试证：线性最小方差估计性质 10，即设 $\boldsymbol{X}$ 和 $\boldsymbol{Y}$ 分别是 m、n 维向量，如果有实矩阵 $\mathbf{A}$、$\boldsymbol{B}$ 使得 $\boldsymbol{X}=\boldsymbol{AY}$ 和 $\boldsymbol{Y}=\boldsymbol{BX}$，则 $L(Z \mid \boldsymbol{X}) = L(Z \mid \boldsymbol{Y})$

2. 设平稳 $AR(2)$ 序列 $\{X_t\}$ 适合 $X_t = a_1X_{t-1} + a_2X_{t-2} + \varepsilon_t$，求 $L(X_{n+2} \mid X_n, X_{n-1}, \cdots, X_1)$。(注：$a_1$，$a_2$ 为已知)

3. 设平稳 $AR(2)$ 序列 $\{X_t\}$ 适合 $X_t = 0.03 + 0.27X_{t-1} + 0.36X_{t-2} + \varepsilon_t$，$\{\varepsilon_t\}$ 为白噪声，$E\varepsilon_t^2 = \sigma^2 = 0.52$，已知样本观察值 $X_{100} = 3.6$，$X_{99} = 5.7$，试求线性最小方差预报 $\hat{X}_{100+1}$，$\hat{X}_{100+2}$，$\hat{X}_{100+3}$，并计算一步和二步预报的均方误差。

4. 设 $\{X_t\}$ 服从 $ARMA(1, 1)$ 模型：$X_t = 0.8X_{t-1} + \varepsilon_t - 0.6\varepsilon_{t-1}$，其中 $X_{100} = 0.3$，$\varepsilon_{100} = 0.01$，试求：未来 3 期的预测值。

***5.** 设 $\{X_t\}$ 为平稳可逆的 $ARMA(p, q)$ 序列，记 $\hat{X}_{n+k} = L(X_{n+k} \mid X_n, X_{n-1}, \cdots, X_1)$，$k=1, 2, \cdots$，试证明 $\lim\limits_{k\to\infty}\lim\limits_{n\to\infty}E\hat{X}_{n+k}^2 = 0$。

6. 设 $\{X_t\}$ 为二阶矩序列，$\hat{Y}_k = L(Y \mid X_1, X_2, \cdots, X_k)$，$\hat{Y}_{-k} = L(Y \mid X_{k+1}, X_{k+2}, \cdots)$，证明

$$E(\hat{Y}_k - Y)^2 \geqslant E(\hat{Y}_{k+1} - Y)^2,\ E(\hat{Y}_{-k} - Y)^2 \leqslant E(\hat{Y}_{-k-1} - Y)^2。$$

7. 试证：定理 5.4.2：$\sigma_k^2 = \lim\limits_{m\to\infty}\sigma_{k,m}^2 < \infty$ 与 n 无关。

***8.** 设来自一个零均值平稳序列的长为 300 的样本 X_1，X_2，$\cdots$，X_{300}，计算得样本自相关函数 $\hat{\rho}_k$，见下表：

k	1	2	3	4	5	6	7	8	9
$\hat{\rho}_k$	−0.4	−0.05	0.07	−0.05	0.06	0.04	−0.05	0.04	−0.05

(1) 建立$\{X_t\}$适合的模型；

(2) 当 $\sum_{i=1}^{300}\frac{X_i}{2^{300-i}}=2006$ 时，试预报 $\hat{X}_{300+k}$（k 为正整数）。

9. 某百货公司记录的 4 年中各季度的某品牌空调销售量资料如下：（单位：台）

年份	季度	销售量 X	四项移动平均，再移正平均 T
2008	1	16	—
	2	6	—
	3	31	17.4
	4	7	18
2009	1	21	17.3
	2	7	16.3
	3	39	17.1
	4	8	18
2010	1	26	20.6
	2	9	23.6
	3	47	23.2
	4	10	22.7
2011	1	31	24.4
	2	11	25.9
	3	55	—
	4	11	—

(1) 建立直线趋势方程：$\hat{T}=a+bt$；

(2) 试应用合适模型预测该百货公司 2012 年第 1 季度此品牌空调的销售量。

10. 某水果批发市场记录的 4 年中各季度的水果销售量资料如下：（单位：万吨）

年份	季度	销售量 X	四项移动平均，再移正平均 T
2006	1	23	—
	2	37	—
	3	82	39.6

续 表

年份	季度	销售量 X	四项移动平均，再移正平均 T
	4	12	44.5
2007	1	32	45.3
	2	67	42.1
	3	58	41.9
	4	11	38.3
2008	1	31	36.6
	2	39	48.8
	3	73	55.4
	4	93	51.9
2009	1	2	51.9
	2	40	51.3
	3	72	—
	4	89	—

（1）建立直线趋势方程：$\hat{T}=a+bt$；

（2）试选择合适的乘法模型或加法模型预测该地区 2010 年第 1、2 季度的水果销售量。

注：此时间数列散点图如下：

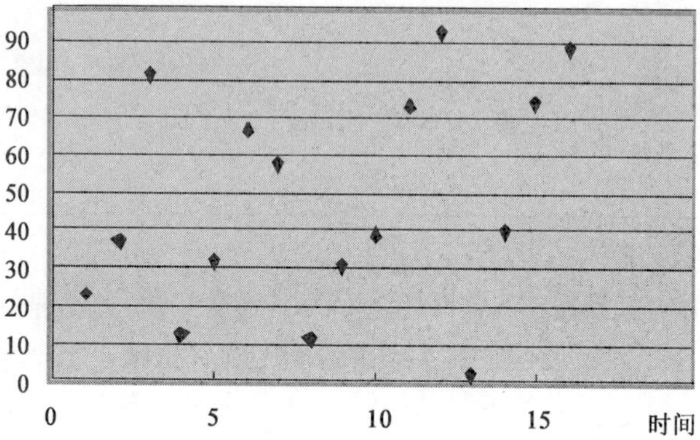

11. 设随机变量 $\xi\sim U[-\pi,\pi]$，随机变量 η 为 2 价矩变量，ξ 与 η 互相独立，$X_t=\eta\cos\left(\dfrac{\pi}{3}t+\xi\right)$，$t\in\mathbf{Z}$，试证：$\{X_t\}$ 为决定性时间序列。

***12**. 设 $\{X_t,t\in\mathbf{Z}\}$ 为平稳序列，来自 $\{X_t\}$ 的向量 $(X_1,X_2,\cdots,X_k)$ 的协方差矩阵为 Γ_k，其行列式 $|\Gamma_k|=0$，试证：$\{X_t\}$ 为决定性时间序列。

第 6 章　时间序列分析步骤与统计软件 SPSS 的应用

前五章系统介绍了时间序列分析的基本理论和方法，本章对分析工作的步骤作一个小结。本教材涉及的统计分析常常要与大量的数据打交道，涉及烦琐的计算和图表绘制，这些数据分析工作如果离开统计软件难以正常开展。在准确理解和掌握了各种统计方法的原理之后，再来掌握某种统计分析软件工具是十分必要的。常见的统计软件有 SAS，SPSS，MINITAB，EVIEWS，EXCEL 等。这些统计软件的功能大同小异，各自有所侧重。其中的 SAS 和 SPSS 是目前较受青睐和流行的两种统计软件。特别是 SPSS，其界面美观、功能强大、易得、易学和易用，包含了几乎全部尖端的实用统计分析方法。虽然在时间序列分析方面 SPSS 还存在一些不足，一些功能逊于 SAS，EVIEWS 等软件，但综合来看选择 SPSS 更符合本教材的配套要求。

6.1　时间序列分析步骤

本节作建模小结。有了样本数据，建模的步骤如下：

第一步　绘制时间序列图 (t, X_t)，$t=1, 2, \cdots, n$；由图形结合序列的背景，考察独立，平稳，趋势，周期情形。若有趋势项或周期项，则对于原始数据作差分 ($Y_t = X_t - X_{t-1}$ 或 $Y_t = X_t - X_{t-T}$，T 为周期)，直到近似平稳为止，这一步骤可以看作预处理过程。

（注意平稳的直观判别，平稳时的散点图 (t, X_t)，$t=1, 2, \cdots, n$ 应显示点在一条水平线上下摆动，左中右各群点的上下波动范围没有显著的差异，并且不带有明显的周期性）。

第二步　计算样本自协方差函数 $\{\hat{r}_k\}$ 或样本自相关函数 $\{\hat{\rho}_k\}$，并计算样本偏相关函数 $\{\hat{\alpha}_{kk}\}$，绘制相应的图像。

第三步　建模。

(1) 对预处理后的平稳序列用自相关，偏相关的截尾性质确定拟和类型 (AR，MA，$ARMA$)；

(2) 定阶，参数估计，并进行拟合检验；

(3) 若检验通不过，则分析原因，调整阶数重新估计和检验。

注 若 $\overline{X}$ 明显非零，应用 $Y_t = X_t - \overline{X}$ 来做分析。

6.2 SPSS在时间序列分析中的应用简介

SPSS 的全称是 statistical product and service solutions，可译为统计产品与服务解决方案。自 20 世纪 60 年代 SPSS 研发以来，已经历了多次版本更新，各种版本的 SPSS 大同小异，在本教材中选择的是 19.0 版本。

6.2.1 SPSS 的基本操作简介

1) 启动与关闭

(1) 启动。

键盘或鼠标操作步骤：[开始]→[程序]→[SPSS]，在它的次级菜单中点击[SPSS Statistics19]，即可启动 SPSS 软件，进入 SPSS 启动对话框，图 6.1 所示的是 SPSS 启动对话框。

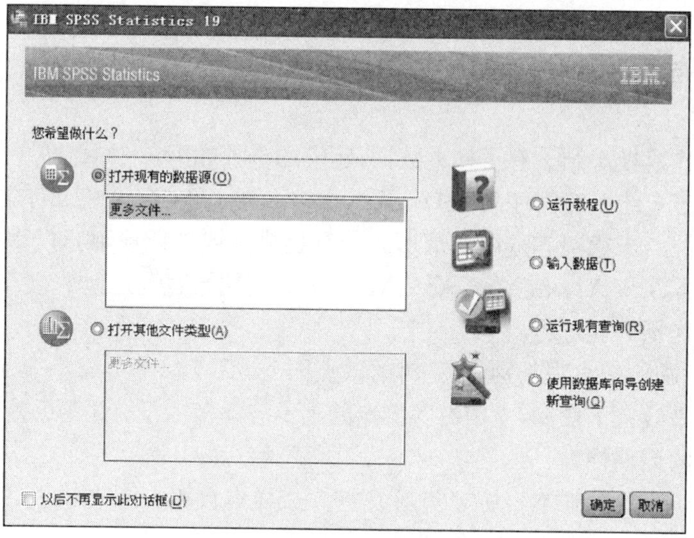

图 6.1 启动对话框截屏

(2) 退出。

SPSS 软件的退出：软件的退出方法与其他 Windows 应用程序相同，有两种常用的退出方法：① 使用菜单命令退出程序即[文件]→[退出]。② 直接单击 SPSS 窗口右上角的“关闭”按钮，并回答系统提出的是否存盘之后即可安全退出程序。

2）运行模式

运行模式有 3 种。

（1）批处理模式。

这种模式把已编好的程序作为一个文件，并提交运行。操作步骤：点击[开始]→[SPSS Statistics]→[实用程序]→[生产工作]，提交程序运行。

（2）完全窗口菜单运行模式。

这种模式通过选择窗口菜单和对话框完成各种操作。用户无须编程，操作简单易用。本教材主要介绍这种运行方式。

（3）程序运行模式。

这种模式是在 SPSS 的语法(Syntax)窗口中直接运行编写好的程序或者在脚本(Script)窗口中运行脚本程序的一种运行方式。这种运行模式要求掌握 SPSS 的语句或脚本语言。

3）主要窗口

SPSS 软件运行过程中会出现多个界面，各个界面用处不同。其中，最主要的界面有 3 个：数据编辑窗口、结果输出窗口和语法窗口。

（1）数据编辑窗口。

启动 SPSS 后看到的第一个窗口便是数据编辑窗口，如图 6.2 所示。而上面提到的启动对话框也在此窗口中出现。在数据编辑窗口中可以进行数据的录入、编辑以及变量属性的定义和编辑。它主要由以下几部分构成：标题栏、菜单栏、工具栏、编辑栏、变量名栏、观测序号、窗口切换标签、状态栏。

其中一些栏目注解如下：

标题栏：显示数据编辑的文件名，位于最上方。

菜单栏：菜单提供了几乎所有的 SPSS 操作的选择项。

工具栏：菜单项中常用的命令，当鼠标停留在某个工具栏按钮上时，会自动跳出一个文本框，提示当前按钮的功能。

编辑栏：输入数据。

状态栏：显示工作状态，位于最下方。

（2）结果输出窗口。

在 SPSS 中大多数统计分析结果都将以表和图的形式在结果观察窗口中显示。窗口右边部分显示统计分析结果，左边是导航窗口，用来显示输出结果的目

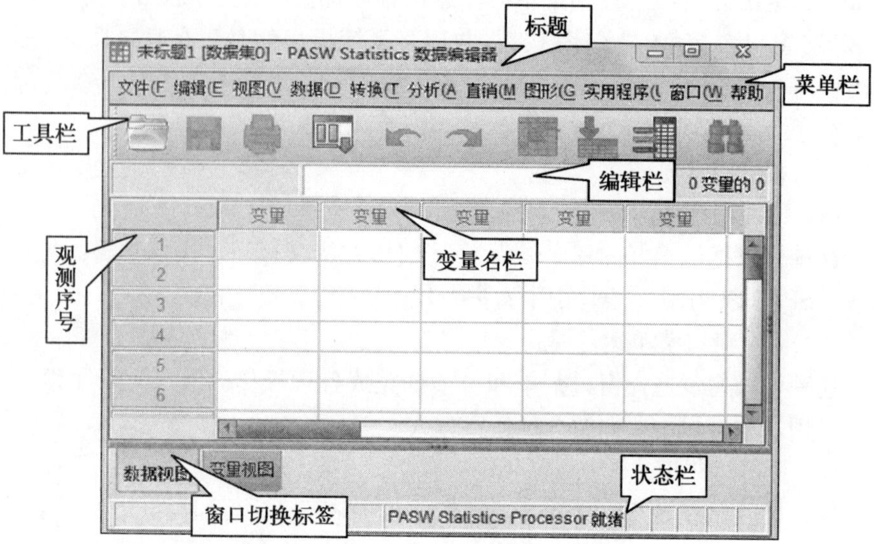

图 6.2　数据编辑窗口

录，可以通过单击目录来展开右边窗口中的统计分析结果。

(3) 语法窗口。

供编程；作为菜单外操作运行的另一种编程运行方式。

4) SPSS 变量的属性

SPSS 中的变量共有 10 个属性，分别是变量名(Name)、变量类型(Type)、长度(Width)、小数点位置(Decimals)、变量名标签(Label)、变量名值标签(Value)、缺失值(Missing)、数据列的显示宽度(Columns)、对奇方式(Align)和度量尺度(Measure)。定义一个变量至少要定义它的两个属性，即变量名和变量类型，其他属性可以暂时采用系统默认值，待以后分析过程中有需要时再对其进行设置。

在 SPSS 数据编辑窗口中单击“变量视窗”标签，进入变量视窗界面(见图 6.3)，即可对变量的各个属性进行设置。

6.2.2　建立数据文件

1) 创建一个新数据文件

创建一个新数据文件可分成三个步骤：

(1) 菜单栏点击[文件]→[新建]→[数据]来新建一个数据文件，进入数据编辑窗口。窗口顶部标题为“SPSS Statistics 数据编辑器”。

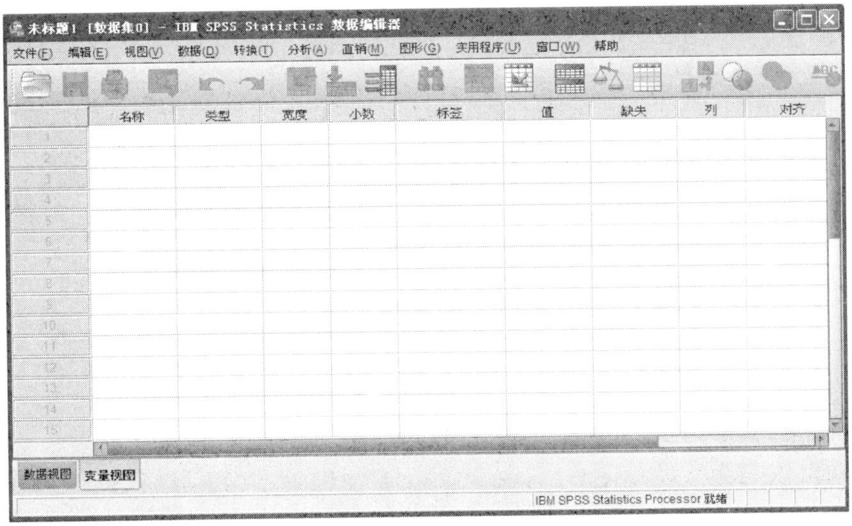

图 6.3　数据编辑窗口的“变量视窗”截屏

(2) 单击左下角[变量视窗]标签进入变量视图界面，定义每个变量类型。

(3) 变量定义完成以后，单击[数据视窗]标签进入数据视窗界面，将每个具体的变量值录入数据库单元格内。

2) 读取外部数据文件(仅介绍读取 Excel 数据)

当前版本的 SPSS 可以很容易地读取 Excel 数据，步骤如下：

(1) 菜单栏点击[文件]→[打开]→[数据]调出打开数据对话框，在文件类型下拉列表中选择数据 Excel 文件，如图 6.4 所示。

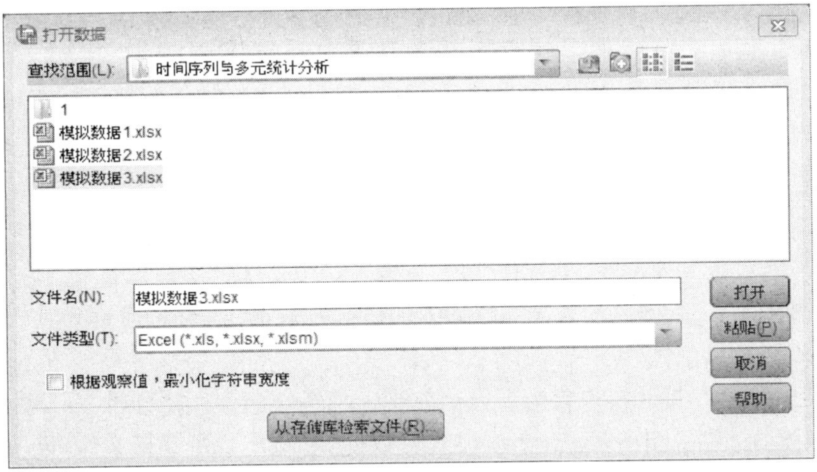

图 6.4　打开数据框截屏

(2) 选择要打开的 Excel 文件，点击“打开”按钮，如图 6.5 所示的是 SPSS 软件界面显示的数据源内容。

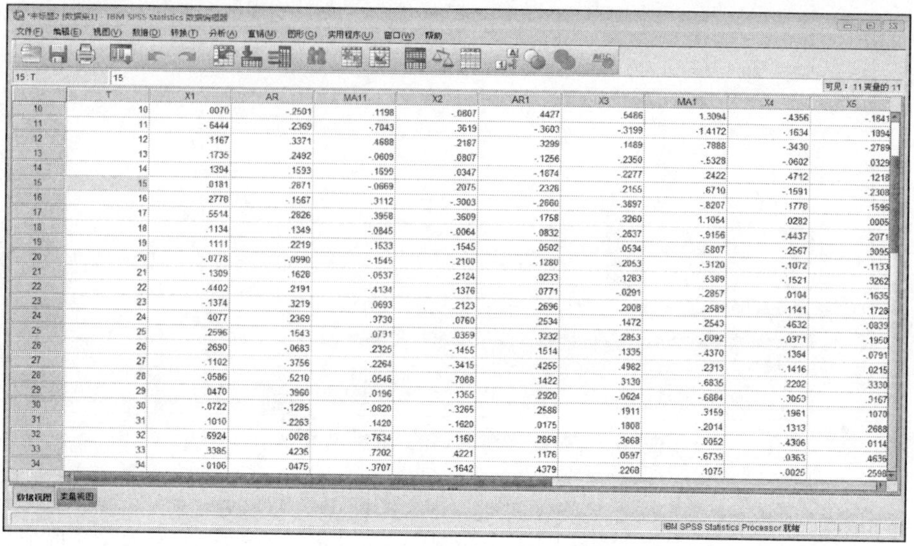

图 6.5　SPSS 窗口打开的 *Excel* 数据界面截屏

3) 数据编辑

在 SPSS 中，对数据进行基本编辑操作的功能集中在[编辑]和[数据]菜单中。

4) 数据保存

SPSS 数据录入并编辑整理完成以后应及时保存，以防数据丢失。保存数据文件可以通过菜单[文件]→[保存]或者[文件]→[另存为]方式来执行。如上述打开的数据文件现要以名称模拟数据保存(见图 6.6)，进入此界面后再单击保存就行了。后缀. sav 是 SPSS 文件名的专用代号。带有后缀. sav 的数据文件用 SPSS 可以直接打开。

6.2.3　绘制时间序列图

例 6.2.1　任务是要绘制文件名为模拟数据 1. sav 文件中变量 ma1 的时间序列图。

启动 SPSS 打开模拟数据 1. sav 文件后，菜单栏上点击[分析]→[预测]→[序列图]，如图 6.7 所示。

在序列图中，选中变量 Ma1，点击箭头按钮⇒把 Ma1 转入变量框(见图

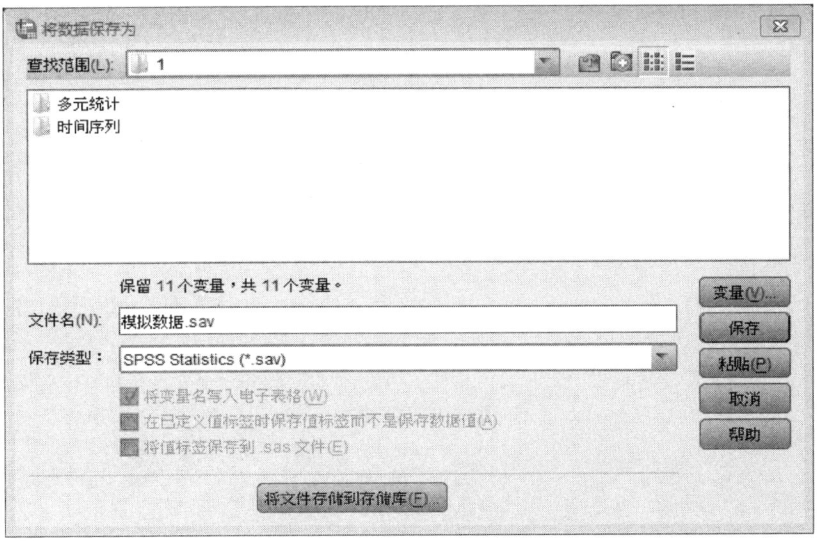

图 6.6　数据保存框截面

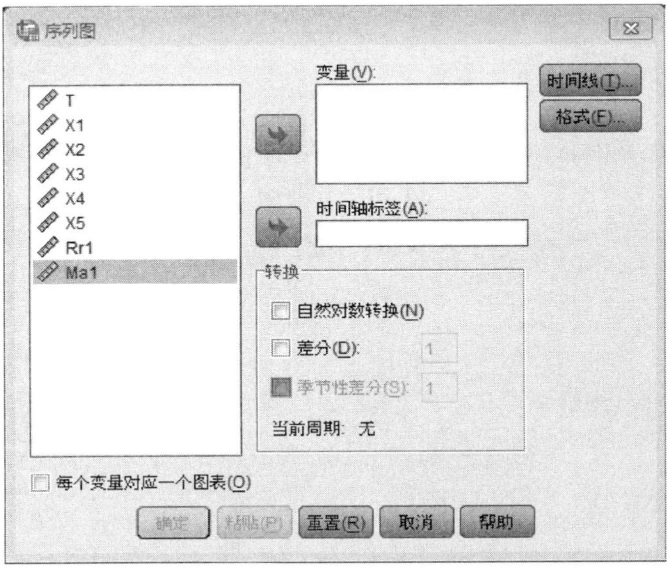

图 6.7　序列图对话框截屏

6.8)。

点击确定，在输出窗口中，得到如图 6.9 所示的时间序列图。

从图 6.9 可知，该时间序列是平稳的。

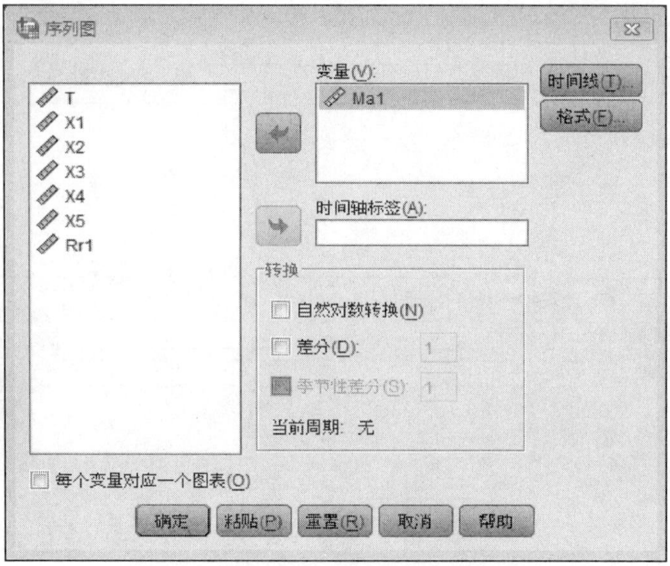

图 6.8　操作示意图

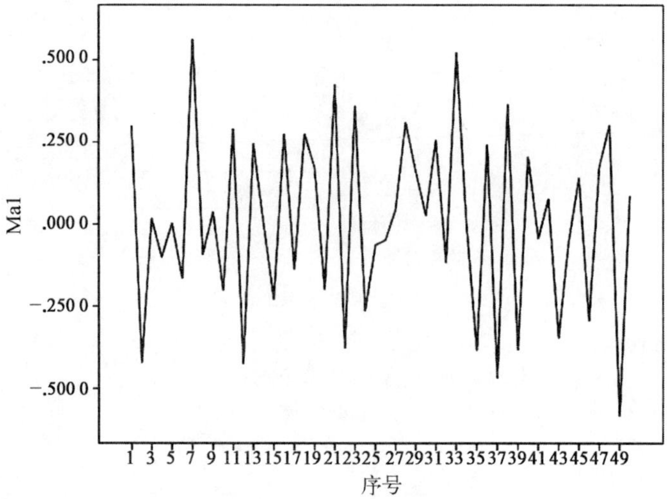

图 6.9　时间序列图

6.2.4　绘制自相关函数和偏相关函数图

例 6.2.2　任务是要绘制文件名为模拟数据. sav 中变量名为 AR 序列的自相关函数和偏相关函数图。

打开模拟数据.sav 文件后，菜单栏上点击[分析]→[预测]→[自相关]，在自相关窗口中选中变量 AR 点击箭头按钮⇒，把 AR 转入变量框(见图 6.10)。

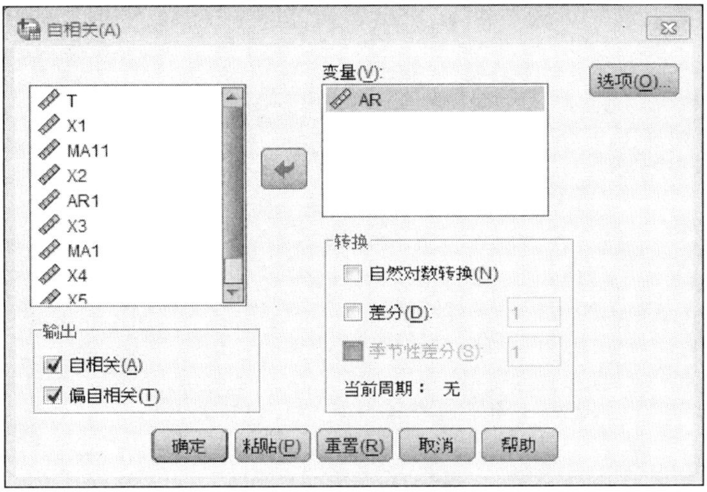

图 6.10　操作示意图

点击确定后，在输出窗口中，得到如表 6.1～表 6.2，图 6.11～图 6.12 所示结果。

表 6.1　自 相 关 表

序列：AR

滞后	自相关	标准 误差[a]	Box-Ljung 统计量		
			值	df	Sig.[b]
1	0.538	0.137	15.351	1	0.000
2	0.265	0.136	19.168	2	0.000
3	0.137	0.134	20.206	3	0.000
4	0.205	0.133	22.580	4	0.000
5	0.244	0.132	26.026	5	0.000
6	0.224	0.130	28.983	6	0.000
7	0.169	0.129	30.706	7	0.000
8	0.000	0.127	30.706	8	0.000
9	0.028	0.126	30.756	9	0.000
10	−0.020	0.124	30.781	10	0.001
11	0.009	0.122	30.786	11	0.001
12	−0.073	0.121	31.148	12	0.002
13	−0.071	0.119	31.506	13	0.003
14	−0.033	0.118	31.587	14	0.005
15	−0.012	0.116	31.597	15	0.007
16	−0.016	0.114	31.616	16	0.011

a. 假定的基础过程是独立性(白噪声)。

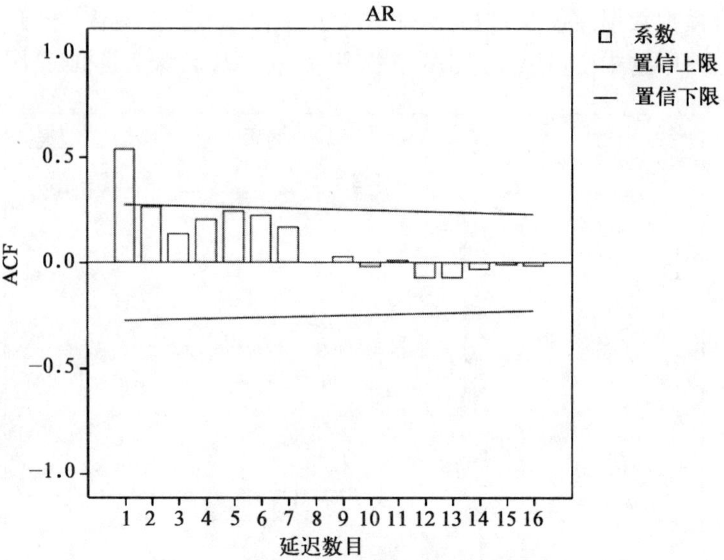

图 6.11　自相关序列图

表 6.2　偏 自 相 关 表

序列：AR

滞后	偏自相关	标准 误差
1	0.538	0.141
2	−0.034	0.141
3	0.011	0.141
4	0.188	0.141
5	0.086	0.141
6	0.038	0.141
7	0.025	0.141
8	−0.177	0.141
9	0.091	0.141
10	−0.119	0.141
11	0.007	0.141
12	−0.104	0.141
13	0.013	0.141
14	0.055	0.141
15	0.014	0.141
16	−0.021	0.141

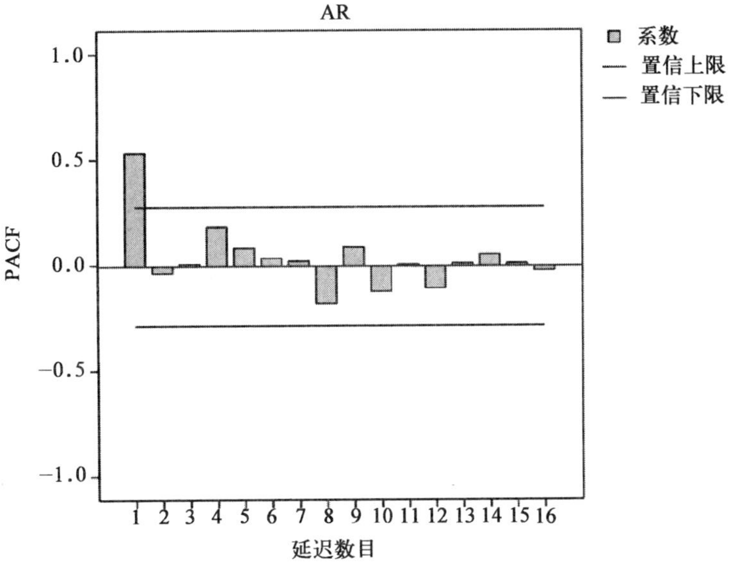

图 6.12　偏相关序列图

再用上述方法绘制此时间序列图(见图 6.13)。

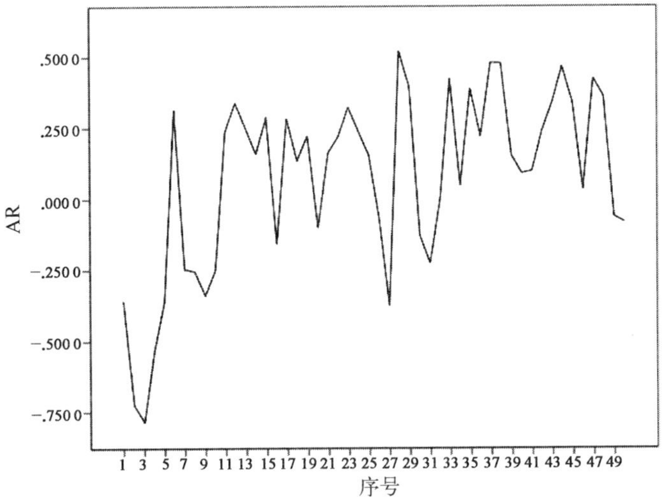

图 6.13　一阶差分后序列图

从图 6.13 可知该时间序列为零均值平稳序列,从图 6.11～图 6.12(一般还要结合数据)可知,自相关函数显示较低步不截尾,而偏相关函数显示一步截尾,说明选择 AR(1)模型是合适的。

6.2.5 AR、MA、ARMA 和 ARIMA 序列的建模

上面已说明例 6.2.2 的序列建立 AR(1)模型是合适的，下面介绍应用 SPSS 来建立它的模型方法。建模先要做两步准备工作，定义序列的时间(日期)及其范围。

1) 定义日期表示方法

应用 SPSS 打开序列数据所在文件，点击菜单栏上[数据]→[定义日期]，在弹出的定义日期对话框，在左面选择日期组合；在右面输入待分析的第一项日期组合，如图 6.14 所示。

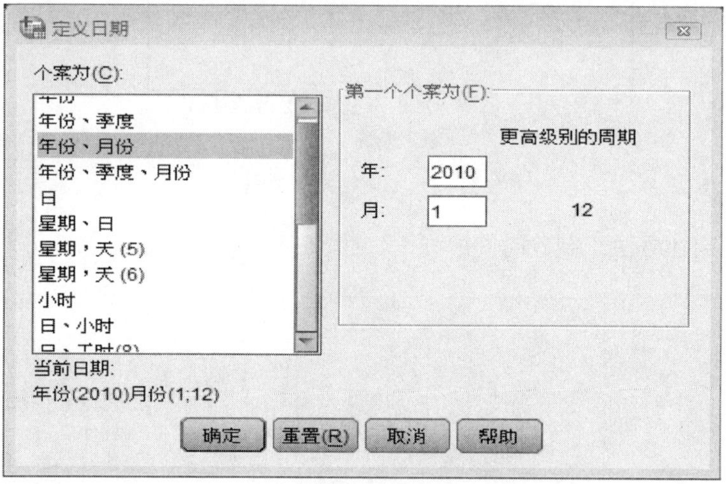

图 6.14 定义日期对话框截屏

点击[确定]后，数据文件中会生成新的日期列，如图 6.15 所示。

2) 定义日期范围

定义日期单位设置好后，接着要设置日期范围。点击菜单栏上[数据]→[选择个案]，在弹出的定义个案对话框上的选择框选中[基于时间或个案全距](见图 6.16)。然后点击下方的[范围]，在弹出的子对话框[选择个案：范围]输入待分析的时间序列的首项和末项日期，如图 6.17 所示。

在图 6.17 所示的框点击[继续]，回到前框再点击[确定]，日期范围也就设置好了。

3) 建立模型

菜单栏上点击[分析]→[预测]→[创建模型]，在弹出的[时间序列建模器]

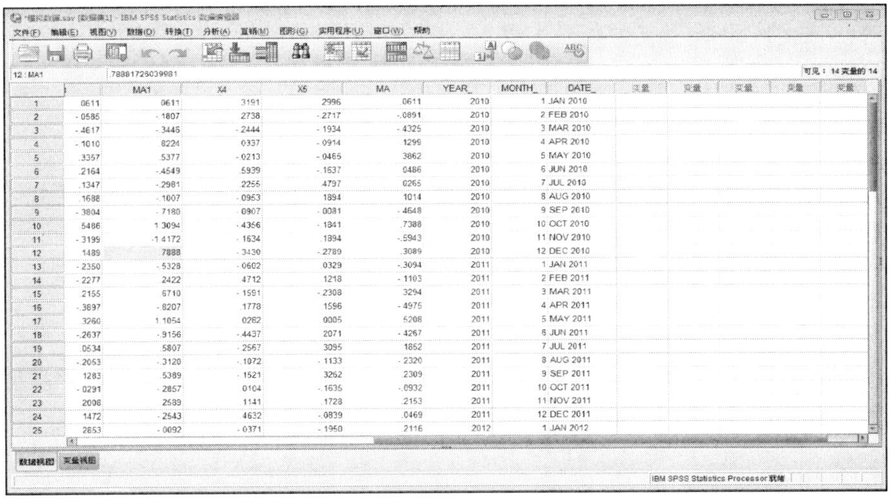

图 6.15　数据文件变动示意图

图 6.16　选择个案对话框截屏

图 6.17　子对话框截屏

框中选中 AR,点击箭头按钮,把 AR 转入因变量框,把日期变量转入自变量框,在方法下拉菜单中选择 ARIMA(见图 6.18)。

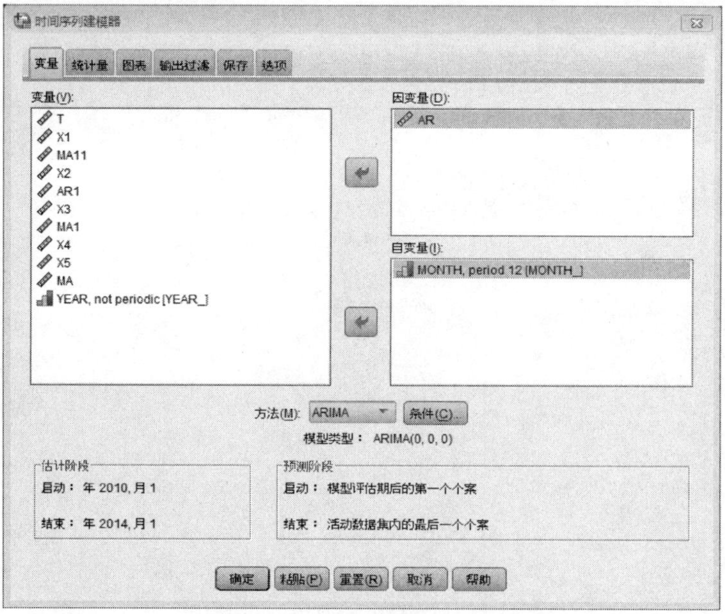

图 6.18　时间序列建模器对话框截屏

再点击[条件],在弹出的子对话框中输入各个阶数。

注: AR(p) = ARIMA(p, 0, 0)(0, 0, 0); MA(q) = ARIMA(0, 0, q)(0, 0, 0); ARMA(p, q) = ARIMA(p, 0, q) (0, 0, 0)。

而本序列为 AR(1) = ARIMA(1, 0, 0)(0, 0, 0)。如图 6.19 输入阶数,输好后点击[继续],回到[时间序列建模器]对话框,点击[统计量],进入复选框后除默认的加选[显示预测值]和[参数估计]两项(见图 6.20)。

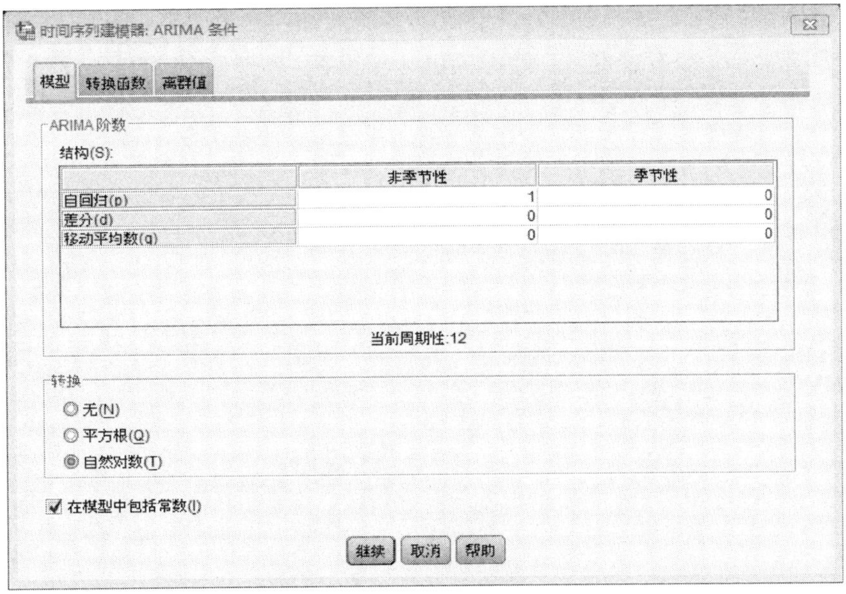

图 6.19　子对话框处理示意图

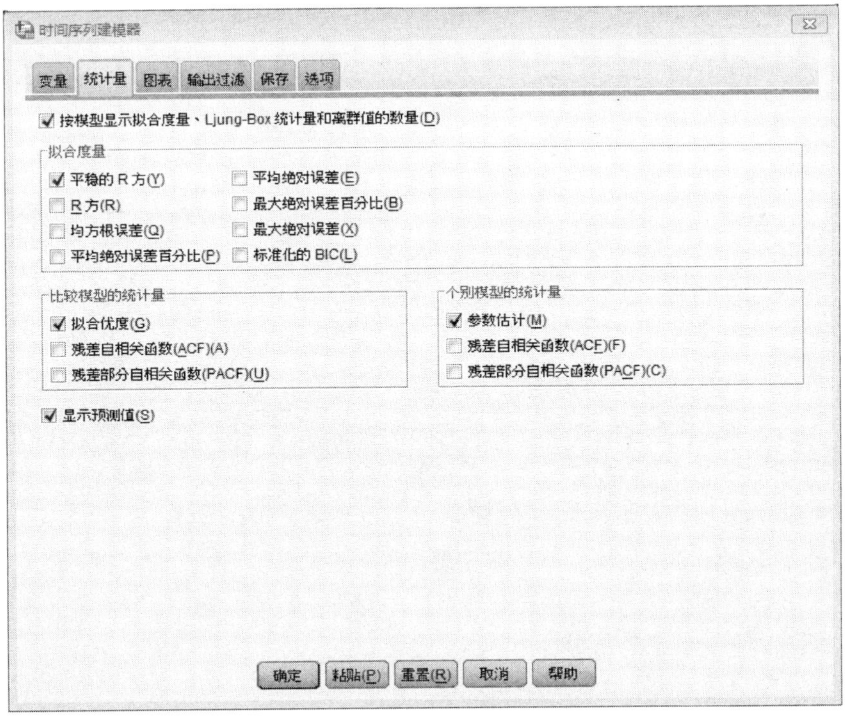

图 6.20　子对话框处理示意图

点击[图表],在选择框上选择保存预测值和噪声残值两项;再点击[保存],在选择框上选择保存预测值和噪声残值两项,然后点击[确定]。运行后在输出窗口有所需要的结果。选择其中一部分(见表 6.3～表 6.5)。

表 6.3 模型统计量

模 型	预测变量数	模型拟合统计量	Ljung-Box Q(18)			离群值数
		平稳的 R 方	统计量	DF	Sig.	
AR-模型_1	1	0.314	7.129	17	0.982	0

注:AR, MA, ARMA, ARIMA 模型的有效性可以归结为残差序列的独立同分布检验,上表中的结果的 Ljung-Box Q(18)检验方法是检验残差序列的独立性,由检验的 P(Sig.)=0.892 远大于 0.05,因此可以认为有效性检验通过。

表 6.4 *ARIMA* 模型参数

					估计	SE	t	Sig.
AR-模型_1 AR		无转换	常数		0.008	0.125	0.067	0.947
			AR	滞后 1	0.536	0.126	4.265	0.000
	MONTH, period 12	无转换	分子	滞后 0	0.011	0.014	0.744	0.461

由上表数据可得所建立的模型为

$$X_t = 0.008 + 0.536X_{t-1} + \varepsilon_t$$

表 6.5 预 测

模型		2014 年一月	2014 年二月
AR-模型_1	预测	0.139 4	0.094 2
	UCL	0.685 3	0.713 7
	LCL	−0.406 6	−0.525 3

注:对于每个模型,预测都在请求的预测时间段范围内的最后一个非缺失值之后开始,在所有预测值的非缺失值都可用的最后一个时间段或请求预测时间段的结束日期(以较早者为准)结束。

表 6.5 给出了一步、二步点的预测和区间预测。

图 6.21 给出了原时间序列图,拟合图及预测图。

6.3 时间序列分析实例

下面举一个时间序列分析实例,数据如表 6.6 所示,本节的图表(除表 6.6

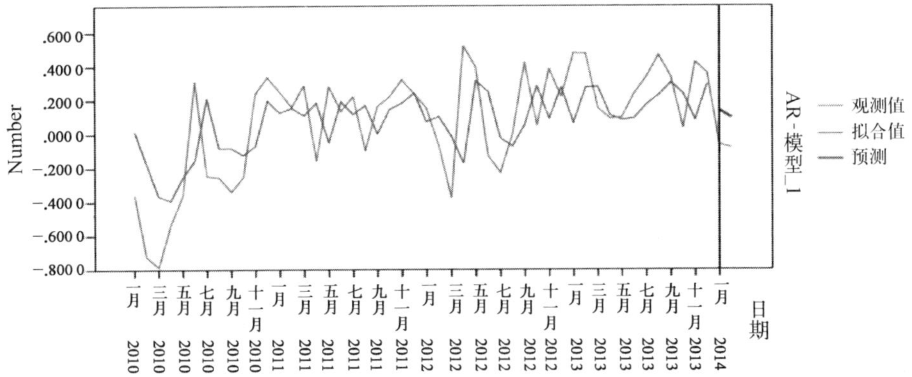

图 6.21　原序列线、拟合线和预测点连线

外)均使用 SPSS 软件得到。

例 6.3.1　表 6.6 是我国某地区一段时期农业产值数据表,要求应用 SPSS 对此时间序列进行建模和预测。

表 6.6　某地区农业产值数据表

年份(T)	农业产值(Y)	年份(T)	农业产值(Y)
1952	100	1971	142
1953	101.6	1972	140.5
1954	103.3	1973	153.1
1955	111.5	1974	159.2
1956	116.5	1975	162.3
1957	120.1	1976	159.1
1958	120.3	1977	155.1
1959	100.6	1978	161.2
1960	83.6	1979	171.5
1961	84.7	1980	168.4
1962	88.7	1981	180.4
1963	98.9	1982	201.6
1964	111.9	1983	218.7
1965	122.9	1984	247
1966	131.9	1985	253.7
1967	134.2	1986	261.4
1968	131.6	1987	273.2
1969	132.2	1988	279.4
1970	139.8		

分析过程:

第一步　绘制时间序列图(见图 6.22)。

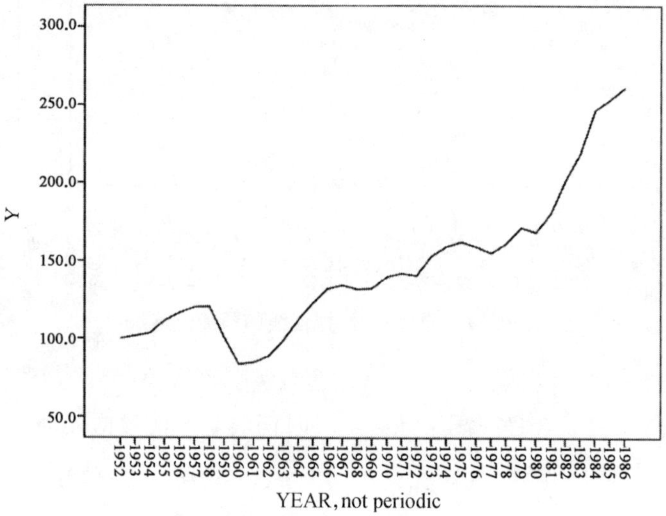

图 6.22　时间序列图

从时间序列图可知,原序列是有明显的上升趋势的非平稳序列,需要差分处理。一阶差分后的图像如图 6.23 所示。

从图 6.23 可见一阶差分后的时间序列已近似平稳。当图像显示近似平稳时,就可以考虑下一步工作,应注意避免过度差分,因为过度差分会造成信息损失。

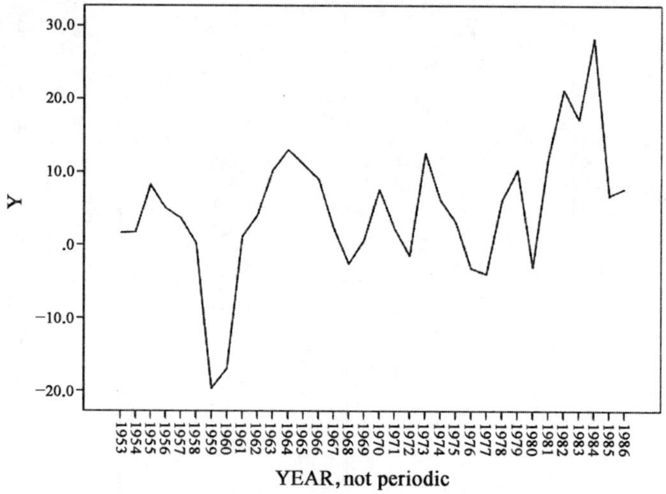

图 6.23　一阶差分后时间序列图

第二步　计算自相关函数和偏相关函数并作图(见表 6.7 和表 6.8;图 6.24 和图 6.25)。

表 6.7　自 相 关 表

序列：Y 的差分序列

滞后	自相关	标准 误差[a]	Box-Ljung 统计量		
			值	Df	Sig.[b]
1	0.537	0.164	10.701	1	0.001
2	0.205	0.162	12.315	2	0.002
3	0.031	0.159	12.353	3	0.006
4	−0.189	0.157	13.808	4	0.008
5	−0.153	0.154	14.802	5	0.011
6	−0.150	0.151	15.786	6	0.015
7	−0.136	0.149	16.628	7	0.020
8	0.082	0.146	16.943	8	0.031
9	0.163	0.143	18.237	9	0.033
10	0.010	0.140	18.242	10	0.051
11	−0.008	0.137	18.245	11	0.076
12	−0.038	0.134	18.325	12	0.106
13	−0.089	0.131	18.783	13	0.130
14	−0.124	0.128	19.723	14	0.139
15	−0.051	0.125	19.890	15	0.176
16	0.036	0.121	19.980	16	0.221

a. 假定的基础过程是独立性(白噪声)。
b. 基于渐近卡方近似。

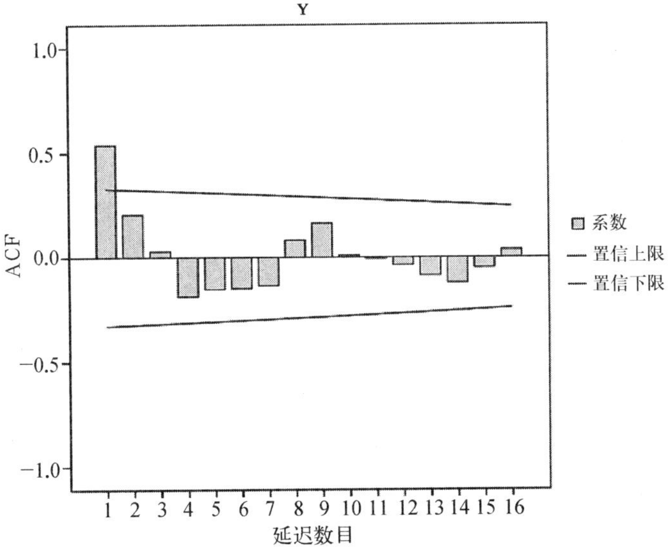

图 6.24　一阶差分序列自相关函数图像表

表 6.8　偏自相关表

序列：Y 的差分序列

滞后	偏自相关	标准 误差
1	0.537	0.171
2	−0.117	0.171
3	−0.042	0.171
4	−0.236	0.171
5	0.102	0.171
6	−0.118	0.171
7	−0.011	0.171
8	0.195	0.171
9	0.034	0.171
10	−0.238	0.171
11	0.055	0.171
12	0.033	0.171
13	−0.055	0.171
14	−0.155	0.171
15	0.227	0.171
16	0.008	0.171

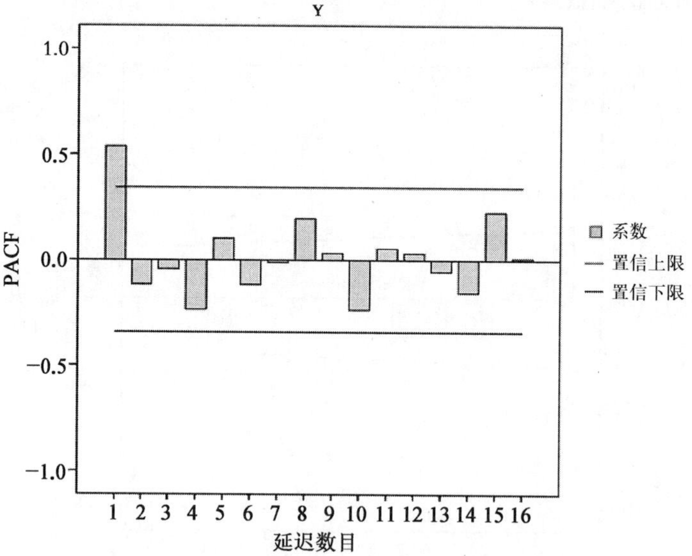

图 6.25　一阶差分序列偏相关函数图像表

从上面的两表和两图可知，判定自相关函数一步截尾比偏相关函数一步截尾更具有说服力。理由是：① 数据接近 0 的程度；② 函数值突然下降后，后续有无反弹情况。

因此差分后序列选择 $MA(1)$模型更合适。

注　一个平稳序列不可能既是 $AR(p)$序列又是 $MA(q)$序列。

表 6.9　模型描述

		模型类型
模型 ID　Y	模型_1	ARIMA(0, 1, 1)

一阶差分后序列为 $MA(1)$序列，原序列为 $ARIMA(0, 1, 1)$（见表 6.9）。

表 6.10　模型统计量

模　型	预测变量数	模型拟合统计量	Ljung-Box Q(18)			离群值数
		平稳的 R 方	统计量	DF	Sig.	
Y-模型_1	1	0.372	16.998	17	0.455	0

表 6.10 显示拟合检验的 P 值(Sig)远大于 0.05，残差序列可以认为是独立同分布的，即模型有效。表 6.11 给出了模型的参数。

表 6.11　*ARIMA* 模型参数

					估计	SE	t	Sig.
Y-模型_1　Y		无转换	常数		−758.469	402.085	−1.886	0.069
			差分		1			
			MA	滞后 1	−0.612	0.161	−3.809	0.001
	YEAR, not periodic	无转换	分子	滞后 0	0.388	0.204	1.899	0.067

由表 6.11 的结果可以得到模型的表达式：

$$Y_t - Y_{t-1} = -758.469 + \varepsilon_t - 0.612\varepsilon_{t-1}$$

在本例的分析中，日期单位设置：年，第一日期：1952；日期范围设置：1952—1986；把最后两年 1987，1988 作为预测用。

表 6.12 给出了两年的点预测和区间预测。

表 6.12 预　测

模型		1987	1988
Y-模型_1	预测	276.0	288.1
	UCL	291.2	317.0
	LCL	260.7	259.1

注：对于每个模型，预测都在请求的预测时间段范围内的最后一个非缺失值之后开始，在所有预测值的非缺失值都可用的最后一个时间段或请求预测时间段的结束日期(以较早者为准)结束。

由表 6.12 可知，点预测和区间预测的结果为

$$\hat{Y}_{1987} = 276.0;\ \hat{Y}_{1987} \in [260.7,\ 291.2]$$

$$\hat{Y}_{1987} = 288.1;\ \hat{Y}_{1987} \in [259.1,\ 317.0]$$

这两年的实际值依次为：$Y_{1987} = 273.2$，$Y_{1988} = 279.4$，可见预测效果非常好。图 6.26 给出了原时间序列线、拟合线和预测点连线图。

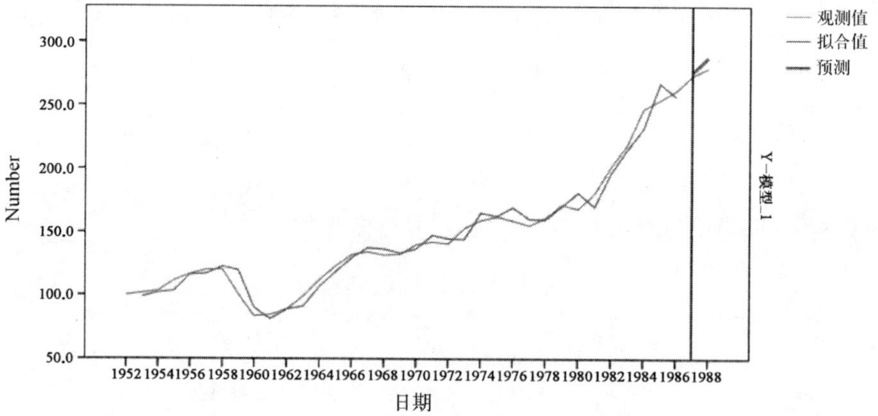

图 6.26　原序列线、拟合线和预测点连线

从图 6.26 可见拟合效果也很理想，可以说本例是应用 SPSS 时间序列分析的成功实例。

习　题　6

1. 数据见第 1 章的例 1.1.1 太阳黑子数数据：(1) 试应用 SPSS 绘制时间序列图；(2) 德国业余天文学家施瓦尔发现太阳黑子的活动具有 11 年左右的周期，试应用 SPSS 绘制进行 11 步季节差分后的时间序列图。

2. 下表为 1950—1998 年北京市城乡居民定期储蓄比例序列(单位：%)。

年　份	定期储蓄	年　份	定期储蓄	年　份	定期储蓄
1951	63.1	1967	81.4	1983	82.3
1952	71	1968	84	1984	80.9
1953	76.3	1969	82.9	1985	80.3
1954	70.5	1970	83.5	1986	81.3
1955	80.5	1971	83.2	1987	81.6
1956	73.6	1972	82.2	1988	83.4
1957	75.2	1973	83.2	1989	88.2
1958	69.1	1974	83.5	1990	89.6
1959	71.4	1975	83.8	1991	90.1
1960	73.6	1976	84.5	1992	88.2
1961	78.8	1977	84.8	1993	87
1962	84.4	1978	83.9	1994	87
1963	84.1	1979	83.9	1995	88.3
1964	83.3	1980	81	1996	87.8
1965	83.1	1981	82.2	1997	84.7
1966	81.6	1982	82.7	1998	80.2

试建立该时间序列合适的模型。

3. 下表中数据是北京市的年最高温度数据(单位：℃)。

年　份	最高温度	年　份	最高温度	年　份	最高温度
1949	38.8	1967	35.8	1985	35.1
1950	35.6	1968	40.1	1986	38.5
1951	38.3	1969	35.9	1987	36.1
1952	39.6	1970	35.3	1988	38.1
1953	37	1971	35.2	1989	35.8
1954	33.4	1972	39.5	1990	37.5
1955	39.6	1973	37.5	1991	35.7
1956	34.6	1974	35.8	1992	37.5
1957	36.2	1975	38.4	1993	35.8
1958	37.6	1976	35	1994	37.2
1959	36.8	1977	34.1	1995	35
1960	38.1	1978	37.5	1996	36
1961	40.6	1979	35.9	1997	38.2
1962	37.1	1980	35.1	1998	37.2
1963	39	1981	38.1		
1964	37.5	1982	37.3		
1965	38.5	1983	37.2		
1966	37.5	1984	36.1		

试建立该时间序列合适的模型。

4. 表中是我国 1964—1999 年棉纱年产量数据(单位：万吨)。

年　份	纱产量	年　份	纱产量	年　份	纱产量
1964	97	1976	196	1988	465.7
1965	130	1977	223	1989	476.7
1966	156.5	1978	238.2	1990	462.6
1967	135.2	1979	263.5	1991	460.8
1968	137.7	1980	292.6	1992	501.8
1969	180.5	1981	317	1993	501.5
1970	205.2	1982	335.4	1994	489.5
1971	190	1983	327	1995	542.3
1972	188.6	1984	321.9	1996	512.2
1973	196.7	1985	353.5	1997	559.8
1974	180.3	1986	397.8	1998	542
1975	210.8	1987	436.8	1999	567

试建立 ARIMA 模型并预测 2000 年纱年产量。

5. 表中数据是 1952—1988 年两项指标数数据(单位：亿元)。

年　份	纯收入	消费支出	年　份	纯收入	消费支出
1978	133.6	116.1	1991	708.6	619.8
1979	160.7	134.5	1992	784	659.8
1980	191.3	162.2	1993	921.6	769.7
1981	223.4	190.8	1994	1 221	1 016.8
1982	270.1	220.2	1995	1 577.7	1 310.4
1983	309.8	248.3	1996	1 926.1	1 572.1
1984	355.3	273.8	1997	2 090.1	1 617.2
1985	397.6	317.4	1998	2 162	1 590.3
1986	423.8	357	1999	2 210.3	1 577.4
1987	462.6	398.3	2000	2 253.4	1 670.1
1988	544.9	476.7	2001	2 366.4	1 741
1989	601.5	535.4	2002	2 476	1 834
1990	686.3	584.6			

试分别对两个时间序列作一步和二步预测。

第 2 部分

多元统计分析部分

第 7 章　多元统计分析基础

多元统计分析也是数理统计应用较广的一个分支。由于现象、事物的复杂性，常常需要把多种现象、事物放在一起考察，若现象、事物能用变量描述，则需要考察多变量情形。多元统计分析的研究对象为多变量，也可以说是多总体。多元统计分析的内容已很丰富了，本书主要介绍其中实用性强的五种应用方法。

7.1　统计量及其分布

7.1.1　几个最常用统计量

我们知道统计量是统计推断的基础，先定义几个在多元统计分析中最常用的统计量。

定义 7.1.1　设 $\boldsymbol{X}$ 表示一个 p 维总体，来自 $\boldsymbol{X}$ 的样本为 $\boldsymbol{X}_1, \boldsymbol{X}_2, \cdots, \boldsymbol{X}_n$，称 $\overline{\boldsymbol{X}} = \frac{1}{n}\sum_{i=1}^{n}\boldsymbol{X}_i$，$\boldsymbol{S} = \sum_{i=1}^{n}(\boldsymbol{X}_i - \overline{\boldsymbol{X}})(\boldsymbol{X}_i - \overline{\boldsymbol{X}})^{\mathrm{T}}$ 分别为样本均值向量，样本离差矩阵，称 $\frac{1}{n}\boldsymbol{S}$ 为样本协方差矩阵。

定理 7.1.1　设 $\boldsymbol{X}$ 表示一个 p 维总体，记 $\boldsymbol{X}$ 的均值向量，协方差矩阵分别为 $\boldsymbol{\mu}$ 和 $\boldsymbol{\Sigma}$，即 $E\boldsymbol{X} = \boldsymbol{\mu}$, $D\boldsymbol{X} = \boldsymbol{\Sigma}$。来自 $\boldsymbol{X}$ 的样本为 $\boldsymbol{X}_1, \boldsymbol{X}_2, \cdots, \boldsymbol{X}_n$，则 $E\overline{\boldsymbol{X}} = \boldsymbol{\mu}$, $E\frac{1}{n-1}\boldsymbol{S} = \boldsymbol{\Sigma}$，即 $\overline{\boldsymbol{X}}$, $\frac{1}{n-1}\boldsymbol{S}$ 分别是 $\boldsymbol{\mu}$, $\boldsymbol{\Sigma}$ 的无偏估计。

证明　由 $E\overline{\boldsymbol{X}} = \frac{1}{n}\sum_{i=1}^{n}E\boldsymbol{X}_i = \frac{1}{n}\sum_{i=1}^{n}\boldsymbol{\mu} = \boldsymbol{\mu}$，知 $\overline{\boldsymbol{X}}$ 是 $\boldsymbol{\mu}$ 的无偏估计。

为证明方便设 $\boldsymbol{Y}_i = \boldsymbol{X}_i - \boldsymbol{\mu}$, $i = 1, 2, \cdots, n$，则 $E\boldsymbol{Y}_i = \boldsymbol{0}$, $i = 1, 2, \cdots, n$; $D\boldsymbol{Y} = \boldsymbol{\Sigma}$,

$$
\begin{aligned}
E\frac{1}{n-1}\boldsymbol{S} &= E\frac{1}{n-1}\sum_{i=1}^{n}(\boldsymbol{X}_i - \overline{\boldsymbol{X}})(\boldsymbol{X}_i - \overline{\boldsymbol{X}})^{\mathrm{T}} \\
&= E\frac{1}{n-1}\sum_{i=1}^{n}(\boldsymbol{Y}_i - \overline{\boldsymbol{Y}})(\boldsymbol{Y}_i - \overline{\boldsymbol{Y}})^{\mathrm{T}}
\end{aligned}
$$

$$= E\,\frac{1}{n-1}\sum_{i=1}^{n}(\boldsymbol{Y}_i-\overline{\boldsymbol{Y}})\boldsymbol{Y}_i^{\mathrm{T}} - E\,\frac{1}{n-1}\sum_{i=1}^{n}(\boldsymbol{Y}_i-\overline{\boldsymbol{Y}})\,\overline{\boldsymbol{Y}}^{\mathrm{T}}$$

$$= \frac{1}{n-1}\sum_{i=1}^{n}E(\boldsymbol{Y}_i-\overline{\boldsymbol{Y}})\boldsymbol{Y}_i^{\mathrm{T}} - 0$$

$$= \frac{1}{n-1}\sum_{i=1}^{n}E\boldsymbol{Y}_i\boldsymbol{Y}_i^{\mathrm{T}} - \frac{1}{n-1}\sum_{i=1}^{n}E\overline{\boldsymbol{Y}}\boldsymbol{Y}_i^{\mathrm{T}}$$

$$= \frac{1}{n-1}\sum_{i=1}^{n}\boldsymbol{\Sigma} - \frac{1}{n-1}\sum_{i=1}^{n}E\,\frac{1}{n}\boldsymbol{Y}_i\cdot\boldsymbol{Y}_i^{\mathrm{T}}$$

$$= \frac{n\boldsymbol{\Sigma}}{n-1} - \frac{1}{n-1}\,\frac{1}{n}n\boldsymbol{\Sigma} = \boldsymbol{\Sigma}$$

所以 $\frac{1}{n-1}\boldsymbol{S}$ 是 $\boldsymbol{\Sigma}$ 的无偏估计。

利用样本均值向量 $\overline{\boldsymbol{X}}$，样本协方差矩阵 $\boldsymbol{S}$ 可以定义总体均值向量 $\boldsymbol{\mu}$，协方差矩阵 $\boldsymbol{\Sigma}$ 的矩估计。

定义 7.1.2 设 $\boldsymbol{X}$ 表示一个 p 维总体，$\boldsymbol{X}$ 的均值向量，协方差矩阵分别为 $\boldsymbol{\mu}$, $\boldsymbol{\Sigma}$，样本均值向量为 $\overline{\boldsymbol{X}}$，样本协方差矩阵为 $\boldsymbol{S}$，定义 $\boldsymbol{\mu}$, $\boldsymbol{\Sigma}$ 的矩估计 $\hat{\boldsymbol{\mu}} = \overline{\boldsymbol{X}}$，$\hat{\boldsymbol{\Sigma}} = \frac{1}{n}\boldsymbol{S}$。

显然有 $\hat{\boldsymbol{\mu}}$ 是 $\boldsymbol{\mu}$ 的无偏估计，而 $\hat{\boldsymbol{\Sigma}}$ 是 $\boldsymbol{\Sigma}$ 的渐进无偏估计。

7.1.2 基于来自多维正态总体样本的统计量的分布

定理 7.1.2 设总体 $\boldsymbol{X} \sim N_p(\boldsymbol{\mu}, \boldsymbol{\Sigma})$，来自 $\boldsymbol{X}$ 的样本为 $\boldsymbol{X}_1, \boldsymbol{X}_2, \cdots, \boldsymbol{X}_n$，则：

(1) $\overline{\boldsymbol{X}} \sim N_p\left(\boldsymbol{\mu}, \frac{1}{n}\boldsymbol{\Sigma}\right)$；(2) 存在相互独立的正态变量 $\boldsymbol{Y}_1, \boldsymbol{Y}_2, \cdots, \boldsymbol{Y}_{n-1}$ 服从 $N_p(\boldsymbol{0}, \boldsymbol{\Sigma})$ 使 $\boldsymbol{S} = \sum_{i=1}^{n-1}\boldsymbol{Y}_i\boldsymbol{Y}_i^{\mathrm{T}}$；(3) $\overline{\boldsymbol{X}}$ 与 $\boldsymbol{S}$ 相互独立；(4) $\boldsymbol{S} > 0$(即 $\boldsymbol{S}$ 为正定矩阵)的充要条件是 $n > p$。

证明 (1)的结果由正态分布的性质(见附录)即可得到。

(2) 令 $(\boldsymbol{Y}_1, \boldsymbol{Y}_2, \cdots, \boldsymbol{Y}_n) = (\boldsymbol{X}_1-\boldsymbol{\mu}, \boldsymbol{X}_2-\boldsymbol{\mu}, \cdots, \boldsymbol{X}_n-\boldsymbol{\mu})\boldsymbol{\Gamma}$，其中 $\boldsymbol{\Gamma}$ 是一个正交矩阵，且 $\boldsymbol{\Gamma} = (h_{ij})$，$h_{in} = \frac{1}{\sqrt{n}}$，$i=1, 2, \cdots, n$，则 $\boldsymbol{Y}_n = \frac{1}{\sqrt{n}}\sum_{i=1}^{n}(\boldsymbol{X}_i-\boldsymbol{\mu}) = \sqrt{n}(\overline{\boldsymbol{X}}-\boldsymbol{\mu})$

$$\boldsymbol{Y}_i \sim N_p(E\boldsymbol{Y}_i, D\boldsymbol{Y}_i), \ E\boldsymbol{Y}_i = E\sum_{j=1}^{n} h_{ji}(\boldsymbol{X}_j - \boldsymbol{\mu}) = \boldsymbol{0},$$

$$D\boldsymbol{Y}_i = \sum_{k=1}^{n}\sum_{j=1}^{n} h_{ji}h_{ki}\operatorname{cov}(\boldsymbol{X}_j, \boldsymbol{X}_k) = \sum_{j=1}^{n} h_{ji}^2 \cdot \boldsymbol{\Sigma} = \boldsymbol{\Sigma}$$

$$\therefore \boldsymbol{Y}_i \sim N_p(\boldsymbol{0}, \boldsymbol{\Sigma}), \ i = 1, 2, \cdots, n-1$$

$\operatorname{cov}(\boldsymbol{Y}_i, \boldsymbol{Y}_j) = \sum_{k=1}^{n}\sum_{l=1}^{n} h_{li}h_{kj}\operatorname{cov}(\boldsymbol{X}_l, \boldsymbol{X}_k) = \boldsymbol{0}, \ i \neq j$，又$(\boldsymbol{Y}_1^{\mathrm{T}}, \boldsymbol{Y}_2^{\mathrm{T}}, \cdots, \boldsymbol{Y}_n^{\mathrm{T}})$服从正态分布，所以$\boldsymbol{Y}_1, \boldsymbol{Y}_2, \cdots, \boldsymbol{Y}_n$相互独立。

$$\begin{aligned}
\boldsymbol{S} &= \sum_{i=1}^{n}(\boldsymbol{X}_i - \overline{\boldsymbol{X}})(\boldsymbol{X}_i - \overline{\boldsymbol{X}})^{\mathrm{T}} \\
&= \sum_{i=1}^{n}(\boldsymbol{X}_i - \boldsymbol{\mu} + \boldsymbol{\mu} - \overline{\boldsymbol{X}})(\boldsymbol{X}_i - \boldsymbol{\mu} + \boldsymbol{\mu} - \overline{\boldsymbol{X}})^{\mathrm{T}} \\
&= \sum_{i=1}^{n}(\boldsymbol{X}_i - \boldsymbol{\mu})(\boldsymbol{X}_i - \boldsymbol{\mu})^{\mathrm{T}} - n(\boldsymbol{\mu} - \overline{\boldsymbol{X}})(\boldsymbol{\mu} - \overline{\boldsymbol{X}})^{\mathrm{T}} \\
&= \sum_{i=1}^{n}\boldsymbol{Y}_i\boldsymbol{Y}_i^{\mathrm{T}} - \boldsymbol{Y}_n\boldsymbol{Y}_n^{\mathrm{T}} = \sum_{i=1}^{n-1}\boldsymbol{Y}_i\boldsymbol{Y}_i^{\mathrm{T}}
\end{aligned}$$

所以$\boldsymbol{S}$与$\overline{\boldsymbol{X}}$独立，即(3)成立。

(4)的证明略。

定义 7.1.3(Wishart 分布)　设总体$\boldsymbol{X} \sim N_p(\boldsymbol{\mu}, \boldsymbol{\Sigma})$，来自$\boldsymbol{X}$的样本为$\boldsymbol{X}_1, \boldsymbol{X}_2, \cdots, \boldsymbol{X}_n$，称$\boldsymbol{W} = \sum_{i=1}^{n}\boldsymbol{X}_i\boldsymbol{X}_i^{\mathrm{T}}$的分布为非中心 Wishart 分布，记为$\boldsymbol{W} \sim W(n, \boldsymbol{\Sigma}, \boldsymbol{\mu}\boldsymbol{\mu}^{\mathrm{T}})$，非中心参数为$\boldsymbol{\mu}$；

当$\boldsymbol{\mu} = \boldsymbol{0}$时，称$W = \sum_{i=1}^{n}\boldsymbol{X}_i\boldsymbol{X}_i^{\mathrm{T}}$的分布为中心 Wishart 分布，记为$\boldsymbol{W} \sim W(n, \boldsymbol{\Sigma})$；

当$n \geqslant p, \boldsymbol{\Sigma} > 0$时，分布$W(n, \boldsymbol{\Sigma})$的密度函数存在，密度函数的表达式为

$$f(w) = \frac{|\boldsymbol{w}|^{(n-p-1)/2}}{2^{np/2}\pi^{p(p-1)/4}|\boldsymbol{\Sigma}|^{1/2}\prod_{i=1}^{p}\Gamma\left(\frac{n-i+1}{2}\right)}\exp\left\{-\frac{1}{2}\operatorname{tr}\boldsymbol{\Sigma}^{-1}\boldsymbol{w}\right\}, \ \boldsymbol{w} > 0$$

其中$\boldsymbol{w}$表示$\boldsymbol{W} = \sum_{i=1}^{n}\boldsymbol{X}_i\boldsymbol{X}_i^{\mathrm{T}}$的观察值矩阵。

当 $p=1$，$\boldsymbol{\Sigma}=\sigma^2$ 时，$W(n, \boldsymbol{\Sigma})$ 的密度函数化为 $f(w)=\dfrac{w^{n/2-1}}{2^{n/2}\sigma^n\Gamma\left(\dfrac{n}{2}\right)}\exp\left\{-\dfrac{1}{2\sigma^2}w\right\}$，$w>0$，

所以 $\dfrac{S}{\sigma^2}=\dfrac{\sum\limits_{i=1}^{n}X_i^2}{\sigma^2}\sim\chi^2(n)$，Wishart 分布 $W(n, \boldsymbol{\Sigma})$ 可看作 $\chi^2(n)$ 分布的推广。

性质　若 $\boldsymbol{W}_i\sim W(n_i, \boldsymbol{\Sigma})$，$i=1, 2, \cdots, k$，且相互独立，则 $\sum\limits_{i=1}^{k}\boldsymbol{W}_i\sim W\left(\sum\limits_{i=1}^{k}n_i, \boldsymbol{\Sigma}\right)$，即 Wishart 分布也具有 χ^2 分布的可加性性质。

此性质容易由 Wishart 分布的定义推导得到。

定理 7.1.3　设总体 $\boldsymbol{X}\sim N_p(\boldsymbol{\mu}, \boldsymbol{\Sigma})$，来自 $\boldsymbol{X}$ 的样本为 $\boldsymbol{X}_1, \boldsymbol{X}_2, \cdots, \boldsymbol{X}_n$，则样本离差矩阵 $\boldsymbol{S}=\sum\limits_{i=1}^{n}(\boldsymbol{X}_i-\overline{\boldsymbol{X}})(\boldsymbol{X}_i-\overline{\boldsymbol{X}})^{\mathrm{T}}\sim W(n-1, \boldsymbol{\Sigma})$。

证明　由定理 7.1.2 可知，存在相互独立的正态变量 $\boldsymbol{Y}_1, \boldsymbol{Y}_2, \cdots, \boldsymbol{Y}_{n-1}$ 服从 $N_p(\boldsymbol{0}, \boldsymbol{\Sigma})$ 使 $\boldsymbol{S}=\sum\limits_{i=1}^{n-1}\boldsymbol{Y}_i\boldsymbol{Y}_i^{\mathrm{T}}$，所以 $\boldsymbol{S}\sim W(n-1, \boldsymbol{\Sigma})$。

7.2　多维正态分布的统计推断

7.2.1　多维正态分布的参数估计

设总体 $\boldsymbol{X}\sim N_p(\boldsymbol{\mu}, \boldsymbol{\Sigma})$，来自 $\boldsymbol{X}$ 的样本为 $\boldsymbol{X}_1, \boldsymbol{X}_2, \cdots, \boldsymbol{X}_n$，下面以定理形式给出 $\boldsymbol{\mu}, \boldsymbol{\Sigma}$ 的极大似然估计结果。

定理 7.2.1　设总体 $\boldsymbol{X}\sim N_p(\boldsymbol{\mu}, \boldsymbol{\Sigma})$，来自 $\boldsymbol{X}$ 的样本为 $\boldsymbol{X}_1, \boldsymbol{X}_2, \cdots, \boldsymbol{X}_n$，则 $\boldsymbol{\mu}, \boldsymbol{\Sigma}$ 极大似然估计分别为

$$\hat{\boldsymbol{\mu}}=\overline{\boldsymbol{X}},\ \hat{\boldsymbol{\Sigma}}=\frac{1}{n}\boldsymbol{S},\ \text{其中}\ \overline{\boldsymbol{X}}=\frac{1}{n}\sum_{i=1}^{n}\boldsymbol{X}_i,\ \boldsymbol{S}=\sum_{i=1}^{n}(\boldsymbol{X}_i-\overline{\boldsymbol{X}})(\boldsymbol{X}_i-\overline{\boldsymbol{X}})^{\mathrm{T}}$$

为证明定理先证明一个引理。

引理 7.2.1　设矩阵 $\boldsymbol{A}$ 是一个对称、非负定 p 阶方阵，则 $\ln|\boldsymbol{A}|-\mathrm{tr}\boldsymbol{A}$ 的最大值 $\leqslant -p$，等号在 $\boldsymbol{A}$ 的所有特征值为 1 时选取。其中 $\mathrm{tr}\boldsymbol{A}$ 表示矩阵 $\boldsymbol{A}$ 的迹，即主对角线元素之和。

证明　设矩阵 $\boldsymbol{A}$ 的 p 个特征值分别为 λ_1, λ_2, …, λ_p, 则 $\lambda_i \geqslant 0$, $i=1$, 2, …, p。

$$\ln|\boldsymbol{A}|-\mathrm{tr}\boldsymbol{A}=\ln|\lambda_1\lambda_2\cdots\lambda_p|-\sum_{i=1}^{p}\lambda_i=\sum_{i=1}^{p}(\ln\lambda_i-\lambda_i)$$

$$f(\lambda)=\ln\lambda-\lambda,\ f'(\lambda)=\frac{1}{\lambda}-1=0,\ \lambda=1$$

由 $f''(1)=-\frac{1}{\lambda^2}\Big|_{\lambda=1}=-1<0$,

知 $f(\lambda)=\ln\lambda-\lambda$, 当 $\lambda=1$ 时取最大值 1,所以 $\ln|\boldsymbol{A}|-\mathrm{tr}\boldsymbol{A}\leqslant -p$, 且等号在 $\boldsymbol{A}$ 的所有特征值为 1 时选取,即 $\boldsymbol{A}=\boldsymbol{I}$。

定理 7.2.1 的证明　似然函数

$$\begin{aligned}L(\boldsymbol{\mu},\boldsymbol{\Sigma})&=\prod_{i=1}^{n}f(\boldsymbol{x}_i,\boldsymbol{\mu},\boldsymbol{\Sigma})\\&=\frac{1}{(2\pi)^{\frac{pn^2}{n}}|\boldsymbol{\Sigma}|^{n/2}}\exp\left\{-\frac{1}{2}\sum_{i=1}^{n}(\boldsymbol{x}_i-\boldsymbol{\mu})^{\mathrm{T}}\boldsymbol{\Sigma}^{-1}(\boldsymbol{x}_i-\boldsymbol{\mu})\right\}\end{aligned}$$

对数似然函数 $\ln L(\boldsymbol{\mu},\boldsymbol{\Sigma})=-\ln(2\pi)^{\frac{pn^2}{n}}-\frac{n}{2}\ln|\boldsymbol{\Sigma}|-\frac{1}{2}\sum_{i=1}^{n}(\boldsymbol{x}_i-\boldsymbol{\mu})^{\mathrm{T}}\boldsymbol{\Sigma}^{-1}(\boldsymbol{x}_i-\boldsymbol{\mu})$

$$\begin{aligned}\sum_{i=1}^{n}(\boldsymbol{x}_i-\boldsymbol{\mu})^{\mathrm{T}}\boldsymbol{\Sigma}^{-1}(\boldsymbol{x}_i-\boldsymbol{\mu})&=\sum_{i=1}^{n}(\boldsymbol{x}_i-\bar{\boldsymbol{x}}+\bar{\boldsymbol{x}}-\boldsymbol{\mu})^{\mathrm{T}}\boldsymbol{\Sigma}^{-1}(\boldsymbol{x}_i-\bar{\boldsymbol{x}}+\bar{\boldsymbol{x}}-\boldsymbol{\mu})\\&=\sum_{i=1}^{n}(\boldsymbol{x}_i-\bar{\boldsymbol{x}})^{\mathrm{T}}\boldsymbol{\Sigma}^{-1}(\boldsymbol{x}_i-\bar{\boldsymbol{x}})\\&\quad+\sum_{i=1}^{n}(\bar{\boldsymbol{x}}-\boldsymbol{\mu})^{\mathrm{T}}\boldsymbol{\Sigma}^{-1}(\bar{\boldsymbol{x}}-\boldsymbol{\mu})\\&=\mathrm{tr}\boldsymbol{\Sigma}^{-1}\sum_{i=1}^{n}(\boldsymbol{x}_i-\bar{\boldsymbol{x}})(\boldsymbol{x}_i-\bar{\boldsymbol{x}})^{\mathrm{T}}+n(\bar{\boldsymbol{x}}-\boldsymbol{\mu})^{\mathrm{T}}\boldsymbol{\Sigma}^{-1}(\bar{\boldsymbol{x}}-\boldsymbol{\mu})\\&=\mathrm{tr}\boldsymbol{\Sigma}^{-1}\boldsymbol{S}+n(\bar{\boldsymbol{x}}-\boldsymbol{\mu})^{\mathrm{T}}\boldsymbol{\Sigma}^{-1}(\bar{\boldsymbol{x}}-\boldsymbol{\mu})\end{aligned}$$

$$\begin{aligned}\ln L(\boldsymbol{\mu},\boldsymbol{\Sigma})&=-\ln(2\pi)^{\frac{pn}{2}}-\frac{n}{2}\ln|\boldsymbol{\Sigma}|-\frac{1}{2}\mathrm{tr}\boldsymbol{\Sigma}^{-1}\boldsymbol{S}-\frac{n}{2}(\bar{\boldsymbol{x}}-\boldsymbol{\mu})^{\mathrm{T}}\boldsymbol{\Sigma}^{-1}(\bar{\boldsymbol{x}}-\boldsymbol{\mu})\\&=-\ln(2\pi)^{\frac{pn}{2}}+\frac{n}{2}\ln|n\boldsymbol{S}^{-1}|+\frac{n}{2}\ln\left|\boldsymbol{\Sigma}^{-1}\frac{1}{n}\boldsymbol{S}\right|\end{aligned}$$

$$-\frac{n}{2}\mathrm{tr}\left(\boldsymbol{\Sigma}^{-1}\frac{1}{n}\boldsymbol{S}\right)-\frac{n}{2}(\bar{\boldsymbol{x}}-\boldsymbol{\mu})^{\mathrm{T}}\boldsymbol{\Sigma}^{-1}(\bar{\boldsymbol{x}}-\boldsymbol{\mu})$$

$$=-\ln(2\pi)^{\frac{pn}{2}}+\frac{n}{2}\ln|n\boldsymbol{S}^{-1}|+\frac{n}{2}\left[\ln\left|\boldsymbol{\Sigma}^{-1}\frac{1}{n}\boldsymbol{S}\right|-\mathrm{tr}\left(\boldsymbol{\Sigma}^{-1}\frac{1}{n}\boldsymbol{S}\right)\right]-$$

$$\frac{n}{2}(\bar{\boldsymbol{x}}-\boldsymbol{\mu})^{\mathrm{T}}\boldsymbol{\Sigma}^{-1}(\bar{\boldsymbol{x}}-\boldsymbol{\mu})$$

所以 $\boldsymbol{\mu}$ 的 MLE 为 $\hat{\boldsymbol{\mu}}=\overline{\boldsymbol{X}}$，另外由引理得 $\boldsymbol{\Sigma}^{-1}\frac{1}{n}\boldsymbol{S}=\boldsymbol{I}$ 时对数似然函数取最大值，所以 $\boldsymbol{\Sigma}$ 的 MLE 为 $\hat{\boldsymbol{\Sigma}}=\frac{1}{n}\boldsymbol{S}$。

上面的定理表明在正态总体条件下，$\boldsymbol{\mu}$，$\boldsymbol{\Sigma}$ 的矩估计与极大似然估计一致。设总体 $\boldsymbol{X}\sim N_p(\boldsymbol{\mu},\boldsymbol{\Sigma})$，来自 $\boldsymbol{X}$ 的样本为 $\boldsymbol{X}_1$，$\boldsymbol{X}_2$，…，$\boldsymbol{X}_n$，由本章第 1 节的结论得 $\hat{\boldsymbol{\mu}}=\overline{\boldsymbol{X}}$，$\hat{\boldsymbol{\Sigma}}=\frac{1}{n-1}\boldsymbol{S}$ 分别是 $\boldsymbol{\mu}$，$\boldsymbol{\Sigma}$ 的无偏估计。有更进一步的结论：$\overline{\boldsymbol{X}}$，$\frac{1}{n-1}\boldsymbol{S}$ 分别是 $\boldsymbol{\mu}$，$\boldsymbol{\Sigma}$ 的 MVUE，即最小方差无偏估计，证明略。

7.2.2 多维正态分布参数的假设检验

在基础数理统计中，已经给出了一维正态分布 $N(\mu,\sigma^2)$ 的均值 μ 和方差 σ^2 的各种假设检验方法，对于多维正态分布 $N_p(\boldsymbol{\mu},\boldsymbol{\Sigma})$，也有类似的各种假设检验问题，本节加以介绍。

正态总体均值向量的检验如下：

先回忆一维正态分布 $N(\mu,\sigma^2)$ 的均值 μ 的假设检验方法，设 X_1，X_2，…，X_n 是来自总体 $N(\mu,\sigma^2)$ 的样本，我们要检验假设

$$H_0: \mu=\mu_0$$

当 σ^2 已知时，可以用检验统计量

$$U=\frac{(\overline{X}-\mu_0)}{\sigma}\sqrt{n} \tag{7.1}$$

式中：$\overline{X}=\frac{1}{n}\sum_{i=1}^{n}X_i$ 为样本均值。当假设成立时，统计量 U 服从标准正态分布 $U\sim N(0,1)$，从而可得拒绝域为 $|U|>z_{1-\alpha/2}$，$z_{1-\alpha/2}$ 为标准正态分布的下侧

$1-\frac{\alpha}{2}$ 分位数。

当 σ^2 未知时，用 $S=\sqrt{\frac{1}{n-1}\sum_{i=1}^{n}(X_i-\overline{X})^2}$ 代替 σ，

取检验统计量

$$T=\frac{(\overline{X}-\mu_0)}{S}\sqrt{n} \tag{7.2}$$

构造检验的拒绝域。当原假设成立时，检验统计量 T 服从自由度为 $n-1$ 的 t 分布，从而可得拒绝域为 $|T|>t_{\alpha/2}(n-1)$，$t_{\alpha/2}(n-1)$ 为自由度为 $n-1$ 的 t 分布的上侧 $\frac{\alpha}{2}$ 分位数。

把式(7.2)两边平方，得

$$T^2=\frac{n(\overline{X}-\mu)^2}{S^2}=n(\overline{X}-\mu)^{\mathrm{T}}(S^2)^{-1}(\overline{X}-\mu) \tag{7.3}$$

原假设成立时，检验统计量 T^2 服从自由度为 $1, n-1$ 的 F 分布 $F(1, n-1)$，从而拒绝域为 $T^2>F_{\alpha/2}(1, n-1)$，$F_{\alpha/2}(1, n-1)$ 为自由度 $1, n-1$ 的 F 分布的上侧 $\frac{\alpha}{2}$ 分位数。

将此方法推广到多维情形需引入下面的 Hotelling T^2 分布。

定义 7.2.1　设 $\boldsymbol{X}\sim N_p(\boldsymbol{\mu}, \boldsymbol{\Sigma})$，$\boldsymbol{S}\sim W_p(n, \boldsymbol{\Sigma})$，$\boldsymbol{X}$ 与 $\boldsymbol{S}$ 相互独立，且 $n\geqslant p$，则称统计量 $T^2=n\boldsymbol{X}^{\mathrm{T}}\boldsymbol{S}^{-1}\boldsymbol{X}$ 的分布为非中心 Hotelling T^2 分布，记为 $T^2\sim T^2(p, n, \boldsymbol{\mu})$。当 $\mu=0$ 时，称 T^2 服从中心 Hotelling T^2 分布。记为 $T^2(p, n)$。

由于这一分布首先由 Harold Hotelling 提出的，故称为 Hotelling T^2 分布，此分布密度函数的表达式很复杂，故不介绍了。

若统计量 $T\sim t(n-1)$，则 $T^2\sim F(1, n-1)$，即可以把服从 t 分布的统计量转化为服从 F 分布的统计量来处理，在多元统计分析中引入 T^2 统计量也具有类似效果。

定理 7.2.2　若 $\boldsymbol{X}\sim N_p(\boldsymbol{0}, \boldsymbol{\Sigma})$，$\boldsymbol{S}\sim W_p(n, \boldsymbol{\Sigma})$ 且与 $\boldsymbol{X}$ 相互独立，令 $T^2=n\boldsymbol{X}^{\mathrm{T}}\boldsymbol{S}^{-1}\boldsymbol{X}$，则

$$\frac{n-p+1}{np}T^2\sim F(p, n-p+1) \tag{7.4}$$

在后面所介绍的检验问题中，将多次用到这一性质。证明略。

1）协差阵 $\boldsymbol{\Sigma}$ 已知时均值向量的检验

设 $\boldsymbol{X}_1, \boldsymbol{X}_2, \cdots, \boldsymbol{X}_n$ 是来自 p 维正态总体 $N_p(\boldsymbol{\mu}, \boldsymbol{\Sigma})$ 的样本，记 $\overline{\boldsymbol{X}} = \frac{1}{n}\sum_{i=1}^{n}\boldsymbol{X}_i$，$\boldsymbol{S} = \sum_{i=1}^{n}(\boldsymbol{X}_i - \overline{\boldsymbol{X}})(\boldsymbol{X}_i - \overline{\boldsymbol{X}})^{\mathrm{T}}$，现要检验 $H_0: \boldsymbol{\mu} = \boldsymbol{\mu}_0$（$\boldsymbol{\mu}_0$ 为已知向量）。

假设 H_0 成立，检验统计量取为 $T^2 = n(\overline{\boldsymbol{X}} - \boldsymbol{\mu}_0)^{\mathrm{T}}\boldsymbol{\Sigma}^{-1}(\overline{\boldsymbol{X}} - \boldsymbol{\mu}_0)$，

$\overline{\boldsymbol{X}} \sim N_p\left(\boldsymbol{\mu}, \frac{1}{n}\boldsymbol{\Sigma}\right)$，$\sqrt{n}(\overline{\boldsymbol{X}} - \boldsymbol{\mu}) \sim N_p(\boldsymbol{0}, \boldsymbol{\Sigma})$，设 $\boldsymbol{\Sigma} = \boldsymbol{\Sigma}^{1/2} \cdot \boldsymbol{\Sigma}^{1/2}$，则 $\sqrt{n}\boldsymbol{\Sigma}^{-\frac{1}{2}}(\overline{\boldsymbol{X}} - \boldsymbol{\mu}) \sim N_p(\boldsymbol{0}, \boldsymbol{I})$，其中 $\boldsymbol{I}$ 为 p 阶单位矩阵，所以当 H_0 为真时，

$$T^2 = n(\overline{\boldsymbol{X}} - \boldsymbol{\mu}_0)^{\mathrm{T}}\boldsymbol{\Sigma}^{-1}(\overline{\boldsymbol{X}} - \boldsymbol{\mu}_0) \sim \chi^2(p) \tag{7.5}$$

给定检验水平 α，由 $P\{T^2 > \chi^2_\alpha(p)\} = \alpha$，得检验的拒绝域为 $T^2 > \chi^2_\alpha(p)$，式中 $\chi^2_\alpha(p)$ 表示分布 $\chi^2(p)$ 的上侧 α 分位数。

2）协差阵 $\boldsymbol{\Sigma}$ 未知时均值向量的检验

$H_0: \boldsymbol{\mu} = \boldsymbol{\mu}_0$（$\boldsymbol{\mu}_0$ 为已知向量）

假设 H_0 成立，取检验统计量 $\frac{(n-1)-p+1}{(n-1)p}T^2$，其中 $T^2 = (n-1)[\sqrt{n}(\overline{\boldsymbol{X}} - \boldsymbol{\mu}_0)^{\mathrm{T}}\boldsymbol{S}^{-1}\sqrt{n}(\overline{\boldsymbol{X}} - \boldsymbol{\mu}_0)]$，$\sqrt{n}(\overline{\boldsymbol{X}} - \boldsymbol{\mu}_0) \sim N_p(\boldsymbol{0}, \boldsymbol{\Sigma})$，而 $\boldsymbol{S} = \sum_{i=1}^{n}(\boldsymbol{X}_i - \overline{\boldsymbol{X}})(\boldsymbol{X}_i - \overline{\boldsymbol{X}})^{\mathrm{T}} \sim W(n-1, \boldsymbol{\Sigma})$，再由定理 7.2.2，得

$$\frac{(n-1)-p+1}{(n-1)p}T^2 \sim F(p, n-p) \tag{7.6}$$

式中：$T^2 = (n-1)[\sqrt{n}(\overline{\boldsymbol{X}} - \boldsymbol{\mu}_0)^{\mathrm{T}}\boldsymbol{S}^{-1}\sqrt{n}(\overline{\boldsymbol{X}} - \boldsymbol{\mu}_0)]$

给定检验水平 α，由 $P\left\{\frac{n-p}{(n-1)p}T^2 > F_\alpha(p, n-p)\right\} = \alpha$，得

检验的拒绝域为 $\frac{n-p}{(n-1)p}T^2 > F_\alpha(p, n-p)$，

式中 $F_\alpha(p, n-p)$ 表示分布 $F(p, n-p)$ 的上侧 α 分位数。

在处理实际问题时，一维变量的检验和多维变量的检验可以联合使用，多维检验具有概括性强，便于全面考察，而一维检验容易发现各变量彼此之间的关系和差异，能提供更精细的信息。

3）当协方差矩阵相等时，两个正态总体均值向量相等的检验

设 $\boldsymbol{X}_i=(X_{i1}, X_{i2}, \cdots, X_{ip})^{\mathrm{T}}$，$i=1, 2, \cdots, n$，为来自 p 维正态总体 $N_p(\boldsymbol{\mu}_1, \boldsymbol{\Sigma})$ 的容量为 n 的样本；$\boldsymbol{Y}_i=(Y_{i1}, Y_{i2}, \cdots, Y_{ip})^{\mathrm{T}}$，$i=1, 2, \cdots, m$，为来自 p 维正态总体 $N_p(\boldsymbol{\mu}_2, \boldsymbol{\Sigma})$ 的容量为 m 的样本。两组样本相互独立，$n>p$，$m>p$，记 $\overline{\boldsymbol{X}}=\frac{1}{n}\sum_{i=1}^{n}\boldsymbol{X}_i$，$\overline{\boldsymbol{Y}}=\frac{1}{m}\sum_{i=1}^{m}\boldsymbol{Y}_i$。

(1) 有共同协方差矩阵且协方差矩阵已知的情形。

检验假设 $H_0: \boldsymbol{\mu}_1=\boldsymbol{\mu}_2$

假设 H_0 成立时，所构造的检验统计量为

$$\chi^2=\frac{nm}{n+m}(\overline{\boldsymbol{X}}-\overline{\boldsymbol{Y}})^{\mathrm{T}}\boldsymbol{\Sigma}^{-1}(\overline{\boldsymbol{X}}-\overline{\boldsymbol{Y}})\sim\chi^2(p) \tag{7.7}$$

给定检验水平 α，则检验的拒绝域为：$\chi^2>\chi_\alpha^2(p)$。

特例：$p=1$，当 H_0 成立时，$U=\dfrac{\overline{X}-\overline{Y}}{\sqrt{\dfrac{\sigma^2}{n}+\dfrac{\sigma^2}{m}}}\sim N(0, 1)$

由此得，检验的拒绝域为 $\left|\dfrac{\overline{X}-\overline{Y}}{\sqrt{\dfrac{\sigma^2}{n}+\dfrac{\sigma^2}{m}}}\right|>z_{1-\frac{\alpha}{2}}$

显然有

$$U^2=\frac{(\overline{X}-\overline{Y})^2}{\dfrac{\sigma^2}{n}+\dfrac{\sigma^2}{m}}=\frac{nm}{(n+m)\sigma^2}(\overline{X}-\overline{Y})^2$$

$$=\frac{nm}{n+m}(\overline{X}-\overline{Y})^{\mathrm{T}}(\sigma^2)^{-1}(\overline{X}-\overline{Y})=\chi^2\sim\chi^2(1)$$

此式恰为式(7.7)当 $p=1$ 时的情况，可见这一检验方法是一维检验方法的推广。

(2) 有共同协方差矩阵但协方差矩阵未知的情形。

检验假设 $H_0: \boldsymbol{\mu}_1=\boldsymbol{\mu}_2$

所构造的检验统计量为　$F=\dfrac{(n+m-2)-p+1}{(n+m-2)p}T^2$

假设 H_0 成立时，$F=\dfrac{(n+m-2)-p+1}{(n+m-2)p}T^2\sim F(p, n+m-p-1)$

(7.8)

式中：$T^2=(n+m-2)\left[\sqrt{\frac{nm}{n+m}}(\overline{\boldsymbol{X}}-\overline{\boldsymbol{Y}})\right]^{\mathrm{T}}\boldsymbol{S}^{-1}\left[\sqrt{\frac{nm}{n+m}}(\overline{\boldsymbol{X}}-\overline{\boldsymbol{Y}})\right]$

$$\boldsymbol{S}=\boldsymbol{S}_x+\boldsymbol{S}_y$$

$$\boldsymbol{S}_x=\sum_{i=1}^{n}(\boldsymbol{X}_i-\overline{\boldsymbol{X}})(\boldsymbol{X}_i-\overline{\boldsymbol{X}})^{\mathrm{T}},\ \boldsymbol{S}_y=\sum_{i=1}^{m}(\boldsymbol{Y}_i-\overline{\boldsymbol{Y}})(\boldsymbol{Y}_i-\overline{\boldsymbol{Y}})^{\mathrm{T}}$$

给定检验水平 α，检验的拒绝域为 $\frac{(n+m-2)-p+1}{(n+m-2)p}T^2>F_\alpha(p,\ n+m-p-1)$。

下面推导式(7.8)。

当两个总体的协差阵未知时，自然想到用每个总体的协方差矩阵的 MVUE $\frac{1}{n-1}\boldsymbol{S}_x$ 和 $\frac{1}{m-1}\boldsymbol{S}_y$ 代替。

$$\boldsymbol{S}_x=\sum_{i=1}^{n}(\boldsymbol{X}_i-\overline{\boldsymbol{X}})(\boldsymbol{X}_i-\overline{\boldsymbol{X}})^{\mathrm{T}}\sim W_p(n-1,\ \boldsymbol{\Sigma}),$$

$$\boldsymbol{S}_y=\sum_{i=1}^{m}(\boldsymbol{Y}_i-\overline{\boldsymbol{Y}})(\boldsymbol{Y}_i-\overline{\boldsymbol{Y}})^{\mathrm{T}}\sim W_p(m-1,\ \boldsymbol{\Sigma})$$

$\boldsymbol{S}_x$ 与 $\boldsymbol{S}_y$ 互相独立，从而 $\boldsymbol{S}=\boldsymbol{S}_x+\boldsymbol{S}_y\sim W_p(n+m-2,\ \boldsymbol{\Sigma})$。

又因 H_0 真时，$\sqrt{\frac{nm}{n+m}}(\overline{\boldsymbol{X}}-\overline{\boldsymbol{Y}})\sim N_p(\boldsymbol{0},\ \boldsymbol{\Sigma})$，且与 $\boldsymbol{S}$ 独立，

故 $\frac{(n+m-2)-p+1}{(n+m-2)p}T^2\sim F(p,\ n+m-p-1)$，即为式(7.8)。

下面的假设检验问题检验统计量的选取和前述的检验统计量的选取思路是类似的，不再详述。

4）当协方差矩阵不相等时，两个正态总体均值向量相等的检验

从两个总体 $N_p(\boldsymbol{\mu}_1,\ \boldsymbol{\Sigma}_1)$ 和 $N_p(\boldsymbol{\mu}_2,\ \boldsymbol{\Sigma}_2)$ 中，设 $\boldsymbol{X}_i=(X_{i1},\ X_{i2},\ \cdots,\ X_{ip})^{\mathrm{T}}$，$i=1,\ 2,\ \cdots,\ n$，为来自 p 维正态总体 $N_p(\boldsymbol{\mu}_1,\ \boldsymbol{\Sigma}_1)$ 的容量为 n 的样本；$\boldsymbol{Y}_i=(Y_{i1},\ Y_{i2},\ \cdots,\ Y_{ip})^{\mathrm{T}}$，$i=1,\ 2,\ \cdots,\ m$，为来自 p 维正态总体 $N_p(\boldsymbol{\mu}_2,\ \boldsymbol{\Sigma}_2)$ 的容量为 m 的样本，两组样本相互独立，$n>p$，$m>p$，检验假设 $H_0:\boldsymbol{\mu}_1=\boldsymbol{\mu}_2$。

(1) $n=m$ 且样本配对的情形。

样本配对是指来自总体的样本为 $(\boldsymbol{X}_i,\ \boldsymbol{Y}_i)$，$i=1,\ 2,\ \cdots,\ n$，检验假设 H_0：$\boldsymbol{\mu}_1=\boldsymbol{\mu}_2$。

令

$$\boldsymbol{Z}_i=\boldsymbol{X}_i-\boldsymbol{Y}_i,\ i=1,\ 2,\ \cdots,\ n$$

$$\overline{\boldsymbol{Z}}=\frac{1}{n}\sum_{i=1}^{n}\boldsymbol{Z}_i=\overline{\boldsymbol{X}}-\overline{\boldsymbol{Y}}$$

$$\boldsymbol{S}=\sum_{i=1}^{n}(\boldsymbol{Z}_i-\overline{\boldsymbol{Z}})(\boldsymbol{Z}_i-\overline{\boldsymbol{Z}})^{\mathrm{T}}$$

$$=\sum_{i=1}^{n}(\boldsymbol{X}_i-\boldsymbol{Y}_i-\overline{\boldsymbol{X}}+\overline{\boldsymbol{Y}})(\boldsymbol{X}_i-\boldsymbol{Y}_i-\overline{\boldsymbol{X}}+\overline{\boldsymbol{Y}})^{\mathrm{T}}$$

假设 H_0 成立时,检验统计量

$$F=\frac{(n-p)n}{p}\overline{\boldsymbol{Z}}^{\mathrm{T}}\boldsymbol{S}^{-1}\overline{\boldsymbol{Z}}\sim F(p,\ n-p) \tag{7.9}$$

给定检验水平 α,检验的拒绝域为 $\dfrac{(n-p)n}{p}\overline{\boldsymbol{Z}}^{\mathrm{T}}\boldsymbol{S}^{-1}\overline{\boldsymbol{Z}}>F_{\alpha}(p,\ n-p)$。

(2) $n\neq m$ 的情形。

在此,不妨假设 $n<m$,令

$$\boldsymbol{Z}_i=\boldsymbol{X}_i-\sqrt{\frac{n}{m}}\boldsymbol{Y}_i+\frac{1}{\sqrt{nm}}\sum_{j=1}^{n}\boldsymbol{Y}_j-\overline{\boldsymbol{Y}},\ i=1,\ 2,\ \cdots,\ n$$

$$\overline{\boldsymbol{Z}}=\frac{1}{n}\sum_{i=1}^{n}\boldsymbol{Z}_i=\overline{\boldsymbol{X}}-\overline{\boldsymbol{Y}},\ \boldsymbol{S}=\sum_{i=1}^{n}(\boldsymbol{Z}_i-\overline{\boldsymbol{Z}})(\boldsymbol{Z}_i-\overline{\boldsymbol{Z}})^{\mathrm{T}}$$

$$=\sum_{i=1}^{n}\left[(\boldsymbol{X}_i-\overline{\boldsymbol{X}})-\sqrt{\frac{n}{m}}(\boldsymbol{Y}_i-\frac{1}{n}\sum_{j=1}^{n}\boldsymbol{Y}_j)\right]\cdot$$

$$\left[(\boldsymbol{X}_i-\overline{\boldsymbol{X}})-\sqrt{\frac{n}{m}}\left(\boldsymbol{Y}_i-\frac{1}{n}\sum_{j=1}^{n}\boldsymbol{Y}_j\right)\right]^{\mathrm{T}}$$

假设 H_0 成立时,检验统计量 $F=\dfrac{(n-p)n}{p}\overline{\boldsymbol{Z}}^{\mathrm{T}}\boldsymbol{S}^{-1}\overline{\boldsymbol{Z}}\sim F(p,\ n-p)$

检验的拒绝域为

$$\frac{(n-p)n}{p}\overline{\boldsymbol{Z}}^{\mathrm{T}}\boldsymbol{S}^{-1}\overline{\boldsymbol{Z}}>F_{\alpha}(p,\ n-p) \tag{7.10}$$

注 式(7.10)给出的结果只能算近似的,因为它也涉及样本配对问题,若不配对,则检验结果是不唯一的。

当正态总体多于两个时均值向量相等的检验也有方法，本书不介绍了。

7.2.3 正态总体协方差矩阵的检验

设总体 $\boldsymbol{X} \sim N_p(\boldsymbol{\mu}, \boldsymbol{\Sigma})$，来自 $\boldsymbol{X}$ 的样本为 $\boldsymbol{X}_1, \boldsymbol{X}_2, \cdots, \boldsymbol{X}_n$，$\boldsymbol{\Sigma}$ 未知且 $\boldsymbol{\Sigma} > 0$。

先考虑检验假设 $H_0: \boldsymbol{\Sigma} = \boldsymbol{I}_p$，

所构造的检验统计量为

$$\lambda = \exp\left\{-\frac{1}{2}\mathrm{tr}\boldsymbol{S}\right\} | \boldsymbol{S} |^{n/2} \left(\frac{\mathrm{e}}{n}\right)^{np/2} \tag{7.11}$$

式中：$\boldsymbol{S} = \sum_{i=1}^{n}(\boldsymbol{X}_i - \overline{\boldsymbol{X}})(\boldsymbol{X}_i - \overline{\boldsymbol{X}})^{\mathrm{T}}$

然后，再考虑检验假设 $H_0: \boldsymbol{\Sigma} = \boldsymbol{\Sigma}_0 \neq \boldsymbol{I}_p$ ($\boldsymbol{\Sigma}_0 > 0$ 为已知的正定矩阵)，

由 $\boldsymbol{\Sigma}_0^{\mathrm{T}} = \boldsymbol{\Sigma}_0$，所以存在正交矩阵 $\boldsymbol{Q}$，使得 $\boldsymbol{Q}\boldsymbol{\Sigma}_0\boldsymbol{Q}^{\mathrm{T}} = \boldsymbol{I}_p$。

令 $\boldsymbol{Y}_i = \boldsymbol{Q}\boldsymbol{X}_i$，$i = 1, 2, \cdots, n$

则 $\boldsymbol{Y}_i \sim N_p(\boldsymbol{Q}\boldsymbol{\mu}, \boldsymbol{Q}\boldsymbol{\Sigma}Q^{\mathrm{T}}) \triangleq N_p(\boldsymbol{\mu}^*, \boldsymbol{\Sigma}^*)$，$i = 1, 2, \cdots, n$

因此，检验 $\boldsymbol{\Sigma} = \boldsymbol{\Sigma}_0$ 等价于检验 $\boldsymbol{\Sigma}^* = \boldsymbol{I}_p$

这时可以构造检验统计量

$$\lambda = \exp\left\{-\frac{1}{2}\mathrm{tr}\,\boldsymbol{S}^*\right\} | \boldsymbol{S}^* |^{n/2} \left(\frac{\mathrm{e}}{n}\right)^{np/2} \tag{7.12}$$

式中：$\boldsymbol{S}^* = \sum_{i=1}^{n}(\boldsymbol{Y}_i - \overline{\boldsymbol{Y}})(\boldsymbol{Y}_i - \overline{\boldsymbol{Y}})^{\mathrm{T}}$

给定检验水平 α，由于直接由 λ 的分布计算分位数很困难，所以通常可以利用 λ 的近似分布处理。

在 H_0 成立时，$-2\ln\lambda$ 的极限分布是 $\chi^2\left(\frac{p(p+1)}{2}\right)$ 分布。因此当 $n >> p$，由样本值计算出 λ 值，若 $-2\ln\lambda > \chi_\alpha^2\left(\frac{p(p+1)}{2}\right)$，即 $\lambda < \mathrm{e}^{-\frac{1}{2}\chi_\alpha^2\left(\frac{p(p+1)}{2}\right)}$，则拒绝 H_0，否则接受 H_0。

当正态总体有两个或两个以上时协方差矩阵相等的检验也有方法，本书不介绍了。

7.3 应用 SPSS 计算样本均值向量、协方差矩阵

应用 SPSS 软件可以迅速地计算出样本均值向量和样本协方差矩阵。下面

通过一个例子来说明 SPSS 的实现过程。

例 7.3.1　由容量为 50 的 3 维样本数据：

6.106 433	0.915 965	−3.569 5
−18.067 4	−2.710 11	−7.243 72
−34.463 7	−5.169 56	−7.847 94
82.244 36	12.336 65	−5.343 78
53.768 42	8.065 263	−3.597 49
−45.490 3	−6.823 54	3.131 784
−29.809 9	−4.471 49	−2.465 1
−10.069	−1.510 34	−2.542 04
−71.796 2	−10.769 4	−3.389 11
130.941 1	19.641 16	−2.501 35
−141.719	−21.257 9	2.368 502
78.881 73	11.832 26	3.370 773
−53.283	−7.992 45	2.491 977
24.217 85	3.632 678	1.592 776
67.098 26	10.064 74	2.870 991
−82.072 7	−12.310 9	−1.567 45
110.542 2	16.581 33	2.825 661
−91.562 1	−13.734 3	1.349 044
58.070 58	8.710 587	2.219 287
−31.201 9	−4.680 28	−0.990 16
53.886 59	8.082 989	1.628 493
−28.567 2	−4.285 08	2.190 676
25.889 73	3.883 46	3.218 639
−25.427 4	−3.814 11	2.369 105
−0.923 76	−0.138 56	1.543 314
−43.704 2	−6.555 63	−0.682 9
23.128 34	3.469 25	−3.756 43
−68.348 4	−10.252 3	5.210 204
−68.839 4	−10.325 9	3.959 996
31.587 35	4.738 102	−1.284 69
−20.135 2	−3.020 29	−2.262 59
0.523 528	0.078 529	0.028 244
−67.390 3	−10.108 5	4.234 632
10.751 14	1.612 671	0.475 07
−48.398 8	−7.259 82	3.870 944

续 表

13.539 87	2.030 981	2.193 441
−12.827 5	−1.924 12	4.787 155
−41.984	−6.297 61	4.771 281
71.352 73	10.702 91	1.526 691
39.760 1	5.964 014	0.910 402
−63.359 1	−9.503 86	0.991 428
−18.031 5	−2.704 72	2.376 773
81.879 76	12.281 96	3.358 697
−112.097	−16.814 5	4.656 096
19.286 8	2.893 02	3.400 74
51.809 14	7.771 371	0.350 123
−21.926 4	−3.288 97	4.241 537
74.973 4	11.246 01	3.608 298
−52.890 9	−7.933 63	−0.611 1
−88.071 1	−13.210 7	−0.805 04

注：本书第 2 部分中的有些表格是电脑输出的结果，就不改变其输出的格式了。

试计算样本均值向量、样本协方差矩阵。

在 SPSS 中计算样本均值向量和样本协方差矩阵的步骤如下：

选择菜单栏上[分析]→[相关]→[双变量]，打开双变量相关对话框，将估计的 3 个变量移入右边的变量列表框中(见图 7.1)。

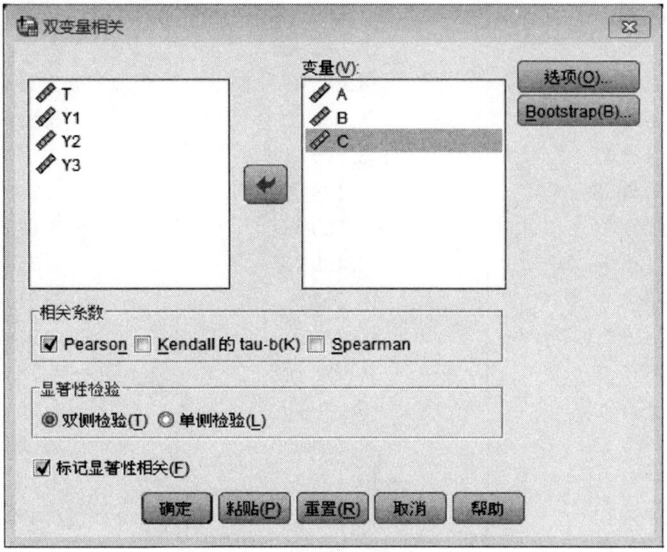

图 7.1　双变量相关对话框

然后点击[选项]，选中统计量框的两个选项，1 均值和标准差，2 平方与叉积的和协方差(见图 7.2)。

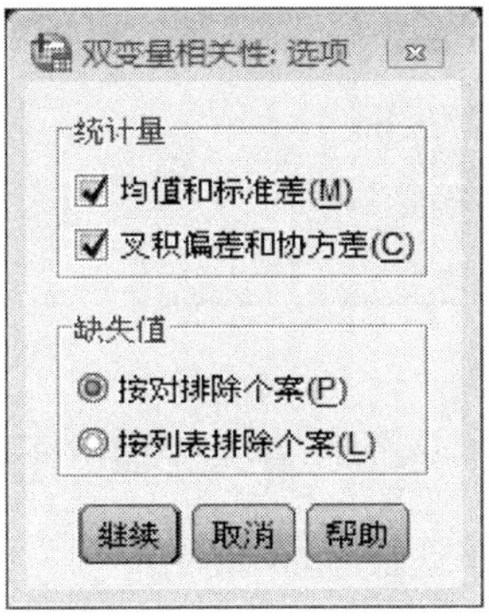

图 7.2　子对话框

点击[继续]，回到双变量相关对话框后点击确定。在输出窗口中就可得到结果，如表 7.1 和表 7.2 所示。

表 7.1　描述性统计量

	均　值	标准差	N
A	−5.644 359	60.320 993 1	50
B	−0.846 654	9.048 149 0	50
C	0.753 248	3.169 486 7	50

表 7.2　相关性

		A	B	C
A	Pearson 相关性	1	1.000**	−0.090
	显著性(双侧)		0.000	0.536
	平方与叉积的和	178 292.489	26 743.873	−839.027
	协方差	3 638.622	545.793	−17.123
	N	50	50	50
B	Pearson 相关性	1.000**	1	−0.090
	显著性(双侧)	0.000		0.536
	平方与叉积的和	26 743.873	4 011.581	−125.854
	协方差	545.793	81.869	−2.568
	N	50	50	50

续 表

		A	B	C
C	Pearson 相关性	−0.090	−0.090	1
	显著性(双侧)	0.536	0.536	
	平方与叉积的和	−839.027	−125.854	492.237
	协方差	−17.123	−2.568	10.046
	N	50	50	50

** 在.01 水平(双侧)上显著相关。

表 7.2 显示的有 3 个矩阵,Pearson 相关性显示样本相关系数;矩阵平方与叉积的和显示样本离差矩阵 $\boldsymbol{S}$;协方差显示无偏的样本协方差矩阵 $\frac{S}{n-1}=\frac{S}{50-1}$。

若要单独计算样本均值向量或其他常用描述统计量的值也可以用如下方法计算。

选择菜单栏上[分析]→[描述统计]→[描述],打开描述性对话框(见图 7.3),将 3 个变量 A, B, C 移入变量框中。

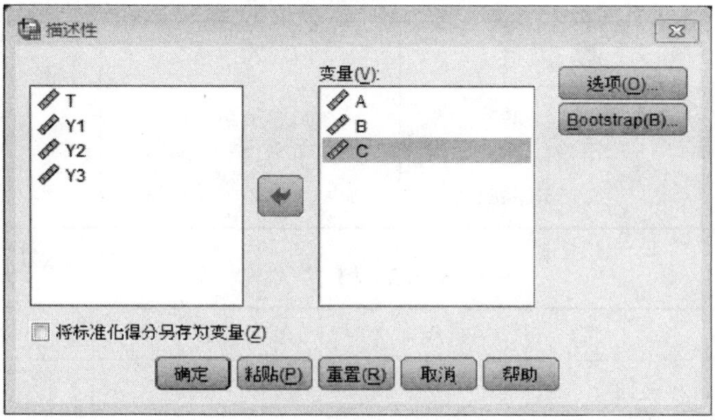

图 7.3　描述性对话框

然后点击[选项],选中均值和其他要计算的统计量,点击[继续]回到描述性对话框后点击[确定]就会得到结果。

*7.4　多维正态分布随机数的产生方法

先介绍一维正态分布随机数的产生方法。

对于一维正态分布随机数,可以通过如下方式得到:先生成两个服从均匀分布 $U_{[0,1]}$ 的随机数 U_1 和 U_2,且 U_1 和 U_2 是相互独立的,则 $X = \sqrt{-2\ln U_1}\cos(2\pi U_2)$ 是一个来自标准正态分布 $N(0, 1)$ 的随机数。

从而,所需要的来自一维正态分布 $N(\mu, \sigma^2)$ 的随机数 Y 可以由下式计算得到:

$$Y = \mu + \sigma X = \mu + \sigma\sqrt{-2\ln U_1}\cos(2\pi U_2)$$

下面介绍多维正态分布随机数的产生方法。

利用上述关于一维正态分布随机数的生成办法,一个用来生成多维正态分布随机数的思路即是设法将之分解成若干一维情况,从而得到最终的结果。设 $(X_1, X_2, \cdots, X_k)^{\mathrm{T}} \sim N_k(\boldsymbol{\mu}, \boldsymbol{\Sigma})$,并不失一般性,假定 $\boldsymbol{\mu}^{\mathrm{T}} = (0, 0, \cdots, 0)^{\mathrm{T}}$,$\boldsymbol{\Sigma} = (\sigma_{ij})$,

则 $\operatorname{cov}\left(X_i - \dfrac{\sigma_{1i}}{\sigma_{11}}X_1, X_1\right) = \operatorname{cov}(X_i, X_1) - \dfrac{\sigma_{1i}}{\sigma_{11}}\operatorname{cov}(X_1, X_1) = \sigma_{1i} - \dfrac{\sigma_{1i}}{\sigma_{11}}\sigma_{11} = 0$,

也即 $\hat{X}_i \triangleq X_i - \dfrac{\sigma_{1i}}{\sigma_{11}}X_1 (i=2, \cdots, k)$ 和 X_1 都是独立不相关的。基于正态分布的特性,$(X_1, \hat{X}_2, \cdots, \hat{X}_k)^{\mathrm{T}}$ 仍然服从正态分布 $N(\hat{\boldsymbol{\mu}}, \hat{\boldsymbol{\Sigma}})$,其中

$$\hat{\boldsymbol{\mu}} = (0, 0, \cdots, 0)^{\mathrm{T}} \triangleq (0, \mathbf{0}^{\mathrm{T}})$$

$$\hat{\boldsymbol{\Sigma}} = \begin{bmatrix} \operatorname{cov}(X_1, X_1) & \operatorname{cov}(X_1, \hat{X}_2) & \cdots & \operatorname{cov}(X_1, \hat{X}_k) \\ \operatorname{cov}(\hat{X}_2, X_1) & \operatorname{cov}(\hat{X}_2, \hat{X}_2) & \cdots & \operatorname{cov}(\hat{X}_2, \hat{X}_k) \\ \vdots & \vdots & \ddots & \vdots \\ \operatorname{cov}(\hat{X}_k, X_1) & \operatorname{cov}(\hat{X}_k, \hat{X}_2) & \cdots & \operatorname{cov}(\hat{X}_k, \hat{X}_k) \end{bmatrix}$$

$$= \begin{bmatrix} \sigma_{11} & 0 & \cdots & 0 \\ 0 & \sigma_{22} - \dfrac{\sigma_{12}\sigma_{12}}{\sigma_{11}} & \cdots & \sigma_{2k} - \dfrac{\sigma_{12}\sigma_{1k}}{\sigma_{11}} \\ \vdots & \vdots & \ddots & \vdots \\ 0 & \sigma_{2k} - \dfrac{\sigma_{12}\sigma_{1k}}{\sigma_{11}} & \cdots & \sigma_{kk} - \dfrac{\sigma_{1k}\sigma_{1k}}{\sigma_{11}} \end{bmatrix} \triangleq \begin{bmatrix} \sigma_{11} & 0 \\ 0 & \boldsymbol{\Sigma}^* \end{bmatrix}$$

从上式显而易见,我们可以利用“递归”的思想,将模拟生成 k 维正态随机数

的工作分解为两部分：

(1) 分别对一维正态分布随机数 X_1（服从 $N(0, \sigma_{11})$）和 $k-1$ 维正态分布随机数 $(\hat{X}_2, \cdots, \hat{X}_k)^{\mathrm{T}}$（服从 $N_{k-1}(\mathbf{0}, \boldsymbol{\Sigma}^*)$）进行随机生成。前者可以直接利用前述的方法，而后者则是继续递归重复分解步骤，直至 $k-1=1$。

(2) 对 $\forall i=2, \cdots, k$，令 $X_i=\hat{X}_i+\dfrac{\sigma_{1i}}{\sigma_{11}}X_1$，则 $(X_1, X_2, \cdots, X_k)^{\mathrm{T}}$ 即是所求的来自 k 维正态分布 $N_k(\mathbf{0}, \boldsymbol{\Sigma})$ 的随机数。

一般的有若 $\boldsymbol{X}=(X_1, X_2, \cdots, X_k)^{\mathrm{T}} \sim N_k(\mathbf{0}, \boldsymbol{\Sigma})$，则 $\boldsymbol{X}+\boldsymbol{\mu} \sim N_k(\boldsymbol{\mu}, \boldsymbol{\Sigma})$。

利用一些现成的数学或统计软件如 MATLAB, SAS 可以较方便产生多维正态随机数。

习　题　7

1. 设 $\boldsymbol{X}$ 表示一个 p 维随机向量，$\boldsymbol{X}=\begin{bmatrix} X_1 \\ X_2 \\ \vdots \\ X_p \end{bmatrix}$，若 $\boldsymbol{X}$ 的协方差矩阵 $\boldsymbol{\Sigma}=(\sigma_{ij})$，

试求 $\boldsymbol{X}^*=\begin{bmatrix} X_n \\ X_{n-1} \\ \vdots \\ X_1 \end{bmatrix}$ 的协方差矩阵。

2. 设总体 $\boldsymbol{X} \sim N_p(\boldsymbol{\mu}, \boldsymbol{\Sigma})$，来自 $\boldsymbol{X}$ 的一个容量为 $n+1$ 的样本为 $\boldsymbol{X}_1$, $\boldsymbol{X}_2, \cdots, \boldsymbol{X}_{n+1}$，记 $\overline{\boldsymbol{X}}=\dfrac{1}{n}\sum_{i=1}^{n}\boldsymbol{X}_i$，试求统计量 $\boldsymbol{X}_{n+1}-\overline{\boldsymbol{X}}$ 的分布。

3. 设总体 $\boldsymbol{X} \sim N_p(\boldsymbol{\mu}, \boldsymbol{\Sigma})$，来自 $\boldsymbol{X}$ 的一个样本为 $\boldsymbol{X}_1, \boldsymbol{X}_2, \cdots, \boldsymbol{X}_n$，若 $\boldsymbol{\mu}$ 已知，求 $\boldsymbol{\Sigma}$ 的 MLE。

4. 设总体 $\boldsymbol{X} \sim N_p(\boldsymbol{\mu}, \boldsymbol{\Sigma})$，其中 $\boldsymbol{\mu}$ 为 p 维已知向量，$\boldsymbol{X}_1, \boldsymbol{X}_2, \cdots, \boldsymbol{X}_n$ 是来自 $\boldsymbol{X}$ 的样本，当 $\boldsymbol{\Sigma}=\sigma^2\boldsymbol{I}$，其中 $\boldsymbol{I}$ 为单位矩阵，求 $\boldsymbol{\mu}$ 和 σ^2 的 MLE。

***5.** 设 $S \sim W(n, \boldsymbol{\Sigma})$，试证对任一非零 p 维向量 $\boldsymbol{c}^{\mathrm{T}}=(c_1, c_2, \cdots, c_p)^{\mathrm{T}}$ 有

(1) $\dfrac{\boldsymbol{c}^{\mathrm{T}}\boldsymbol{S}\boldsymbol{c}}{\boldsymbol{c}^{\mathrm{T}}\boldsymbol{\Sigma}\boldsymbol{c}} \sim \chi^2(n)$；

(2) $\dfrac{\boldsymbol{c}^{\mathrm{T}}\boldsymbol{\Sigma}^{-1}\boldsymbol{c}}{\boldsymbol{c}^{\mathrm{T}}\boldsymbol{S}^{-1}\boldsymbol{c}} \sim \chi^2(n-p-1)$。

*6. 设总体 $\boldsymbol{X} \sim N_p(\boldsymbol{\mu}, \boldsymbol{\Sigma})$，其中 $\boldsymbol{\Sigma}$ 为正定矩阵，试证：当 $\boldsymbol{A\Sigma B} = \boldsymbol{0}$ 时，二次型 $\boldsymbol{X}^{\mathrm{T}}\boldsymbol{AX}$ 与二次型 $\boldsymbol{X}^{\mathrm{T}}\boldsymbol{BX}$ 相互独立。

7. 设 $S \sim W(n-1, \boldsymbol{\Sigma})$，试证对于任意实数 a，有 $a\boldsymbol{S} \sim W(n-1, a\boldsymbol{\Sigma})$。

第8章　聚类分析

聚类分析是研究分类问题的一种统计方法。人类认识世界的第一步是要学会区别不同事物，首先需要把事物进行分类。所谓类，直观地说，就是相似事物的集合，给出类的严格定义是困难的。

在早期的分类学中，人们主要靠经验和专业知识进行分类。随着生产技术和科学的发展，人类的认识不断加深，分类也越来越细，以致有时只凭经验和专业知识不能精确地进行分类了，于是数学工具逐渐被引入来解决分类问题，后来统计方法也被用来解决分类问题，形成了聚类分析。与其他的多元统计分析方法相比，聚类分析发展较晚，在方法和理论上还不完善。但由于它能解决不少实际问题，因而受到人们重视，现在已应用到生物、地质、电子工程、图像识别、优化生产条件等许多领域，聚类分析的方法有多种，本章将介绍其中一些应用较广的方法。

8.1　距离与相似系数

聚类问题可以分为两类：一是对样品聚类，二是对变量聚类。样品是指个体，而变量是指个体的数量特征。

描述样品接近程度的常用距离，描述变量接近程度的常用相似系数。

设有 n 个样品，对每个样品测量了 p 项指标值，得到如表 8.1 所示的数据表。

表 8.1　数 据 表

序号＼指标	X_1	X_2	…	X_p
1	X_{11}	X_{12}	…	X_{1p}
2	X_{21}	X_{22}	…	X_{2p}
⋮	⋮	⋮	⋮	
n	X_{n1}	X_{n2}	…	X_{np}

根据上表资料可以做两方面的工作，一是对样品聚类，二是对指标(变量)聚类。不论对样品聚类还是对指标聚类，应把相似程度好的归于同一类。样品和指标的相似程度分别用距离和相似系数度量。

设第 i、第 j 个样品为 $\boldsymbol{y}_i=(x_{i1}, x_{i2}, \cdots, x_{ip})^{\mathrm{T}}$，$\boldsymbol{y}_j=(x_{j1}, x_{j2}, \cdots, x_{jp})^{\mathrm{T}}$，它们常用的距离有多种定义。

闵可夫斯基距离　$d_{ij}(q)=\left[\sum\limits_{k=1}^{p}|x_{ik}-x_{jk}|^q\right]^{\frac{1}{q}}$

特例：

(1) 绝对值距离　$d_{ij}(1)=\sum\limits_{k=1}^{p}|x_{ik}-x_{jk}|$

(2) 欧氏距离　$d_{ij}(2)=\left[\sum\limits_{k=1}^{p}|x_{ik}-x_{jk}|^2\right]^{\frac{1}{2}}$

(3) 切贝雪夫距离　$d_{ij}(\infty)=\max\limits_{1\leqslant k\leqslant p}|x_{ik}-x_{jk}|$

设两个变量 $\boldsymbol{x}_i=(x_{1i}, x_{2i}, \cdots, x_{ni})^{\mathrm{T}}$，$\boldsymbol{x}_j=(x_{1j}, x_{2j}, \cdots, x_{nj})^{\mathrm{T}}$，它们常用的相似系数也有多种定义。

8.1.1　变量 $\boldsymbol{x}_i$ 与 $\boldsymbol{x}_j$ 的夹角余弦

$$C_{ij}(1)=\frac{\sum\limits_{k=1}^{n}x_{ki}x_{kj}}{\left[\sum\limits_{k=1}^{n}x_{ki}^2\sum\limits_{k=1}^{n}x_{kj}^2\right]^{\frac{1}{2}}}$$

8.1.2　变量 $\boldsymbol{x}_i$ 与 $\boldsymbol{x}_j$ 的样本相关系数

$$C_{ij}(2)=\frac{\sum\limits_{k=1}^{n}(x_{ki}-\overline{x_i})(x_{kj}-\overline{x_j})}{\sqrt{\sum\limits_{k=1}^{n}(x_{ki}-\overline{x_i})^2\sum\limits_{k=1}^{n}(x_{kj}-\overline{x_j})^2}}$$

$$=\frac{\sum\limits_{k=1}^{n}x_{ki}x_{kj}-n\,\overline{x}_i\,\overline{x}_j}{\sqrt{\sum\limits_{k=1}^{n}x_{ki}^2-n\,\overline{x}_i^2}\sqrt{\sum\limits_{k=1}^{n}x_{kj}^2-n\,\overline{x}_j^2}}$$

式中：$\overline{x}_i=\frac{1}{n}\sum_{k=1}^{n}x_{ki}$；$\overline{x}_j=\frac{1}{n}\sum_{k=1}^{n}x_{kj}$

描述样品所成的类与类的接近程度也用距离。

8.1.3 类与类的距离

设 G_p 和 G_q 分别有 l 和 m 个样品，它们之间的距离用 $D(p, q)$ 表示。

1）最短距离法

$$D_s(p, q)=\min\{d_{jk}\mid j\in G_p, k\in G_q\}$$

2）最长距离法

$$D_l(p, q)=\max\{d_{jk}\mid j\in G_p, k\in G_q\}$$

3）中间距离法

最短、最长距离定义均表示取极端情况，也可以采取折中取法，采用介于两者之间的距离，定义中间距离法如下。

将类 G_p 与类 G_q 合并为类 G_r，则定义任意的类 G_k 和 G_r 的距离公式为

$$D_{kr}^2=\frac{1}{2}D_{kp}^2+\frac{1}{2}D_{kq}^2+\beta D_{pq}^2, \left(-\frac{1}{4}\leqslant\beta\leqslant 0\right)$$

特别当 $\beta=-\frac{1}{4}$，它表示取中点算距离，公式为

$$D_{kr}=\sqrt{\frac{1}{2}D_{kp}^2+\frac{1}{2}D_{kp}^2-\frac{1}{4}D_{pq}^2}$$

设 $D_{kq}>D_{kp}$，如果采用最短距离法，则 $D_{kr}=D_{kp}$，如果采用最长距离法，则 $D_{kr}=D_{kq}$。

4）重心法

$$D_C(p, q)=d_{\overline{X}_p, \overline{X}_q}$$

重心分别是 $\overline{X_p}$ 和 $\overline{X_q}$，$\overline{X}_p=\frac{1}{l}\sum_{X_i\in G_p}X_i$，$\overline{X}_q=\frac{1}{m}\sum_{X_i\in G_q}X_i$

5）类平均法

$$D_G(p, q)=\frac{1}{ml}\sum_{i\in G_p}\sum_{j\in G_q}d_{ij}$$

描述变量所成类与类的接近程度也用相似系数，可以类似定义。

6）可变类平均法

由于类平均法中没有反映出 G_p 和 G_q 之间的距离 D_{pq} 的影响，因此将类平均法进一步推广，若将 G_p 和 G_q 合并为新类 G_r，则类 G_k 与新并类 G_r 的距离公式为

$$D_{kr}^2=(1-\beta)\left(\frac{n_p}{n_r}D_{kp}^2+\frac{n_q}{n_r}D_{kq}^2\right)+\beta D_{pq}^2$$

其中 β 是可变的，且 $\beta<1$，称为可变类平均法。

7）可变法

推广中间距离法，若将 G_p 和 G_q 合并为新类 G_r，并让中间法的前两项的系数也与 β 有关，则类 G_k 与新并类 G_r 的距离公式为

$$D_{kr}^2=\frac{1-\beta}{2}(D_{kp}^2+D_{kq}^2)+\beta D_{pq}^2$$

其中 β 是可变的，且 $\beta<1$。显然在可变类平均法中若取 $\frac{n_p}{n_r}=\frac{n_q}{n_r}=\frac{1}{2}$，即为可变法。可变类平均法与可变法的分类效果与 β 的选择关系很大，在实际应用中 β 常取负值。

8）离差平方和法

该方法是 Ward 提出来的，所以又称为 Ward 法。该方法的设计思想来源于方差分析，如果分类正确，同类样品的离差平方和应当较小，类与类的离差平方和较大。具体做法是先将 n 个样品各自成一类，然后每次缩小一类，每缩小一类，离差平方和就会增大，选择使方差增加最小的两类合并，直到所有的样品归为一类为止。

设把 n 个样品分成 k 类，G_1，G_2，…，G_k，用 X_{it} 表示 G_t 中的第 i 个样品，n_t 表示 G_t 中样品的个数，$\overline{X}_t$ 表示 G_t 的重心，则 G_t 的样品离差平方和为

$$S_t=\sum_{i=1}^{n_t}(X_{it}-\overline{X}_t)^{\mathrm{T}}(X_{it}-\overline{X}_t)$$

若把 G_p 和 G_q 合并为新类 G_r，则各类内离差平方和分别为

$$S_p=\sum_{i=1}^{n_p}(X_{ip}-\overline{X}_p)^{\mathrm{T}}(X_{ip}-\overline{X}_p)$$

$$S_q=\sum_{i=1}^{n_q}(X_{iq}-\overline{X}_q)^{\mathrm{T}}(X_{iq}-\overline{X}_q)$$

$$S_r = \sum_{i=1}^{n_r} (X_{ir} - \overline{X}_r)^{\mathrm{T}} (X_{ir} - \overline{X}_r)$$

它们反映了各自类内样品的分散程度，如果 G_p 和 G_q 这两类相距较近，则合并后所增加的离差平方和 $S_r - S_p - S_q$ 应较小；否则应较大。于是定义 G_p 和 G_q 间的距离平方为

$$D_{pq}^2 = S_r - S_p - S_q$$

其中 $G_r = G_p \cup G_q$，则类间距离的递推公式为

$$D_{kr}^2 = \frac{n_k + n_p}{n_r + n_k} D_{kp}^2 + \frac{n_k + n_q}{n_r + n_k} D_{kq}^2 - \frac{n_k}{n_r + n_k} D_{pq}^2$$

上述 8 种类与类之间的距离的递推公式不同。Lance 和 Williams 于 1967 年给出了一个统一的公式：

$$D_{kr}^2 = \alpha_p D_{kp}^2 + \alpha_q D_{kq}^2 + \beta D_{pq}^2 + \gamma \mid D_{kp}^2 - D_{kq}^2 \mid$$

式中：α_p、α_q、β、γ 是参数，不同方法的取值不同，如表 8.2 所示。

表 8.2 类间的距离公式参数表

方 法	α_p	α_q	β	γ
最短距离法	1/2	1/2	0	−1/2
最长距离法	1/2	1/2	0	1/2
中间距离法	1/2	1/2	−1/4	0
重心法	n_p/n_r	n_q/n_r	$-\alpha_p \alpha_q$	0
类平均法	n_p/n_r	n_q/n_r	0	0
可变类平均法	$(1-\beta)n_p/n_r$	$(1-\beta)n_q/n_r$	$\beta(<1)$	0
可变法	$(1-\beta)/2$	$(1-\beta)/2$	$\beta(<1)$	0
离差平方和法	$(n_p+n_s)/(n_r+n_s)$	$(n_q+n_s)/(n_r+n_s)$	$-n_s/(n_s+n_r)$	0

8.2 系统聚类法

聚类分析已有多种方法，其中系统聚类法是使用较多的一种方法，其基本思想是逐步将相似程度好的类合并在一起。下面以对样品聚类来说明具体做法：

首先将 h 个样品各自看成一类，即有 h 个类，此时类间距离即为样品间距离，可以用上述距离公式来计算，选择距离最小的合并成一个新类。由于在新类中不止一个样品，所以需要定义类与类之间的距离。然后再将距离最小的合并，这样每次合并至少要减少一类。如此一直进行到所有样品都合并成一类为止。将上述并类过程画出聚类图，再决定分多少类，每类各有什么样品。

具体步骤如下：

(1) 构造 h 个类，每个类只含一个对象。

(2) 计算两两对象间的距离 d_{ij}，写出距离矩阵

$$\boldsymbol{D}^{(0)}=\begin{bmatrix}0 & d_{12} & \cdots & d_{1h}\\ d_{21} & 0 & \cdots & d_{2h}\\ \vdots & \vdots & \ddots & \vdots\\ d_{h1} & d_{h2} & \cdots & 0\end{bmatrix}\qquad\text{（对称矩阵）}$$

(3) 选最优值（即最小值），记为 d_{i_1, j_1}，把 i_1 与 j_1 合并成一个新类，称作第 $h+1$ 类，而原来第 i_1，j_1 类取消，这样得到 $h-1$ 类。

(4) 计算新类与剩余各类的距离（这时根据不同的距离公式，得到不同的聚类方法），其他各类间的距离不变。于是得到降一阶的新距离矩阵；

$$\boldsymbol{D}^{(1)}=(d_{ij}^{(1)})_{(h-1)*(h-1)}$$

重复(3)、(4)，直至剩余类的个数为 1 或并类距离高于临界值为止。

(5) 画出聚类图。

(6) 确定出类的个数和类。

下面举例说明。

例 8.2.1　现有 5 个样品，每个只有一个指标，它们分别是 1，2，4.5，6，8，试将它们用最短距离法分类。

解　(1) 令 $G_1=\{1\}$，$G_2=\{2\}$，$G_3=\{4.5\}$，$G_4=\{6\}$，$G_5=\{8\}$

距离矩阵为

$$\boldsymbol{D}^{(0)}=\begin{bmatrix}\overset{(1)}{0} & \overset{(2)}{} & \overset{(3)}{} & \overset{(4)}{} & \overset{(5)}{}\\ 1 & 0 & & & \\ 3.5 & 2.5 & 0 & & \\ 5 & 4 & 1.5 & 0 & \\ 7 & 6 & 3.5 & 2 & 0\end{bmatrix}\begin{matrix}(1)\\(2)\\(3)\\(4)\\(5)\end{matrix}$$

取最优值(即最小值) $d_{12}=1$，令 $G_6=G_1\cup G_2=\{1,\ 2\}$

(2) 计算 $D_s(6,\ 3)=\min\{d_{13},\ d_{23}\}=2.5$

$D_s(6,\ 4)=\min\{d_{14},\ d_{24}\}=4$

$D_s(6,\ 5)=\min\{d_{15},\ d_{25}\}=6$

得新的距离矩阵

$$\boldsymbol{D}^{(1)}=\begin{bmatrix} \overset{(6)}{0} & \overset{(3)}{} & \overset{(4)}{} & \overset{(5)}{} \\ 2.5 & 0 & & \\ 4 & 1.5 & 0 & \\ 6 & 3.5 & 2 & 0 \end{bmatrix}\begin{matrix}(6)\\(3)\\(4)\\(5)\end{matrix}$$

取最优值(即最小值) $d_{34}=1.5$，令 $G_7=G_3\cup G_4=\{4.5,\ 6\}$

(3) 计算 $D_s(7,\ 6)=\min\{d_{36},\ d_{46}\}=2.5$

$D_s(7,\ 5)=\min\{d_{35},\ d_{45}\}=2$

得新的距离矩阵

$$\boldsymbol{D}^{(2)}=\begin{bmatrix} \overset{(6)}{0} & \overset{(7)}{} & \overset{(5)}{} \\ 2.5 & 0 & \\ 6 & 2 & 0 \end{bmatrix}\begin{matrix}(6)\\(7)\\(5)\end{matrix}$$

取最优值 $d_{57}=2$，令 $G_8=G_5\cup G_7=\{4.5,\ 6,\ 8\}$

(4) 计算 $D_s(8,\ 6)=\min\{d_{56},\ d_{76}\}=2.5$

得新的距离矩阵

$$\boldsymbol{D}^{(3)}=\begin{bmatrix} \overset{(6)}{0} & \overset{(8)}{} \\ 2.5 & 0 \end{bmatrix}\begin{matrix}(6)\\(8)\end{matrix}$$

令 $G_9=G_6\cup G_8=\{1,\ 2,\ 4.5,\ 6,\ 8\}$

(5) 画聚类图(见图 8.1)。

确定分类的个数及每一类的成员，一般可以规定一个并类距离的临界值，再结合聚类图来确定。如上例中若规定并类距离的临界值为 1.8，则应分 3 类，分别是{1, 2}，{4.5, 6}，{8}。若规定并类距离的临界值为 2.3，则应分 2 类，分别是{1, 2}，{4.5, 6, 8}。

有些实际问题事先已规定分类的个数，则并类过程进行到所剩类个数与要求一致就可以结束，聚类图也不用画了。

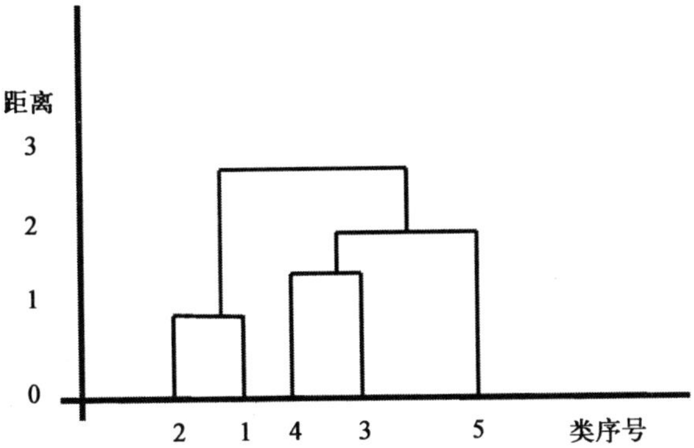

图 8.1　聚类图

注　为使聚类图唯一，有几个约定：

(1) 当两个个体对象合并时，较大序号者放在左侧。

(2) 当两个不同相似水平的类合并时，相似水平高的放在左侧。

(3) 当一个个体对象与一个较高相似水平的类合并时较高水平的类放在左侧。

不同的系统聚类方法结果不一定完全相同，一般只是大致相似。若有很大的差异，则应该仔细考查，分析问题所在；另外，可将聚类结果与实际问题对照，看哪一个结果更符合实际。

上述 8 种系统聚类法的步骤完全一样，只是计算类间的距离公式不同，不同的聚类方法的结果不一定完全相同，一般只是大致相似。如果有较大的差异，则应该仔细分析，找出问题所在；另外若结合实际问题考虑，则有助于作出好的选择。

* 系统聚类法的性质如下：

1) 单调性

定义 8.2.1　令 D_k 是系统聚类法中第 k 次并类时的距离，若 $D_1 < D_2 < D_3 \cdots$，即 $\{D_k\}$ 严格单调上升，则称它具有单调性。

上述的 8 种系统聚类法中除重心法和中间距离法外其他均具有单调性。

2) 空间的浓缩和扩张

为讨论方便，设 $\boldsymbol{A}=(a_{ij})$，$\boldsymbol{B}=(b_{ij})$，若 $\forall i, j, a_{ij} \geqslant b_{ij}$，则记 $\boldsymbol{A} \geqslant \boldsymbol{B}$。由定义 $\boldsymbol{A} \geqslant \boldsymbol{0}$，$\boldsymbol{0}$ 表示一个零矩阵，则表示 $\boldsymbol{A}$ 的每个元素非负。

定义 8.2.2　设有两个系统聚类法 $\boldsymbol{A}$，$\boldsymbol{B}$，第 k 步的并类矩阵分别记为 $\boldsymbol{A}_k$，$\boldsymbol{B}_k$，$k=1, 2, \cdots, n-1$，若 $\boldsymbol{A}_k \geqslant \boldsymbol{B}_k$，$k=1, 2, \cdots, n-1$，则称 $\boldsymbol{A}$ 比 $\boldsymbol{B}$ 扩张或

B 比 **A** 浓缩。

若最短距离法用 S 表示，最长距离法用 L 表示，重心法用 C 表示，离差平方和法用 W 表示，类平均法用 G 表示，则(1) $(S)\leqslant(G)\leqslant(L)$；(2) $(C)\leqslant(G)\leqslant(W)$。

一般来说太浓缩的方法不够灵敏，而太扩张的方法样本大时容易失真。由此可见类平均法不太浓缩也不太扩张，所以它是特别受青睐的方法。

3) 最优化性质

设把 n 个样品分成 k 类，用 $b(n, k)=\{P_1, P_2, \cdots, P_k\}$ 表示将 n 个样品分为 k 类的任意一种分法，若定义一个损失函数 $L[b(n, k)]$，$L[\cdot]$ 的值越小表示分类越合理，使 $L[b(n, k)]$ 达到最小的 $b(n, k)$ 称为最优分类，最优分类记为 $b^*(n, k)$。

把 n 个样品分成 k 类所有分法种数有

$$\frac{1}{k!}\sum_{i=0}^{k}(-1)^{k-i}C_k^i\, i^n=O(k^n)$$

可见分法种数通常很大，所以一般情形下求最优分类 $b^*(n, k)$ 是一件非常困难的工作。定义损失函数 $L[b(n, k)]$ 有多种方法，如 $b(n, k)=\{P_1, P_2, \cdots, P_k\}$，可以定义 $L[b(n, k)]=\sum_{i=1}^{k}D_{P_i}$，其中 D_{P_i} 表示第 P_i 的直径；还可以定义 $L[b(n, k)]=\max_{1\leqslant i\leqslant k}\{D_{P_i}\}$。

在 8.4 节将介绍一种特殊条件下求最优分类 $b^*(n, k)$ 的方法，一般情形不介绍了。

聚类分析除了系统聚类法外还有多种方法。如分解法它的程序与系统聚类法相反，先把所有的样品组成一类，然后用某种最优化准则将它分成两类；再把这两类各自分成两类，从中选出一个目标函数较好者先分类，另一类不动，这样经过这一步由两类分成了三类；如此下去，一直分到每类只有一个样品为止(或用停止规则将上述分类过程画一个图，由图来确定各个类)。聚类方法还有加入法，动态聚类法，模糊聚类，K－Means 聚类法，有序样品的聚类等，下面介绍目前用得较多的 K－Means 聚类法。

8.3 K－Means 聚类法

K 均值法是 MacQueen(1967)提出的，这种算法的基本思想是将每一个样

品分配给最近中心(均值)的类中,具体的算法有如下三个步骤:

步骤 1　先确定分类个数 K,然后将所有的样品粗粗地分成 K 个初始类并计算各类的中心。

步骤 2　选择某个样品,计算它与各类中心的欧氏距离,将它划入离中心最近的那类中,并对获得样品与失去样品的类重新计算中心。

步骤 3　重复步骤 2,直到所有的样品都不能再分配时为止。

K 均值法和系统聚类法的共同点是以距离的远近为标准进行聚类的,但是两者的不同之处也是明显的:系统聚类法对类数的选择有一定的灵活性,而 K 均值法只能产生指定类数的聚类结果。具体类数的确定,离不开经验和专家意见;有时也可以借助系统聚类法以一部分样品为对象进行聚类,其结果作为 K 均值法确定类数的参考。

下面通过一个具体问题说明 K 均值法的计算过程。

例 8.3.1　假定对 A、B、C、D 四个样品分别测量两个变量值,得到如表8.3 所示的数据表。

表 8.3　样品测量数据

样品	变　量	
	X_1	X_2
A	5	3
B	−1	1
C	1	−2
D	−3	−2

试将以上的样品分成两类。

第一步:按要求取 $K=2$,用 K 均值法聚类,先将这些样品随意分成两类,比如类(A、B)和类(C、D),然后计算这两个类的中心坐标,得表 8.4。

表 8.4　中 心 坐 标

类	中心坐标	
	$\bar{X}_1$	$\bar{X}_2$
(A、B)	2	2
(C、D)	−1	−2

表 8.4 中的中心坐标是原始数据计算算术平均数得到的,比如类(A、B)的,

$\overline{X}_1 = \dfrac{5+(-1)}{2} = 2$，依此类推可得其他数据。

第二步：先计算某个样品到各类中心的欧氏距离，然后将该样品分配给最近的一类。对于样品有变动的类。重新计算类的中心坐标，为下一步聚类做准备。

选样品 A，$D(G_A, G_{A,B}) = \sqrt{(5-2)^2+(3-2)^2} = \sqrt{10}$，

$D(G_A, G_{C,D}) = \sqrt{(5+1)^2+(3+2)^2} = \sqrt{61}$

由于 A 到类(A、B)的距离小于到类(C、D)的距离，因此 A 不用重新分配。

再计算 B 到两类中心的距离：$D(G_B, G_{A,B}) = \sqrt{(-1-2)^2+(1-2)^2} = \sqrt{10}$

$$D(G_B, G_{C,D}) = \sqrt{(-1+1)^2+(1+2)^2} = 3$$

由于 B 到类(A、B)的距离大于到类(C、D)的距离，因此把 B 分配给类(C、D)，得到的新的类分别是类(A)和类(B、C、D)。更新中心坐标如表8.5所示。

表 8.5　更新后类的中心坐标

类	中心坐标	
	$\overline{X}_1$	$\overline{X}_2$
(A)	5	3
(B、C、D)	−1	−1

第三步：再次检查每个样品，以决定是否需要重新分类。计算各样品到各类中心的距离，得结果如表 8.6 所示。

表 8.6　样品到各新类的距离数据

聚类	样品到各类中心的距离			
	A	B	C	D
(A)	0	$2\sqrt{10}$	$\sqrt{41}$	$\sqrt{89}$
(B、C、D)	$2\sqrt{13}$	2	$\sqrt{5}$	$\sqrt{5}$

到现在为止，每个样品都已经分配给距离中心最近的类，因此聚类过程到此结束。最终得到 $K=2$ 的聚类结果是 A 独自成一类，B、C、D 成一类。

*8.4 有序样品的聚类

8.4.1 概述

在许多实际问题中，样品要按一定的顺序排队，如对动植物按生长的年龄进行分类，年龄的顺序是不能改变的；又如在地质勘探中，需要通过岩石的成分了解地层结构，此时按深度顺序分类，样品的次序也不能打乱。

如果用 $X_{(1)} \leqslant X_{(2)} \leqslant \cdots \leqslant X_{(n)}$ 表示 n 个有序的样品，则每一类必须是这样的形式，即 $\{X_{(i)}, X_{(i+1)}, \cdots, X_{(j)}\}$，其中 $1 \leqslant i < j \leqslant n$，简记为 $G_i = \{i, i+1, \cdots, j\}$。在同一类中的样品是按次序两两相邻的样品。这类问题称为有序样品的聚类。

设把 n 个有序样品分成 k 类，则一切可能的分法有 C_{n-1}^{k-1} 种。对于有限的 n 和 k，有序样品的所有可能分类结果是有限的，我们的目标是求使某种损失函数值最小意义下的最优解。下面介绍的解法是 Fisher 首先提出来的，故也称之为 Fisher 最优求解法。Fisher 先定义了分类的损失函数，所定义的分类损失函数的思想类似于系统聚类分析中的 Ward 法，即要求分类后产生的离差平方和达到最小。用 $b(n, k)$ 表示将 n 个有序样品分为 k 类的某一种分法：

$$G_1 = \{i_1, i_1+1, \cdots, i_2-1\}, G_2 = \{i_2, i_2+1, \cdots, i_3-1\}, \cdots,$$

$$G_k = \{i_k, i_k+1, \cdots, n\}$$

其中 $1 \leqslant i_1 < \cdots < i_k \leqslant n$。定义上述分类法的损失函数为

$$L[b(n, k)] = \sum_{t=1}^{k} D(i_t, i_{t+1}-1)$$

式中的 $i_{k+1} = n+1$。

对于固定的 n 和 k，$L[b(n, k)]$ 越小，表示各类的离差平方和越小，分类就越有效。因此，要求寻找一种分法 $b(n, k)$，使分类的损失函数 $L[b(n, k)]$ 最小，这种最优分类法记为 $p(n, k)$。

8.4.2 求最优分类法的递推公式

具体计算最优分类的过程是通过递推公式获得的。

先考虑 $k=2$ 的情形，对所有的 j 考虑使得 $L[b(n, 2)] = D(1, j) + D(j, n)$ 最小的 j^*，得到最优类 $p(n, 2)$：$G_1 = \{1, 2, \cdots, j^*-1\}$，$G_2 =$

$\{j^*, \cdots, n\}$。

进一步考虑对于 k,求 $p(n, k)$。

这里需要注意,若要寻找将 n 个样品分为 k 类的最优分划,则对于任意的 $j(k \leqslant j \leqslant n)$,先将前面 $j-1$ 个样品最优分为 $k-1$ 类,得到 $p(j-1, k-1)$,否则从 j 到 n 这最后一类就不可能构成 k 类的最优分类(见图 8.2),再考虑使 $L[b(n, k)]$最小的 j^*,得到 $p(n, k)$。

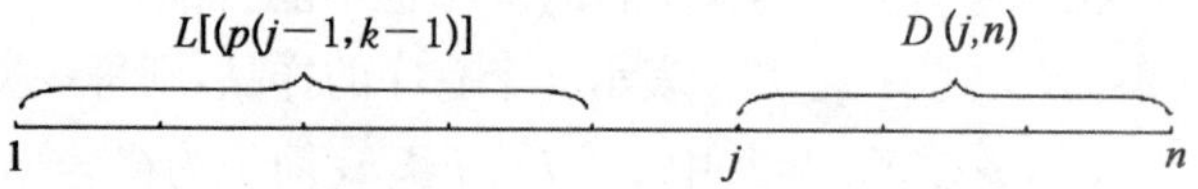

图 8.2　最优分划示意图

因此我们得到 Fisher 最优求解法的递推公式为

$$\begin{cases} L[p(n, 2)] = \min\limits_{2 \leqslant j \leqslant n}\{D(1, j-1) + D(j, n)\} \\ L[P(n, k)] = \min\limits_{k \leqslant j \leqslant n}\{L[p(j-1, k-1)] + D(j, n)\} \end{cases}$$

8.4.3　Fisher 方法的计算

从递推公式可知,要得到分点 j_k 适合:

$$L[p(n, k)] = L[p(j_k - 1, k-1)] + D(j_k, n)$$

从而获得第 k 类:$G_k = \{j_k, \cdots, n\}$;必须先计算出 j_{k-1} 适合:

$$L[p(j_k - 1, k-1)] = L[p(j_{k-1} - 1, k-2)] + D(j_{k-1}, j_k - 1)$$

从而获得第 $k-1$ 类:$G_{k-1} = \{j_{k-1}, \cdots, j_k - 1\}$;

依此类推,……要得到分点 j_3 适合 $L[p(j_4 - 1, 3)] = L[p(j_3 - 1, 2)] + D(j_3, j_4 - 1)$

从而获得第 3 类:$G_3 = \{j_3, \cdots, j_4 - 1\}$,必须先计算出 j_2 适合:

$$L[p(j_3 - 1, 2)] = \min_{2 \leqslant j \leqslant j_3 - 1}\{D(1, j-1) + D(j, j_3 - 1)\}$$

从而获得第 2 类:$G_2 = \{j_2, \cdots, j_3 - 1\}$,同时可得第 1 类:$G_1 = \{1, \cdots, j_2 - 1\}$,最后获得最优分类:$G_1, G_2, \cdots, G_k$。所以实际计算过程中是从计算 j_2 开始的,一直到最后计算出 j_k 为止。

总而言之，为了求最优解，主要是计算 $\{D(i, j), 1\leqslant i<j\leqslant n\}$ 和 $\{L[p(l, k)], 3\leqslant l\leqslant n, 2\leqslant k<l, k\leqslant n-1\}$。

例 8.4.1　为了了解儿童的生长发育规律，抽样统计了男孩从出生到 11 岁平均每年增长的体重数据如表 8.7 所示。

表 8.7　体 重 数 据 表

年龄/岁	1	2	3	4	5	6	7	8	9	10	11
增重/千克	9.3	1.8	1.9	1.7	1.5	1.3	1.4	2.0	1.9	2.3	2.1

试问男孩发育可分为几个阶段？

解　这是一个有序样品的聚类问题时，先看如图 8.3 所示变化，可以从中看到男孩的平均增加体重随年龄变化的情形，发现男孩成长发育确实可以分为几个阶段。

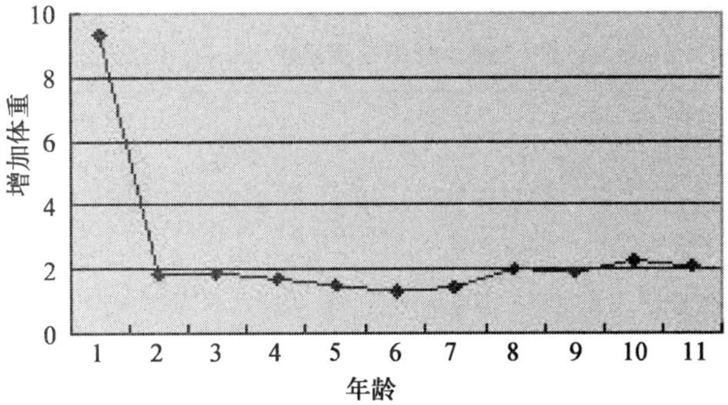

图 8.3　男孩平均增加重量随年龄的变化

下面通过有序样品的聚类分析来确定男孩成长发育分成几个阶段较合适。步骤如下：

(1) 计算直径 $\{D(i, j)\}$，结果如表 8.8 所示。例如计算 $D(1, 2)$，此类包含两个样品{9.3，1.8}，故有：

$$\overline{X}_G=\frac{1}{2}(9.3+1.8)=5.55$$

$$D(1, 2)=(9.3-5.55)^2+(1.8-5.55)^2=28.125$$

其他依此计算，其结果如表 8.8 所示。

表 8.8　$D(i, j)$ 表

j \ i	1	2	3	4	5	6	7	8	9	10
2	28.125									
3	37.007	0.005								
4	42.208	0.020	0.020							
5	45.992	0.088	0.080	0.020						
6	49.128	0.232	0.200	0.080	0.020					
7	51.100	0.280	0.232	0.088	0.020	0.005				
8	51.529	0.417	0.393	0.308	0.290	0.287	0.180			
9	51.980	0.467	0.454	0.393	0.388	0.370	0.207	0.005		
10	52.029	0.802	0.800	0.774	0.773	0.708	0.420	0.087	0.080	
11	52.182	0.909	0.909	0.895	0.889	0.793	0.452	0.088	0.080	0.020

(2) 计算最小分类损失函数 $\{L[p(l, k)]\}$，结果如表 8.9 所示。

表 8.9　最小分类损失函数 $L[p(l, k)]$

l \ k	2	3	4	5	6	7	8	9	10
3	0.005(2)								
4	0.020(2)	0.005(4)							
5	0.088(2)	0.020(5)	0.005(5)						
6	0.232(2)	0.040(5)	0.020(6)	0.005(6)					
7	0.280(2)	0.040(5)	0.025(6)	0.010(6)	0.005(6)				
8	0.417(2)	0.280(8)	0.040(8)	0.025(8)	0.010(8)	0.005(8)			
9	0.469(2)	0.285(8)	0.045(8)	0.030(8)	0.015(8)	0.010(3)	0.005(8)		
10	0.802(2)	0.367(8)	0.127(8)	0.045(10)	0.030(10)	0.015(10)	0.010(10)	0.005(8)	
11	0.909(2)	0.368(8)	0.128(8)	0.065(10)	0.045(11)	0.030(11)	0.015(11)	0.010(11)	0.005(11)

首先计算 $\{L[p(l, 2)], 3 \leqslant l \leqslant 11\}$（即表中的 $k=2$ 列），例如计算：

$$L[p(3, 2)] = \min_{2 \leqslant j \leqslant 3} \{D(1, j-1) + D(j, 3)\}$$

$$= \min\{D(1, 1) + D(1, 3), D(1, 2) + D(3, 3)\}$$

$$= \min\{0 + 0.005, 28.125 + 0\} = 0.005$$

最小值是在 $j=2$ 处达到，故记 $L[p(3, 2)] = 0.005(2)$，其他计算类似。再计算 $\{L[p(l, 3)], 4 \leqslant l \leqslant 11\}$（即表中的 $k=3$ 列），例如计算：

$$L[p(4, 3)] = \min\{L[p(2, 2)] + D(3, 4), L[p(3, 2)] + D(4, 4)\}$$
$$= \min\{0 + 0.02, 0.005 + 0\} = 0.005(4)$$

表 8.9 中其他数值同样计算，括号内的数字表示最优分划处的序号。

(3) 分类个数的确定。常常根据经验或专业知识来定，如本例可以根据生理学家或医生的建议或从生理角度来确定；有时不能事先确定 k 时，可以从 $L[p(l, k)]$ 随 k 的变化趋势图中找到拐点处，作为确定 k 的根据。当曲线拐点很平缓时，可选择的 k 较多，这时需要用其他的办法来确定，限于篇幅不讨论这一问题了，有兴趣的读者可以查看其他资料。

本例从表 8.9 中的最后一行可以看出 $k = 3, 4$ 处有拐点，即分成 3 类或 4 类都是较合适的，从图 8.4 中可以更明显看出这一点。

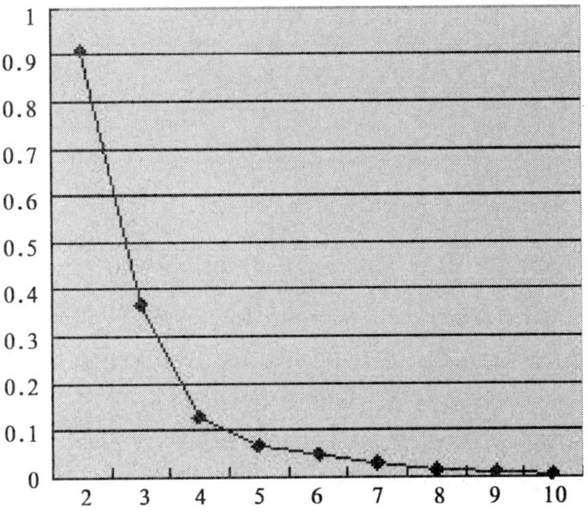

图 8.4　k 与 $L[p(l, k)]$ 的关系

(4) 求最优分类。例如我们把儿童生长分成 4 个阶段，即可查表 8.9 中 $k = 4$ 的最后一行(即 $l = 11$ 所在行)得 $L[p(11, 4)] = 0.128(8)$，说明最优损失函数值为 0.128，最优分类的最后一类的分划在第 8 个元素处，因此 $G_4 = \{8 \sim 11\}$ 或 $G_4 = \{2.0, 1.9, 2.3, 2.1\}$。

进一步从表中查 $L[p(7, 3)] = 0.040(5)$，因此 $G_3 = \{5 \sim 7\}$ 或 $G_3 = \{1.5, 1.3, 1.4\}$，再从表中查得 $L[p(4, 2)] = 0.020(2)$ 最后 $G_2 = \{2 \sim 4\}$ 或 $G_2 = \{1.8, 1.9, 1.7\}$，剩下的 $G_1 = \{1\}$ 或 $G_1 = \{9.3\}$。

即最优分类为 $G_1 = \{9.3\}$，$G_2 = \{1.8, 1.9, 1.7\}$，$G_3 = \{1.5, 1.3, 1.4\}$，$G_4 = \{2.0, 1.9, 2.3, 2.1\}$。

8.5 数值例——SPSS 的应用

8.5.1 K - Means 法聚类分析

例 8.5.1 从世界上选取 25 个国家某年的 4 项指标数据：

X_1：人均 GDP(万美元)

X_2：万美元国内生产总值能耗(吨标准油)

X_3：城镇人口比重(%)

X_4：人口预期寿命(年)

得表 8.10 所示的样本数据，试按经济指标对 25 国进行分类。

表 8.10 样本数据表

国　　家	X_1	X_2	X_3	X_4
美国	4.18	1.89	80.8	77.4
日本	3.56	1.17	66	81.8
德国	3.38	1.24	73.4	78.5
法国	3.51	1.29	76.7	80.2
英国	3.71	1.05	89.7	78.5
意大利	3.02	1.05	67.6	80
荷兰	3.85	1.3	80.2	78.7
新西兰	2.61	1.57	86.2	79.2
西班牙	2.59	1.29	76.7	80.4
澳大利亚	3.3	1.81	88.2	79.9
希腊	2.22	1.26	60	79
匈牙利	1.09	2.52	66	73
韩国	1.64	2.7	80.8	78
阿根廷	0.47	3.47	91	75
科威特	3.19	3.48	98	78
墨西哥	0.82	2.09	76	74
斯洛文尼亚	1.78	2.03	50	78

续 表

国 家	X_1	X_2	X_3	X_4
印度	0.07	6.64	28.7	63.5
伊朗	0.28	8.46	66.9	71.1
泰国	0.28	5.67	33	70.5
越南	0.06	9.66	27.4	70.3
菲律宾	0.12	4.53	62.7	70.8
尼日利亚	0.08	9.25	46.2	43.7
印度尼西亚	0.13	6.26	48.1	67.4
埃及	0.12	6.84	42.6	70.2

操作步骤：打开数据文件，在 SPSS 窗口中选择菜单栏上点击[分析]→[分类]→[K 均值聚类]，在弹出的 K 均值聚类分析对话框中选中 X1，点击箭头按钮[⇒]，把 X1(人均 GDP)转入变量框，聚类数一栏填上 3(见图 8.5)。

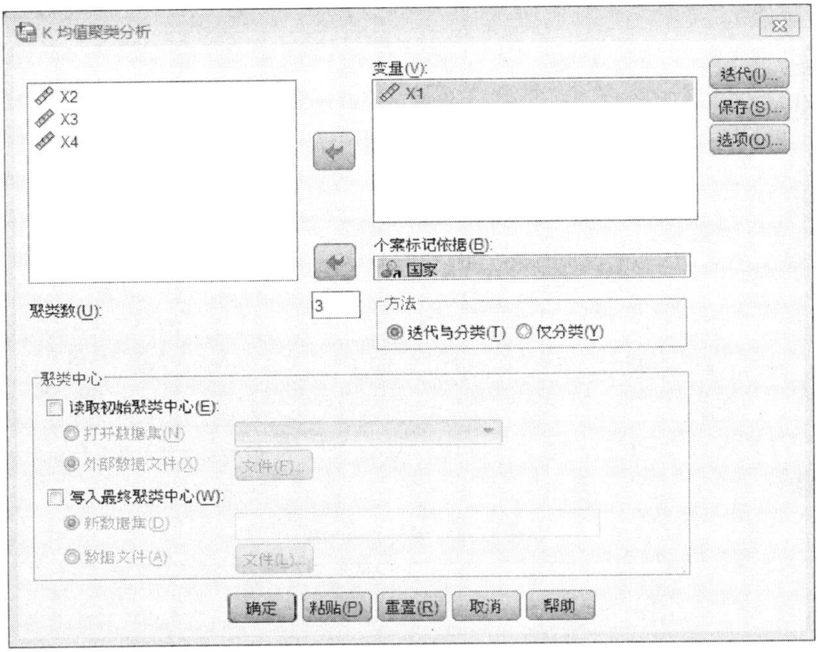

图 8.5 K 均值聚类分析对话框

点击[保存]，在弹出的子对话框上选中聚类成员（见图8.6）。

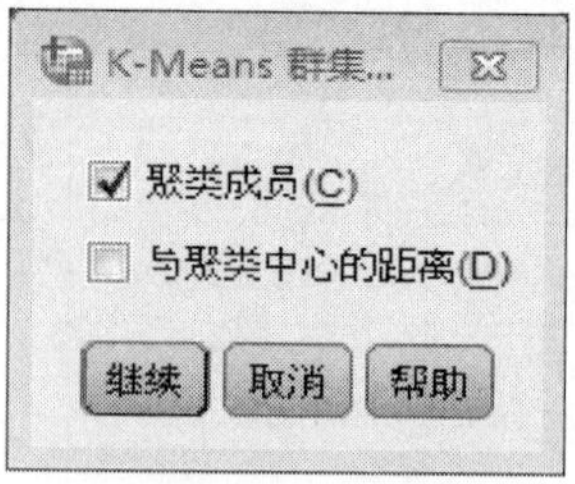

图8.6　子对话框

点击[继续]，回到K均值法聚类分析对话框中点击[确定]。在输出窗口中就能得到如表8.11～表8.14的输出结果。

表8.11　初始聚类中心

	聚类		
	1	2	3
X1	4.18	0.06	2.22

表8.12　迭代历史记录[a]

迭代	聚类中心内的更改		
	1	2	3
1	0.539	0.260	0.216
2	0.056	0.000	0.126
3	0.063	0.000	0.142
4	0.000	0.000	0.000

a. 由于聚类中心内没有改动或改动较小而达到收敛。任何中心的最大绝对坐标更改为.000。当前迭代为4。初始中心间的最小距离为1.960。

表8.13　最终聚类中心

	聚类		
	1	2	3
X1	3.52	0.32	2.17

表 8.14　每个聚类中的案例数

聚类	1	9.000
	2	11.000
	3	5.000
有效		25.000
缺失		0.000

原数据表上会自动增加一列，显示每个国家的分类结果，见图 8.7 中 QCL－1 列。重复上述步骤三遍：① 仅把聚类数改为 5，可以得到分 5 类的结果；② 按 X1，X2，X3 三项指标数据进行分 3 类和 5 类的操作，可得图 8.7 的分类结果，依次由 QCL－2，QCL－3 和 QCL－4 显示分类结果。

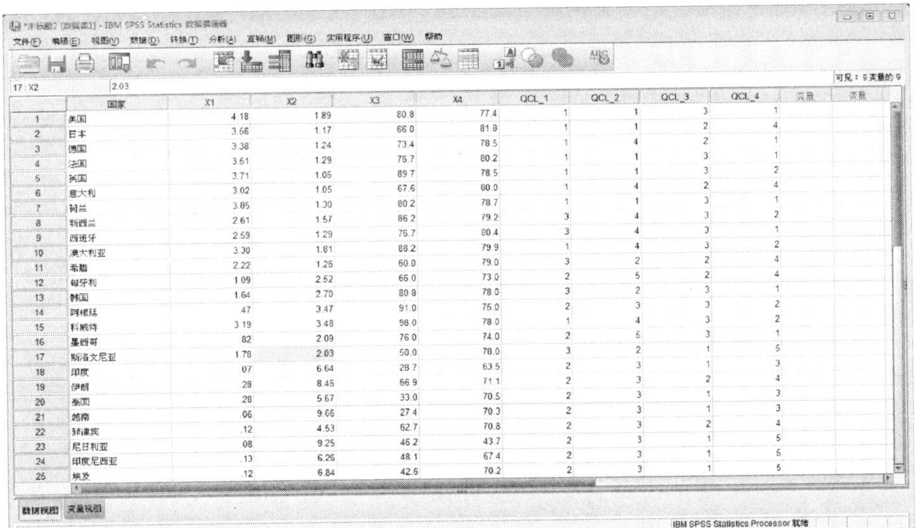

	国家	X1	X2	X3	X4	QCL_1	QCL_2	QCL_3	QCL_4
1	美国	4.18	1.89	80.8	77.4	1	1	3	1
2	日本	3.56	1.17	66.0	81.8	1	1	2	4
3	德国	3.38	1.24	73.4	78.5	1	4	2	1
4	法国	3.61	1.29	76.7	80.2	1	1	3	1
5	英国	3.71	1.05	89.7	78.5	1	1	3	2
6	意大利	3.02	1.05	67.6	80.0	1	4	2	4
7	荷兰	3.85	1.30	80.2	78.7	1	1	3	1
8	新西兰	2.61	1.57	86.2	79.2	3	4	3	2
9	西班牙	2.59	1.29	76.7	80.4	3	4	3	1
10	澳大利亚	3.30	1.81	88.2	79.9	1	4	3	2
11	希腊	2.22	1.26	60.0	79.0	3	2	2	4
12	匈牙利	1.09	2.52	66.0	73.0	2	5	2	4
13	韩国	1.64	2.70	80.8	78.0	3	2	3	1
14	阿根廷	.47	3.47	91.0	75.0	2	3	3	2
15	科威特	3.19	3.48	98.0	78.0	1	4	3	2
16	墨西哥	.82	2.09	76.0	74.0	2	5	3	1
17	斯洛文尼亚	1.78	2.03	50.0	78.0	3	2	1	5
18	印度	.07	6.64	28.7	63.5	2	3	1	3
19	伊朗	.28	8.45	66.9	71.1	2	3	2	4
20	泰国	.28	5.67	33.0	70.5	2	3	1	3
21	越南	.06	9.66	27.4	70.3	2	3	1	3
22	菲律宾	.12	4.53	62.7	70.8	2	3	2	4
23	尼日利亚	.08	9.25	46.2	43.7	2	3	1	5
24	印度尼西亚	.13	6.26	48.1	67.4	2	3	1	5
25	埃及	.12	6.84	42.6	70.2	2	3	1	5

图 8.7　结果示意图

8.5.2　系统聚类法聚类分析

在用 SPSS 打开的数据文件的菜单栏上，点击[分析]→[分类]→[系统聚类]，在弹出的系统聚类分析对话框中把考察指标选中转入到变量框，其他选择如图 8.8 所示。

再点击[确定]，这样在结果输出窗口中可以同时得到聚类结果统计量和统计图，略。

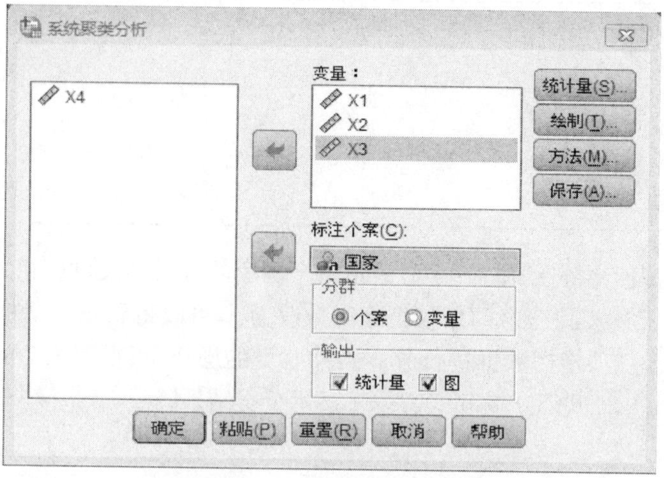

图 8.8　系统聚类分析对话框

习　题　8

1. 现有 6 个样品，每个只有一个指标，它们分别是 1，3，4.5，5，7，8.5，试将它们分别用最短距离法和最长距离法分类。

2. 现有 5 个样品，每个只有一个指标，它们分别是 1，1.5，5，6，9，试将它们分类(应用最短距离法)。

3. 设有五个样品，每个样品有二维数据 (x, y)，如下表所示：

样品序号	1	2	3	4	5
x	1	−1	−2	2	3
y	5	−1	−2	1	0

样品间的距离用欧氏距离，试分别用系统聚类法中的最短距离法和重心法进行聚类。

4. 设有一个有序地质样本：0.5，0.6，0.61，0.75.1，0.65，(1) 计算直径并列表；(2) 给出目标函数表；(3) 若要分 3 类，求最佳分类；(4) 若要分 4 类，求最佳分类。

5. 某银行系统某年贷款与固定资产投资数据如下表所示：

分行编号	不良贷款（亿元）	各项贷款余额（亿元）	本年累计应收贷款（亿元）	贷款项目个数（个）	本年固定资产投资额（亿元）
1	0.9	67.3	6.8	5	51.9
2	1.1	111.3	19.8	16	90.9
3	4.8	173.0	7.7	17	73.7
4	3.2	80.8	7.2	10	14.5
5	7.8	199.7	16.5	19	63.2
6	2.7	16.2	2.2	1	2.2
7	1.6	107.4	10.7	17	20.2
8	12.5	185.4	27.1	18	43.8
9	1.0	96.1	1.7	10	55.9
10	2.6	72.8	9.1	14	64.3
11	0.3	64.2	2.1	11	42.7
12	4.0	132.2	11.2	23	76.7
13	0.8	58.6	6.0	14	22.8
14	3.5	174.6	12.7	26	117.1
15	10.2	263.5	15.6	34	146.7
16	3.0	79.3	8.9	15	29.9
17	0.2	14.8	0.6	2	42.1
18	0.4	73.5	5.9	11	25.3
19	1.0	24.7	5.0	4	13.4
20	6.8	139.4	7.2	28	64.3
21	11.6	368.2	16.8	32	163.9
22	1.6	95.7	3.8	10	44.5
23	1.2	109.6	10.3	14	67.9
24	7.2	196.2	15.8	16	39.7
25	3.2	102.2	12.0	10	97.1

试用 SPSS 对该银行系统的分行进行分类，要求用 K 均值法分别分 3 类和 5 类。

6. 考察北京、天津、上海、内蒙古、辽宁、山西、江苏、浙江、山东九省市人均生活消费支出情况，选取以下 7 项指标，具体数据如下表：

（单位：元）

地　区	食　品	衣　着	居　住	家庭设备用品及服务	医疗保健	交通和通信	教育文化、娱乐服务
北　京	4 934.05	1 512.88	1 246.19	981.13	1 294.07	2 328.51	2 383.96
上　海	6 125.45	1 330.05	1 412.10	959.49	857.11	3 153.72	2 653.67
天　津	4 249.31	1 024.15	1 417.45	760.56	1 163.98	1 309.94	1 639.83
内蒙古	2 824.89	1 396.86	941.79	561.71	719.13	1 123.82	1 245.09
辽　宁	3 560.21	1 017.65	1 047.04	439.28	879.08	1 033.36	1 052.94
山　西	2 600.37	1 064.61	991.77	477.74	640.22	1 027.99	1 054.05
江　苏	3 928.71	990.03	1 020.09	707.31	689.37	1 303.02	1 699.26
浙　江	4 892.58	1 406.20	1 168.08	666.02	859.06	2 473.40	2 158.32
山　东	3 180.64	1 238.34	1 027.58	661.03	708.58	1 333.63	1 191.18

数据来源于 2007 年统计年鉴。

试用系统聚类法分别对省市和指标分别聚类。

第 9 章　判 别 分 析

人们在工作和生活中，经常会遇到判别问题。如对购买的商品判别其质量好还是差；医生根据患者的症状判别此患者患了哪种病；在地质勘探中需要从岩石标本提供的信息判别该地区是否有矿，是何种类型的矿等。

判别问题的一般提法：把考察的事物已分成若干类，如何根据一个待判事物的特征，判别它归于哪一类。

每一类考察事物可以组成一个总体，分 k 类可以得到 k 个总体。设 G_1，G_2，…，G_k 是 k 个 p 维总体。这时一个待判事物可用 p 维向量 $\boldsymbol{X}$ 表示。要判别 $\boldsymbol{X}$ 属于哪个总体，判别分析是处理这类问题有效的方法。判别分析有多种方法，常用的有距离判别法、Fisher 判别法和 Bayes 判别法。先介绍距离判别法。

9.1　距离判别法

9.1.1　马氏距离的概念

先考察欧氏距离的情形。

设 $\boldsymbol{X}$，$\boldsymbol{Y}$ 是两个 p 维实向量，$\boldsymbol{X}=\begin{bmatrix}X_1\\X_2\\\vdots\\X_p\end{bmatrix}$，$\boldsymbol{Y}=\begin{bmatrix}Y_1\\Y_2\\\vdots\\Y_p\end{bmatrix}$，$\boldsymbol{X}$ 与 $\boldsymbol{Y}$ 的欧氏距离为

$$
\begin{aligned}
d(\boldsymbol{X},\boldsymbol{Y})&=\sqrt{(X_1-Y_1)^2+(X_2-Y_2)^2+\cdots+(X_p-Y_p)^2}\\
&=\sqrt{(\boldsymbol{X}-\boldsymbol{Y})^{\mathrm{T}}(\boldsymbol{X}-\boldsymbol{Y})}
\end{aligned}
$$

在判别分析中，直接用欧氏距离有明显的缺陷。下面举例说明其缺陷，设总体 $X\sim N(2,3^2)$，总体 $Y\sim N(15,0.5^2)$，现有一个样品 10，应判定此样品来自 X 和 Y 中的哪个总体呢？

由正态分布的 3σ 法则知，正态变量取值落入 $[\mu\mp3\sigma]$ 的概率约为 99.73%，1 000 次只有约 3 次落在区间外面。样品到总体的距离一般定义为样品到总体

均值的距离。

这两个总体的 $[\mu \mp 3\sigma]$ 区间依次为：$[2 \mp 3 \times 3] = [-7, 11]$，$[15 \mp 3 \times 0.5] = [11.5, 19.5]$，因此应判定样品是来自总体 X。但样品到两个总体均值的欧氏距离依次为 8、5，根据欧氏距离因判定样品是来自总体 Y。

另一个缺陷是受单位的影响。设有分别度量重量和长度的两个变量 X 与 Y，度量单位分别为 kg 和 cm，从 (X, Y) 得到样本 $A(0, 5)$，$B(10, 1)$，$C(1, 1)$，$D(0, 10)$。分别计算欧氏距离，得

$$|AB| = \sqrt{10^2 + 4^2} = \sqrt{116} \approx 10.77$$

$$|CD| = \sqrt{1^2 + 9^2} = \sqrt{82} \approx 9.06$$

$$|AB| > |CD|$$

若将长度单位变为 mm，则点的坐标变为 $A(0, 50)$，$B(10, 10)$，$C(1, 10)$，$D(0, 100)$。再分别计算欧氏距离，得

$$|AB| = \sqrt{10^2 + 40^2} = \sqrt{1\,700} \approx 41.23$$

$$|CD| = \sqrt{1^2 + 90^2} = \sqrt{8\,101} \approx 90.01$$

$$|AB| < |CD|$$

由此可见结果还受所取单位的影响。

印度统计学家 Mahalanobis 提出了改进，定义了马氏距离，它能弥补欧氏距离的这些缺陷。

定义 9.1.1(马氏距离) 设总体 G 服从 p 维正态分布 $N_p(\boldsymbol{\mu}, \boldsymbol{\Sigma})$，$\boldsymbol{X}$, $\boldsymbol{Y}$ 是来自 G 的样品，定义两点 $\boldsymbol{X}$, $\boldsymbol{Y}$ 之间的距离为

$$d(\boldsymbol{X}, \boldsymbol{Y}) = \sqrt{(\boldsymbol{X} - \boldsymbol{Y})^{\mathrm{T}} \boldsymbol{\Sigma}^{-1} (\boldsymbol{X} - \boldsymbol{Y})}$$

定义点 $\boldsymbol{X}$ 与总体 G 的距离为

$$d(\boldsymbol{X}, G) = \sqrt{(\boldsymbol{X} - \boldsymbol{\mu})^{\mathrm{T}} \boldsymbol{\Sigma}^{-1} (\boldsymbol{X} - \boldsymbol{\mu})}$$

即点到一个总体的距离定义为点到这个总体均值的距离。

用上面的例子分别计算样品到两个总体的马氏距离，得

$$\text{样品到总体 } X \text{ 的马氏距离} = \sqrt{(10 - 2)^{\mathrm{T}} 3^{-1} (10 - 2)} \approx 4.62$$

样品到总体 Y 的马氏距离 $=\sqrt{(10-15)^{\mathrm{T}}\,0.5^{-1}(10-15)}\approx 7.07$

比较后得,样品到总体 X 的马氏距离小,所以应判样品来自总体 X,这样就合理了。

9.1.2　两总体情形下的距离判别法

设两个总体 G_1, G_2 均是正态总体, $G_1\sim N_p(\boldsymbol{\mu}_1,\boldsymbol{\Sigma}_1)$, $G_2\sim N_p(\boldsymbol{\mu}_2,\boldsymbol{\Sigma}_2)$, $\boldsymbol{X}$ 表示一样品。$d(\boldsymbol{X},\boldsymbol{\mu}_1)$, $d(\boldsymbol{X},\boldsymbol{\mu}_2)$ 分别表示 $\boldsymbol{X}$ 到总体 G_1, G_2 的马氏距离。

建立如下判别规则:

若 $d(\boldsymbol{X},\boldsymbol{\mu}_1)<d(\boldsymbol{X},\boldsymbol{\mu}_2)$ 时,判 $\boldsymbol{X}\in G_1$;

若 $d(\boldsymbol{X},\boldsymbol{\mu}_1)>d(\boldsymbol{X},\boldsymbol{\mu}_2)$ 时,判 $\boldsymbol{X}\in G_2$;

若 $d(\boldsymbol{X},\boldsymbol{\mu}_1)=d(\boldsymbol{X},\boldsymbol{\mu}_2)$ 时,待判。

为使用方便,在一定的条件下,可以给出具体的判别规则。下面用建立线性判别函数来说明。

1) $\boldsymbol{\Sigma}_1=\boldsymbol{\Sigma}_2=\boldsymbol{\Sigma}$ 情形

$$
\begin{aligned}
& d^2(\boldsymbol{X},\boldsymbol{\mu}_1)-d^2(\boldsymbol{X},\boldsymbol{\mu}_2)\\
&=(\boldsymbol{X}-\boldsymbol{\mu}_1)^{\mathrm{T}}\boldsymbol{\Sigma}^{-1}(\boldsymbol{X}-\boldsymbol{\mu}_1)-(\boldsymbol{X}-\boldsymbol{\mu}_2)^{\mathrm{T}}\boldsymbol{\Sigma}^{-1}(\boldsymbol{X}-\boldsymbol{\mu}_2)\\
&=\boldsymbol{X}^{\mathrm{T}}\boldsymbol{\Sigma}^{-1}\boldsymbol{X}-\boldsymbol{X}^{\mathrm{T}}\boldsymbol{\Sigma}^{-1}\boldsymbol{\mu}_1-\boldsymbol{\mu}_1^{\mathrm{T}}\boldsymbol{\Sigma}^{-1}\boldsymbol{X}+\boldsymbol{\mu}_1^{\mathrm{T}}\boldsymbol{\Sigma}^{-1}\boldsymbol{\mu}_1-\\
&\quad\boldsymbol{X}^{\mathrm{T}}\boldsymbol{\Sigma}^{-1}\boldsymbol{X}+\boldsymbol{X}^{\mathrm{T}}\boldsymbol{\Sigma}^{-1}\boldsymbol{\mu}_2+\boldsymbol{\mu}_2^{\mathrm{T}}\boldsymbol{\Sigma}^{-1}\boldsymbol{X}-\boldsymbol{\mu}_2^{\mathrm{T}}\boldsymbol{\Sigma}^{-1}\boldsymbol{\mu}_2\\
&=-2\boldsymbol{X}^{\mathrm{T}}\boldsymbol{\Sigma}^{-1}\boldsymbol{\mu}_1+\boldsymbol{\mu}_1^{\mathrm{T}}\boldsymbol{\Sigma}^{-1}\boldsymbol{\mu}_1+2\boldsymbol{X}^{\mathrm{T}}\boldsymbol{\Sigma}^{-1}\boldsymbol{\mu}_2-\boldsymbol{\mu}_2^{\mathrm{T}}\boldsymbol{\Sigma}^{-1}\boldsymbol{\mu}_2\\
&=2\boldsymbol{X}^{\mathrm{T}}\boldsymbol{\Sigma}^{-1}(\boldsymbol{\mu}_2-\boldsymbol{\mu}_1)+\boldsymbol{\mu}_1^{\mathrm{T}}\boldsymbol{\Sigma}^{-1}\boldsymbol{\mu}_1-\boldsymbol{\mu}_2^{\mathrm{T}}\boldsymbol{\Sigma}^{-1}\boldsymbol{\mu}_2=2\boldsymbol{X}^{\mathrm{T}}\boldsymbol{\Sigma}^{-1}(\boldsymbol{\mu}_2-\boldsymbol{\mu}_1)+\\
&\quad(\boldsymbol{\mu}_1+\boldsymbol{\mu}_2)^{\mathrm{T}}\boldsymbol{\Sigma}^{-1}(\boldsymbol{\mu}_1-\boldsymbol{\mu}_2)\\
&=-2\left(\boldsymbol{X}-\frac{\boldsymbol{\mu}_1+\boldsymbol{\mu}_2}{2}\right)\boldsymbol{\Sigma}^{-1}(\boldsymbol{\mu}_1-\boldsymbol{\mu}_2)=-2(\boldsymbol{X}-\bar{\boldsymbol{\mu}})^{\mathrm{T}}\boldsymbol{a}=-2\boldsymbol{a}^{\mathrm{T}}(\boldsymbol{X}-\bar{\boldsymbol{\mu}})
\end{aligned}
$$

式中: $\bar{\boldsymbol{\mu}}=\dfrac{1}{2}(\boldsymbol{\mu}_1+\boldsymbol{\mu}_2)$; $\boldsymbol{a}=\boldsymbol{\Sigma}^{-1}(\boldsymbol{\mu}_1-\boldsymbol{\mu}_2)$。

记
$$W(\boldsymbol{X})=\boldsymbol{a}^{\mathrm{T}}(\boldsymbol{X}-\bar{\boldsymbol{\mu}})\tag{9.1}$$

则判别规则可化为

当 $W(\boldsymbol{X})>0$ 时,判 $\boldsymbol{X}\in G_1$;　　(9.2)

当 $W(\boldsymbol{X}) < 0$ 时,判 $\boldsymbol{X} \in G_2$;

当 $W(\boldsymbol{X}) = 0$ 时,待判。

由于 $W(\boldsymbol{X})$ 是 $\boldsymbol{X}$ 的线性函数,所以可以称 $W(\boldsymbol{X})$ 为线性判别函数, $\boldsymbol{a}$ 为判别系数向量。

在实际应用中,总体的均值和协方差矩阵一般是未知的,可由样本均值和样本协方差矩阵分别进行估计。设 $\boldsymbol{X}_1^{(1)}, \cdots, \boldsymbol{X}_{n_1}^{(1)}$ 来自总体 G_1 的样本, $\boldsymbol{X}_1^{(2)}, \cdots, \boldsymbol{X}_{n_2}^{(2)}$ 是来自总体 G_2 的样本, $\boldsymbol{\mu}_1$ 和 $\boldsymbol{\mu}_2$ 的一个无偏估计分别为

$$\hat{\boldsymbol{\mu}}_1 = \overline{\boldsymbol{X}}^{(1)} = \frac{1}{n_1}\sum_{i=1}^{n_1}\boldsymbol{X}_i^{(1)} \quad 和 \quad \hat{\boldsymbol{\mu}}_2 = \overline{\boldsymbol{X}}^{(2)} = \frac{1}{n_2}\sum_{i=1}^{n_2}\boldsymbol{X}_i^{(2)}$$

$\boldsymbol{\Sigma}$ 的一个无偏估计为 $$\hat{\boldsymbol{\Sigma}} = \frac{1}{n_1 + n_2 - 2}(\boldsymbol{S}_1 + \boldsymbol{S}_2)$$

这里 $$\boldsymbol{S}_\alpha = \sum_{i=1}^{n_\alpha}(\boldsymbol{X}_i^{(\alpha)} - \overline{\boldsymbol{X}}^{(\alpha)})(\boldsymbol{X}_i^{(\alpha)} - \overline{\boldsymbol{X}}^{(\alpha)})^{\mathrm{T}}, \ \alpha = 1, 2$$

这时,线性判别函数为 $$\hat{W}(\boldsymbol{X}) = \hat{\boldsymbol{a}}^{\mathrm{T}}(\boldsymbol{X} - \overline{\boldsymbol{X}})$$

式中: $\overline{\boldsymbol{X}} = \frac{1}{2}(\overline{\boldsymbol{X}}^{(1)} + \overline{\boldsymbol{X}}^{(2)})$; $\hat{\boldsymbol{a}} = \hat{\boldsymbol{\Sigma}}^{-1}(\overline{\boldsymbol{X}}^{(1)} - \overline{\boldsymbol{X}}^{(2)})$

判别规则变为:

当 $\hat{W}(\boldsymbol{X}) > 0$ 时,判 $\boldsymbol{X} \in G_1$;

当 $\hat{W}(\boldsymbol{X}) < 0$ 时,判 $\boldsymbol{X} \in G_2$;

当 $\hat{W}(\boldsymbol{X}) = 0$ 时,待判。

特例 设 $p = 1$, G_1 和 G_2 的分布分别为 $N(\mu_1, \sigma^2)$ 和 $N(\mu_2, \sigma^2)$, μ_1, μ_2, σ^2 均为已知,且 $\mu_1 < \mu_2$,则判别系数为 $\alpha = \frac{\mu_1 - \mu_2}{\sigma^2} < 0$,判别函数为

$$W(x) = \alpha(x - \bar{\mu})$$

判别规则为:

当 $x < \bar{\mu}$ 时,判 $x \in G_1$;

当 $x > \bar{\mu}$ 时,判 $x \in G_2$;

当 $x = \bar{\mu}$ 时,待判。

2) $\boldsymbol{\Sigma}_1 \neq \boldsymbol{\Sigma}_2$ 情形

判别函数为 $$W^*(\boldsymbol{X}) = D^2(\boldsymbol{X}, G_1) - D^2(\boldsymbol{X}, G_2)$$

$$= (\boldsymbol{X}-\boldsymbol{\mu}_1)^{\mathrm{T}}\boldsymbol{\Sigma}_1^{-1}(\boldsymbol{X}-\boldsymbol{\mu}_1)-(\boldsymbol{X}-\boldsymbol{\mu}_2)^{\mathrm{T}}\boldsymbol{\Sigma}_2^{-1}(\boldsymbol{X}-\boldsymbol{\mu}_2)$$

这时没有线性型简单表达式。

相应的判别规则为：

当 $W^*(\boldsymbol{X})>0$ 时，判 $\boldsymbol{X}\in G_2$；

当 $W^*(\boldsymbol{X})<0$ 时，判 $\boldsymbol{X}\in G_1$；

当 $W^*(\boldsymbol{X})=0$ 时，待判。

9.1.3　多总体情形下的距离判别法

设共有 k 个总体，$G_1, G_2, \cdots, G_k$，$G_i \sim N_p(\boldsymbol{\mu}_i, \boldsymbol{\Sigma}_i)$，$i=1, 2, \cdots, k$。

若 $d(\boldsymbol{X}, \boldsymbol{\mu}_i)<d(\boldsymbol{X}, \boldsymbol{\mu}_j)$ 时，对于任意的 $j\neq i$，$j=1, 2, \cdots, k$，则判 $\boldsymbol{X}\in G_i$；

若 $d(\boldsymbol{X}, \boldsymbol{\mu}_i)=d(\boldsymbol{X}, \boldsymbol{\mu}_j)$ 对于某个 j 成立时，$j\neq i$，则待判。

直观地说：考察的样品离哪个总体的均值距离最近，就判此样品属于此总体。

在实际问题中总体均值向量、协方差矩阵常常未知，应利用样本均值向量、样本协方差矩阵先对它们进行估计。

设样本为 $\boldsymbol{X}_1, \boldsymbol{X}_2, \cdots, \boldsymbol{X}_n$，则可以用 $\hat{\boldsymbol{\mu}}=\overline{\boldsymbol{X}}=\dfrac{1}{n}\sum\limits_{i=1}^{n}\boldsymbol{X}_i$，$\hat{\boldsymbol{\Sigma}}=\dfrac{1}{n-1}\sum\limits_{i=1}^{n}(\boldsymbol{X}_i-\overline{\boldsymbol{X}})(\boldsymbol{X}_i-\overline{\boldsymbol{X}})^{\mathrm{T}}$ 分别代替 $\boldsymbol{\mu}$，$\boldsymbol{\Sigma}$ 后再计算马氏距离。

对非正态总体也可以类似处理，但此时马氏距离的合理性解释不如正态总体的直观、清楚。

下面举一个具体例子说明距离判别法的应用。

例 9.1.1　根据经验，今天与昨天的湿度差 X_1 及今天的压温差（气压与温度之差）X_2 是预报明天下雨或不下雨的两个重要因素。表 9.1 是已收集到的一批数据。

表 9.1　数 据 资 料

雨　天		非 雨 天	
X_1（湿度差）	X_2（压温差）	X_1（湿度差）	X_2（压温差）
−1.9	3.2	0.2	6.2
−6.9	10.4	−0.1	7.5
5.2	2.0	0.4	14.6
5.0	2.5	2.7	8.3
7.3	0.0	2.1	0.8

续 表

雨 天		非雨天	
X_1（湿度差）	X_2（压温差）	X_1（湿度差）	X_2（压温差）
6.8	12.7	−4.6	4.3
0.9	−15.4	−1.7	10.9
−12.5	−2.5	−2.6	13.1
1.5	1.3	2.6	12.8
3.8	6.8	−2.8	10.0

现测得今天的数据 $X_1 = 8.1$，$X_2 = 2.0$，试预报明天是否下雨。

解 用 G_1 表示总体“雨天”，$\boldsymbol{\mu}_1$，$\boldsymbol{\Sigma}_1$ 分别表示 G_1 的均值向量、协方差矩阵；用 G_2 表示总体“非雨天”，$\boldsymbol{\mu}_2$，$\boldsymbol{\Sigma}_2$ 分别表示 G_2 的均值向量、协方差矩阵。

则 $\hat{\boldsymbol{\mu}}_1 = \overline{\boldsymbol{X}} = \dfrac{1}{n}\sum_{i=1}^{n}\boldsymbol{X}_i = \begin{bmatrix}0.92\\2.1\end{bmatrix}$，$\hat{\boldsymbol{\Sigma}}_1 = \dfrac{1}{n}\sum_{i=1}^{n}(\boldsymbol{X}_i - \overline{\boldsymbol{X}})(\boldsymbol{X}_i - \overline{\boldsymbol{X}})^{\mathrm{T}} = \begin{bmatrix}36.81 & 5.73\\5.73 & 53.72\end{bmatrix}$；

$\hat{\boldsymbol{\mu}}_2 = \begin{bmatrix}-0.38\\8.85\end{bmatrix}$，$\hat{\boldsymbol{\Sigma}}_2 = \begin{bmatrix}5.59 & -0.30\\-0.30 & 16.69\end{bmatrix}$。记 $\boldsymbol{X} = \begin{bmatrix}8.1\\2.0\end{bmatrix}$

计算得 $d(\boldsymbol{X}, G_1) = \sqrt{(\boldsymbol{X}-\hat{\boldsymbol{\mu}}_1)^{\mathrm{T}}\hat{\boldsymbol{\Sigma}}_1^{-1}(\boldsymbol{X}-\hat{\boldsymbol{\mu}}_1)} = 1.545$，$d(\boldsymbol{X}, G_2) = 14.35$

因为 $d(\boldsymbol{X}, G_1) < d(\boldsymbol{X}, G_2)$，所以应用距离判别法判明天下雨。

由此例可知判别分析具有预报的功能。

9.2 Fisher 判别法

Fisher 判别法的主要思想是通过将多维数据向某个方向投影，投影的原则是将总体与总体尽可能地拉开，即投影后同一个总体的成员要靠得近，不同总体的成员要离得远。然后再对两个投影后得到的总体及新的样品的投影，选择合适的判别规则进行判别。此方法的关键是找到最佳的投影方向，可以借助于方差分析的方法处理。下面叙述这一方法。

从 k 个总体中抽取具有 p 个指标的样品观测数据，假设有 k 个 p 维总体 G_1，G_2，…，G_k，其均值和协方差矩阵分别为 $\boldsymbol{\mu}_i$ 和 $\boldsymbol{\Sigma}_i(>0)$ $(i=1, 2, \cdots, k)$。来自总体 G_i 的样本为 $\boldsymbol{X}_{ij}$，$j=1, 2, \cdots, n_i$；$i=1, 2, \cdots, k$；$n_1+n_2+\cdots+$

$n_k=n$。记投影方向为 $\boldsymbol{a}$，

$\boldsymbol{X}$ 向 $\boldsymbol{a}$ 的投影为 $h(\boldsymbol{X})=a_1X_1+a_2X_2+\cdots+a_pX_p=\boldsymbol{a}^{\mathrm{T}}\boldsymbol{X}$，则投影点的组间平方和为 $SSA=\sum_{i=1}^{k}(\boldsymbol{a}^{\mathrm{T}}\overline{\boldsymbol{X}}_i-\boldsymbol{a}^{\mathrm{T}}\overline{\overline{\boldsymbol{X}}})^2$，组内平方和为 $SSE=\sum_{i=1}^{k}\sum_{j=1}^{n_i}(\boldsymbol{a}^{\mathrm{T}}\boldsymbol{X}_{ij}-\boldsymbol{a}^{\mathrm{T}}\overline{\boldsymbol{X}}_i)^2$。

$$\begin{aligned}
SSA&=\sum_{i=1}^{k}(\boldsymbol{a}^{\mathrm{T}}\overline{\boldsymbol{X}}_i-\boldsymbol{a}^{\mathrm{T}}\overline{\overline{\boldsymbol{X}}})^2=\boldsymbol{a}^{\mathrm{T}}\sum_{i=1}^{k}(\overline{\boldsymbol{X}}_i-\overline{\overline{\boldsymbol{X}}})(\overline{\boldsymbol{X}}_i-\overline{\overline{\boldsymbol{X}}})^{\mathrm{T}}\boldsymbol{a}\\
&=\boldsymbol{a}^{\mathrm{T}}\left[\sum_{i=1}^{k}\overline{\boldsymbol{X}}_i\overline{\boldsymbol{X}}_i^{\mathrm{T}}-k\overline{\overline{\boldsymbol{X}}}\,\overline{\overline{\boldsymbol{X}}}^{\mathrm{T}}\right]\boldsymbol{a}=\boldsymbol{a}^{\mathrm{T}}\left(\boldsymbol{H}^{\mathrm{T}}\boldsymbol{H}-\frac{1}{k}\boldsymbol{H}^{\mathrm{T}}\boldsymbol{1}\boldsymbol{1}^{\mathrm{T}}\boldsymbol{H}\right)\boldsymbol{a}\\
&=\boldsymbol{a}^{\mathrm{T}}\boldsymbol{H}^{\mathrm{T}}\left(\boldsymbol{I}-\frac{1}{k}\boldsymbol{J}\right)\boldsymbol{H}\boldsymbol{a}=\boldsymbol{a}^{\mathrm{T}}\boldsymbol{B}\boldsymbol{a}
\end{aligned}$$

式中：

$$\boldsymbol{H}=\begin{bmatrix}\overline{\boldsymbol{X}}_1^{\mathrm{T}}\\ \overline{\boldsymbol{X}}_2^{\mathrm{T}}\\ \vdots\\ \overline{\boldsymbol{X}}_k^{\mathrm{T}}\end{bmatrix},\ \boldsymbol{1}=\begin{bmatrix}1\\1\\ \vdots\\1\end{bmatrix},\ \boldsymbol{I}_{p\times p}\text{ 为 } p\times p \text{ 的单位阵},\ \boldsymbol{J}=\begin{bmatrix}1&1&\cdots&1\\1&1&\cdots&1\\ \vdots&\vdots&\cdots&\vdots\\1&1&\cdots&1\end{bmatrix}$$

$$\boldsymbol{H}^{\mathrm{T}}\boldsymbol{H}=[\overline{\boldsymbol{X}}_1\quad\overline{\boldsymbol{X}}_2\quad\cdots\quad\overline{\boldsymbol{X}}_k]\begin{bmatrix}\overline{\boldsymbol{X}}_1^{\mathrm{T}}\\ \overline{\boldsymbol{X}}_2^{\mathrm{T}}\\ \vdots\\ \overline{\boldsymbol{X}}_k^{\mathrm{T}}\end{bmatrix}=\sum_{i=1}^{k}\overline{\boldsymbol{X}}_i\overline{\boldsymbol{X}}_i^{\mathrm{T}},\ \boldsymbol{B}=\boldsymbol{H}^{\mathrm{T}}\left(\boldsymbol{I}-\frac{1}{k}\boldsymbol{J}\right)\boldsymbol{H}$$

$$SSE=\boldsymbol{a}^{\mathrm{T}}\sum_{i=1}^{k}\sum_{j=1}^{n_1}(\boldsymbol{X}_{ij}-\overline{\boldsymbol{X}}_i)(\boldsymbol{X}_{ij}-\overline{\boldsymbol{X}}_i)^{\mathrm{T}}\boldsymbol{a}=\boldsymbol{a}^{\mathrm{T}}\boldsymbol{C}\boldsymbol{a}$$

令 $g(\boldsymbol{a})=\dfrac{\boldsymbol{a}^{\mathrm{T}}\boldsymbol{B}\boldsymbol{a}}{\boldsymbol{a}^{\mathrm{T}}\boldsymbol{C}\boldsymbol{a}}$，要求 $\boldsymbol{a}$ 使得 $g(\boldsymbol{a})$ 达到最大，为了确保解的唯一性，不妨设 $\boldsymbol{a}^{\mathrm{T}}\boldsymbol{C}\boldsymbol{a}=1$，对 $\boldsymbol{a}$ 求微分，得 $\mathrm{d}g(\boldsymbol{a})=(\mathrm{d}\boldsymbol{a})^{\mathrm{T}}\boldsymbol{B}\boldsymbol{a}+\boldsymbol{a}^{\mathrm{T}}\boldsymbol{B}\mathrm{d}\boldsymbol{a}-\lambda[(\mathrm{d}\boldsymbol{a})^{\mathrm{T}}\boldsymbol{C}\boldsymbol{a}+\boldsymbol{a}^{\mathrm{T}}\boldsymbol{C}\mathrm{d}\boldsymbol{a}]=2(\boldsymbol{a}^{\mathrm{T}}\boldsymbol{B}-\lambda\boldsymbol{a}^{\mathrm{T}}\boldsymbol{C})\mathrm{d}\boldsymbol{a}$

$$\frac{\partial g}{\partial \boldsymbol{a}}=2(\boldsymbol{B}-\lambda\boldsymbol{C})\boldsymbol{a}=\boldsymbol{0}$$

得
$$(\boldsymbol{B}-\lambda\boldsymbol{C})\boldsymbol{a}=\boldsymbol{0} \tag{9.3}$$

两边同左乘 $\boldsymbol{a}^{\mathrm{T}}$，得 $\boldsymbol{a}^{\mathrm{T}}\boldsymbol{B}\boldsymbol{a}=\lambda$。当 $\boldsymbol{C}^{-1}$ 存在时，在式(9.3)两边同左乘 $\boldsymbol{C}^{-1}$，得

$$\boldsymbol{C}^{-1}\boldsymbol{B}\boldsymbol{a}=\lambda\boldsymbol{a} \tag{9.4}$$

从而，$g(\boldsymbol{a})$ 的最大值为 λ。

由式(9.4)可知 λ 为 $\boldsymbol{C}^{-1}\boldsymbol{B}$ 的特征值，$\boldsymbol{a}$ 为属于 λ 的特征向量。设 $\boldsymbol{C}^{-1}\boldsymbol{B}$ 最大特征值所对应的特征向量 $\boldsymbol{a}=(a_1,\ a_2,\ \cdots,\ a_p)^{\mathrm{T}}$ 即为我们所求结果。

*9.3 Bayes 判别法

要判别就存在错判的可能，错判时会造成一定损失。使错判造成的损失达到最小，这是贝叶斯判别法的独特功能，下面介绍这一方法。从上节看距离判别法虽然简单，便于使用。但是该方法也有一些不足之处，缺陷之一是判别方法与总体各自出现的概率的大小无关；缺陷之二是判别方法与错判之后所造成的损失无关。Bayes 判别法就是为了克服这些缺陷而提出的一种判别方法。

问题：设有 k 个总体 $G_1,\ G_2,\ \cdots,\ G_k$，其各自的分布密度函数 $f_1(x)$，$f_2(x)$，$\cdots$，$f_k(x)$，另设 k 个总体各自出现的概率分别为 $q_1,\ q_2,\ \cdots,\ q_k$（即先验概率），$q_i\geqslant 0,\ i=1,\ 2,\ \cdots,\ k,\ \sum\limits_{i=1}^{k}q_i=1$。记实际属于 G_i 总体的样品但错判为属于总体 G_j 所造成的损失为 $C(j\mid i),\ i,\ j=1,\ 2,\ \cdots,\ k$。在这样的条件下，对于新的样品 X 应如何判别其归属呢？

由定义可知 $C(i\mid i)=0$、$C(j\mid i)\geqslant 0$，对于任意的 $i,\ j=1,\ 2,\ \cdots,\ k$ 均成立。设 k 个总体 $G_1,\ G_2,\ \cdots,\ G_k$ 对应的 p 维样本空间分别记为 $R_1,\ R_2,\ \cdots,R_k$ 它们构成了样本空间的一个划分，实际上一个划分就能成为一个判别规则 $R=(R_1,\ R_2,\ \cdots,\ R_k)$。从考察平均损失的角度出发，若原来来自总体 G_i 且分布密度为 $f_i(x)$ 的样品，而取值落入了 R_j，则将会错判为属于 G_j。

所以在规则 R 下，将属于 G_i 的样品错判为 G_j 的概率为

$$P(j\mid i,\ R)=\int_{R_j}f_i(x)\mathrm{d}x,\ i,\ j=1,\ 2,\ \cdots,\ k,\ i\neq j$$

若实属 G_i 的样品，错判到其他总体 $G_1,\ \cdots,\ G_{i-1},\ G_{i+1}\cdots,\ G_k$ 所造成的损失依次记为 $C(1\mid i),\ \cdots,\ C(i-1\mid i),\ C(i+1\mid i)\cdots,\ C(k\mid i)$，则这种判别规则 R 对总体 G_i 而言，样品错判后所造成的平均损失为

$$r(i \mid R)=\sum_{j=1}^{k} C(j \mid i) P(j \mid i, R) \qquad i=1,2, \cdots, k$$

其中 $C(i \mid i)=0$。

由于 k 个总体 $G_1, \cdots, G_2, \cdots, G_k$ 出现的先验概率分别为 $q_1, q_2, \cdots, q_k$，则用规则 R 来进行判别所造成的总平均损失为

$$g(R)=\sum_{i=1}^{k} q_i r(i \mid R)=\sum_{i=1}^{k} q_i \sum_{j=1}^{k} C(j \mid i) P(j \mid i, R) \tag{9.5}$$

所谓 Bayes 判别法则，就是要选择样本空间的一个划分 $R_1, R_2, \cdots, R_k$，使得式(9.5)表示的总平均损失 $g(R)$ 达到最小。

由式(9.5)知，误判的总平均损失为

$$\begin{aligned} g(R) &=\sum_{i=1}^{k} q_i \sum_{j=1}^{k} C(j \mid i) P(j \mid i, R) \\ &=\sum_{i=1}^{k} q_i \sum_{j=1}^{k} C(j \mid i) \int_{R_j} f_i(x) \mathrm{d} x \\ &=\sum_{j=1}^{k} \int_{R_j}\left(\sum_{i=1}^{k} q_i C(j \mid i) f_i(x)\right) \mathrm{d} x \end{aligned} \tag{9.6}$$

记 $\sum_{i=1}^{k} q_i C(j \mid i) f_i(x)=h_j(x)$，则(9.6)式变为

$$g(R)=\sum_{j=1}^{k} \int_{R_j} h_j(x) \mathrm{d} x \tag{9.7}$$

若样本空间有另一种划分 $R^*=(R_1^*, R_2^*, \cdots, R_k^*)$，则它的总平均损失为

$$g(R^*)=\sum_{j=1}^{k} \int_{R_j^*} h_j(x) \mathrm{d} x$$

在两种划分下的总平均损失之差为

$$g(R)-g(R^*)=\sum_{i=1}^{k} \sum_{j=1}^{k} \int_{R_i \cap R_j^*}\left[h_i(x)-h_j(x)\right] \mathrm{d} x \tag{9.8}$$

由 R_i 的定义，若在 R_i 上有 $h_i(x) \leqslant h_j(x)$ 对一切 j 成立，则 $g(R)-g(R^*) \leqslant 0$，这说明 $R_1, R_2, \cdots, R_k$ 确能使总平均损失达到最小，所以它就是 Bayes 判别问题的解。这样，基于 Bayes 判别法得到的划分 $R=(R_1, R_2, \cdots, R_k)$ 为

$$R_i=\{x \mid h_i(x)=\min_{1 \leqslant j \leqslant k} h_j(x)\}, \quad i=1,2, \cdots, k \tag{9.9}$$

具体说来，当抽取了一个未知总体的样品 X，要判断它属于哪个总体，只要先计算出 k 个按先验分布加权的误判平均损失值：

$$h_j(x)=\sum_{i=1}^{k}q_i C(j\mid i)f_i(x),\ j=1,\ 2,\ \cdots,\ k$$

然后再比较这 k 个误判平均损失值 $h_1(x),\ h_2(x),\ \cdots,\ h_k(x)$ 的大小，找出其中最小的，则判定样品 X 来自该总体。

特例：当 $k=2$ 时，由式(9.7)，得

$$h_1(x)=q_2C(1\mid 2)f_2(x),\ h_2(x)=q_1C(2\mid 1)f_1(x)$$

从而

$$R_1=\{x\mid q_2C(1\mid 2)f_2(x)\leqslant q_1C(2\mid 1)f_1(x)\}$$

$$R_2=\{x\mid q_2C(1\mid 2)f_2(x)> q_1C(2\mid 1)f_1(x)\}$$

令

$$V(x)=\frac{f_1(x)}{f_2(x)},\ d=\frac{q_2C(1\mid 2)}{q_1C(2\mid 1)}$$

则判别规则可表示为

$$\begin{array}{l}\text{当}\ V(x)\geqslant d\ \text{时，判}\ X\in G_1\\ \text{当}\ V(x)<d\ \text{时，判}\ X\in G_2\end{array}\qquad(9.10)$$

若 $f_1(\boldsymbol{x})$ 与 $f_2(\boldsymbol{x})$ 分别为 $N(\boldsymbol{\mu}_1,\ \boldsymbol{\Sigma})$ 和 $N(\boldsymbol{\mu}_2,\ \boldsymbol{\Sigma})$ 的分布密度函数，则

$$\begin{aligned}V(\boldsymbol{x})=\frac{f_1(\boldsymbol{x})}{f_2(\boldsymbol{x})}&=\exp\Big\{-\frac{1}{2}(\boldsymbol{x}-\boldsymbol{\mu}_1)^{\mathrm{T}}\boldsymbol{\Sigma}^{-1}(\boldsymbol{x}-\boldsymbol{\mu}_1)\\&\quad+\frac{1}{2}(\boldsymbol{x}-\boldsymbol{\mu}_2)^{\mathrm{T}}\boldsymbol{\Sigma}^{-1}(\boldsymbol{x}-\boldsymbol{\mu}_2)\Big\}\\&=\exp\left\{\left[\boldsymbol{x}-\frac{\boldsymbol{\mu}_1+\boldsymbol{\mu}_2}{2}\right]^{\mathrm{T}}\boldsymbol{\Sigma}^{-1}(\boldsymbol{\mu}_1-\boldsymbol{\mu}_2)\right\}=\exp W(\boldsymbol{x})\end{aligned}$$

其中 $W(\boldsymbol{x})=\left[\boldsymbol{x}-\dfrac{\boldsymbol{\mu}_1+\boldsymbol{\mu}_2}{2}\right]^{\mathrm{T}}\boldsymbol{\Sigma}^{-1}(\boldsymbol{\mu}_1-\boldsymbol{\mu}_2)$，表达式与式(9.1)一致。

判别规则式(9.10)可化为：

$$\begin{array}{l}\text{当}\ W(X)\geqslant \ln d\ \text{时，判}\ X\in G_1\\ \text{当}\ W(X)<\ln d\ \text{时，判}\ X\in G_2\end{array}\qquad(9.11)$$

由比较判别规则式(9.2)知，两者唯一的差别仅在于阈值点，式(9.2)用 0 作为阈值点，而这里用 $\ln d$。当 $q_1 = q_2$ 时，有 $C(1 \mid 2) = C(2 \mid 1)$，这时 $d = 1$，$\ln d = 0$，则(9.11)与(9.2)完全一致了。

9.4　数值例——SPSS 的应用

例 9.4.1　25 国某年 4 项指标数据同例 8.5.1，现有另外 3 国当年 4 项指标数据如表 9.2 所示。

表 9.2　数 据 表

国　　家	x_1	x_2	x_3	x_4
加拿大(Ⅰ)	3.50	2.4	80.1	79.8
葡萄牙(Ⅱ)	1.76	1.46	58.0	78.0
泰国(Ⅲ)	0.28	5.67	33	70.5

根据 8.5 节得到的分类结果，判别表 9.2 中 3 国属于哪一类？

操作步骤如下：

(1) 打开在图 8.5 显示的 SPSS 聚类分析结果文件并输入 3 国的相关数据(见图 9.1)。

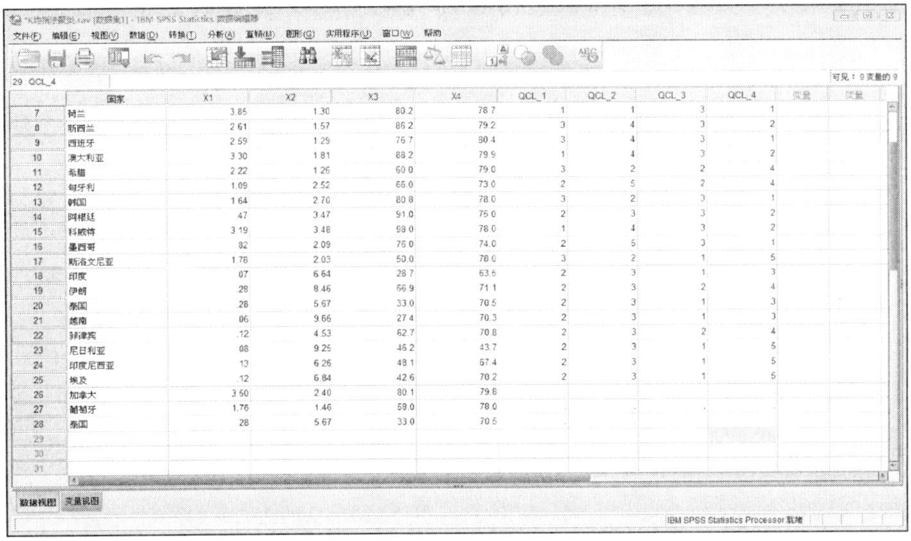

	国家	X1	X2	X3	X4	QCL_1	QCL_2	QCL_3	QCL_4
7	荷兰	3.85	1.30	80.2	76.7	1	1	3	1
8	新西兰	2.61	1.57	86.2	79.2	3	4	3	2
9	西班牙	2.59	1.29	76.7	80.4	3	4	3	1
10	澳大利亚	3.30	1.81	88.2	79.9	1	4	3	2
11	希腊	2.22	1.26	60.0	79.0	3	2	2	4
12	匈牙利	1.09	2.52	66.0	73.0	2	5	2	4
13	韩国	1.64	2.70	80.8	78.0	3	2	3	1
14	阿根廷	.47	3.47	91.0	75.0	2	3	3	2
15	科威特	3.19	3.48	98.0	78.0	1	4	3	2
16	墨西哥	.82	2.09	76.0	74.0	2	5	3	1
17	斯洛文尼亚	1.76	2.03	50.0	78.0	3	2	1	5
18	印度	.07	6.64	28.7	63.5	2	3	1	3
19	伊朗	.28	8.46	66.9	71.1	2	3	2	4
20	泰国	.28	5.67	33.0	70.5	2	3	1	3
21	越南	.06	9.66	27.4	70.3	2	3	1	3
22	菲律宾	.12	4.53	62.7	70.8	2	3	2	4
23	尼日利亚	.08	9.25	46.2	43.7	2	3	1	5
24	印度尼西亚	.13	6.26	48.1	67.4	2	3	1	5
25	埃及	.12	6.84	42.6	70.2	2	3	1	5
26	加拿大	3.50	2.40	80.1	79.8				
27	葡萄牙	1.76	1.46	58.0	78.0				
28	泰国	.28	5.67	33.0	70.5				

图 9.1　示意图

(2) 选择菜单栏上点击[分析]→[分类]→[判别]，在弹出的判别分析对话框(见图 9.2)中把分类结果变量 QCL－1 移入分组变量框，把 X1 移入自变量框，点击定义范围，在弹出的子对话框的最小值栏填上 1 和最大值栏填上 3(见图 9.3)。

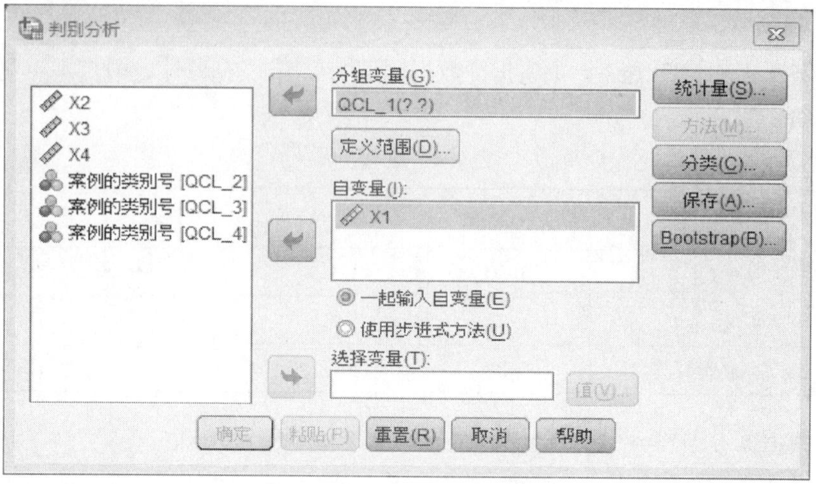

图 9.2　判别分析对话框

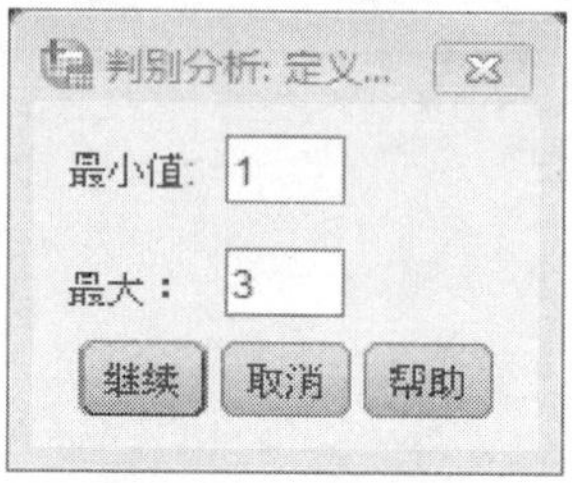

图 9.3　子对话框

点击[继续]，回到[判别分析]对话框；点击[统计量]，在弹出子对话框中选中 Fisher，点击[继续]，回到[判别分析]对话框；点击[保存]，在弹出子对话框中选中预测组成员，点击[继续]，回到[判别分析]对话框；点击[确定]，在原显示的 SPSS 聚类分析结果文件中，得到三国的判别结果(见图 9.4)。

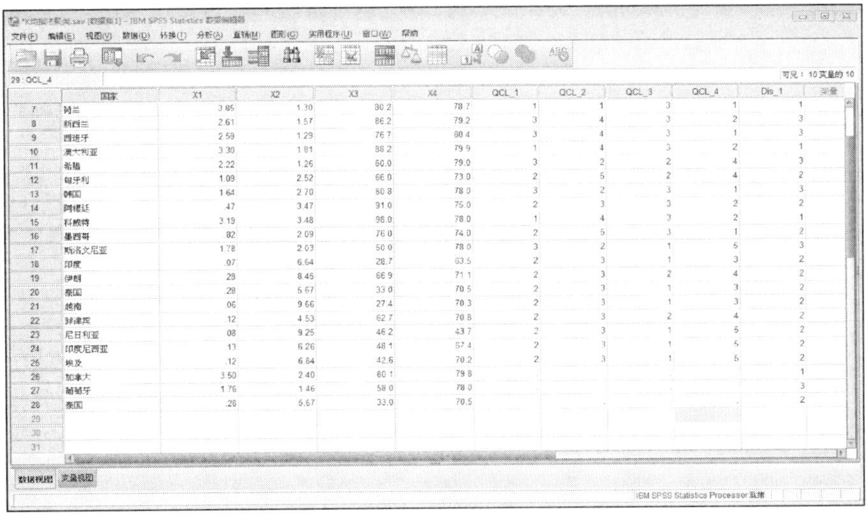

图 9.4　结果示意图

习　题　9

1. 设总体 $X \sim N\left(2, \left(\frac{1}{2}\right)^2\right)$，总体 $Y \sim N\left(5, \left(\frac{1}{3}\right)^2\right)$，现有一个样品 3.5，试判定此样品来自 X 和 Y 中的哪个总体。

2. 设总体 $X \sim N\left(3, \left(\frac{1}{2}\right)^2\right)$，总体 $Y \sim N(5.5, 1^2)$，总体 $Z \sim N(6, 2^2)$，现有一个样品 4，试判定此样品来自哪个总体。

3. 在本章例 9.1.1 条件下，(1) 若假定 $\boldsymbol{\Sigma}_1 = \boldsymbol{\Sigma}_2$，试建立判别函数和判别规则，有一天 $x_1 = 8$，$x_2 = 2$，应判下雨吗？(2) 若假定 $\boldsymbol{\Sigma}_1 \neq \boldsymbol{\Sigma}_2$，应判这一天下雨吗？

4. 下表是大学 A 和大学 B 某年各录取 30 名本科生的分数表，当年另有一名被这两所学校之一录取学生的 5 门课高考成绩分别为：语文 79，数学 95，英语 83，物理 90，化学 88，试用 SPSS 判别该生属于哪所学校。

表　A 与 B 学校录取分数

序号	语文	数学	英语	物理	化学	学校
1	85	86	80	86	81	A
2	81	86	81	80	78	A

续 表

序号	语文	数学	英语	物理	化学	学校
3	86	85	92	82	93	A
4	76	80	88	83	90	A
5	74	88	79	84	80	A
6	81	89	86	99	78	A
7	85	76	76	86	83	A
8	78	84	76	82	90	A
9	82	89	83	87	89	A
10	80	86	85	90	86	A
11	85	86	85	80	89	A
12	80	86	85	79	89	A
13	90	86	88	85	85	A
14	86	79	85	81	99	A
15	83	90	95	85	90	A
16	83	89	84	87	88	A
17	81	94	82	90	85	A
18	83	78	91	88	91	A
19	88	88	83	87	76	A
20	77	88	94	91	75	A
21	92	82	81	87	84	A
22	87	83	78	93	76	A
23	83	82	78	75	79	A
24	83	82	79	86	87	A
25	84	80	88	86	76	A
26	84	86	90	88	85	A
27	87	79	84	97	94	A
28	82	80	94	89	85	A
29	85	83	86	88	87	A
30	78	76	87	84	83	A
31	76	70	70	79	77	B

续　表

序号	语文	数学	英语	物理	化学	学校
32	74	73	67	72	84	B
33	74	72	81	76	81	B
34	76	75	75	83	86	B
35	68	76	78	76	71	B
36	78	75	74	71	64	B
37	87	76	76	79	68	B
38	67	71	76	78	69	B
39	71	72	80	73	68	B
40	78	71	77	75	64	B
41	78	70	79	79	73	B
42	78	77	68	75	78	B
43	66	80	70	78	80	B
44	76	66	76	79	73	B
45	80	76	86	82	75	B
46	73	76	77	63	66	B
47	76	71	75	69	72	B
48	76	71	70	72	81	B
49	72	79	69	74	83	B
50	78	71	70	76	76	B
51	72	77	73	75	77	B
52	70	74	78	76	76	B
53	81	74	82	73	72	B
54	71	80	73	78	76	B
55	71	81	77	68	76	B
56	79	71	87	70	79	B
57	61	79	84	78	68	B
58	80	69	72	79	87	B
59	73	76	77	75	69	B
60	78	80	85	70	76	B

第10章　主成分分析

在实际问题的研究中常常要涉及多项指标，在很多情况下，不同指标之间有一定的线性相关性。由于指标较多再加上指标之间相关性的干扰，这样增加了分析问题的复杂性。主成分分析是设法将原指标综合成一组新的不相关的指标。这些新指标应尽可能多地含有原指标的信息，并且所含原指标信息的多少可以依次排队，可以选用含信息多的一部分新指标来代替原有指标。这为简化问题的复杂性创造了有利条件，它是处理降维的一种方法。

例如，要考究地加工一件上衣需要测量很多尺寸，如身长、袖长、胸围、腰围、肩宽、背宽、领围、袖口肥等十几项指标，服装厂要生产服装不可能把型号分得过多，由于这些指标之间具有相关性，因而可以把多种指标中综合成两项指标：身长、胸围(反映胖瘦)。这两项指标就能使衣服适合绝大多数人穿着了。这里已经包含了主成分的思想。主成分分析除了可以单独用来处理上面所讨论的这一类问题外，还可以与其他方法结合起来使用，例如与回归分析结合起来就产生了主成分回归分析，它可以克服回归问题中由于自变量之间的高度相关而产生的分析困难。

10.1　总体主成分

主成分分析是设法将原来众多具有一定相关性的指标，重新组合成一组新的不相关的综合指标来代替原来指标。通常数学上的处理就是取原来 k 个指标的线性组合，作为新的综合指标，但是这种线性组合，如果不加限制，则可以有很多，我们应该如何去选取呢？如果将选取的第一个线性组合即第一个综合指标记为 Z_1，自然希望它尽可能多的反映原来指标的信息，这里的“信息”用什么来表达？最经典的方法就是用 Z_1 的方差来表达，即 $D(Z_1)$ 越大，表示它包含的信息越多。因此在所有的线性组合中选方差最大的，称 Z_1 为第一主成分。如果第一主成分不足以代表原来 k 个指标的信息，再考虑选取第二个线性组合，为了有效地反映原来信息，Z_1 已有的信息就不需要再包含了，用概率语言表达就是要求 $\operatorname{cov}(Z_1, Z_2) = 0$，称 Z_2 为第 2 主成分，依此类推可以构造第 3，第 4，…，第 k

个主成分。因此在实际工作中，挑选前几个主成分组成的向量取代原来的向量，虽然这样做会损失一部分信息，但是由于它使我们抓住了主要矛盾，并从原始数据中进一步提取了某些新的信息，因而在某些实际问题的研究中收益比损失大，这种既减少了变量的数目又抓住了主要矛盾的做法有利于问题的分析和处理。

设 $\boldsymbol{X}=\begin{bmatrix}X_1\\X_2\\\vdots\\X_p\end{bmatrix}$，$\boldsymbol{X}$ 的协方差矩阵用 $\boldsymbol{\Sigma}$ 表示，$\boldsymbol{\Sigma}>0$（即 $\boldsymbol{\Sigma}$ 是正定矩阵）。

问题 1　要寻找 $\boldsymbol{\alpha}=\begin{bmatrix}\alpha_1\\\alpha_2\\\vdots\\\alpha_p\end{bmatrix}$，$\boldsymbol{\alpha}\in\mathbf{R}^p$，使得 $\boldsymbol{\alpha}^{\mathrm{T}}\boldsymbol{X}$ 的方差 $D(\boldsymbol{\alpha}^{\mathrm{T}}\boldsymbol{X})$ 达到最大，且 $\boldsymbol{\alpha}$ 满足 $\boldsymbol{\alpha}^{\mathrm{T}}\boldsymbol{\alpha}=1$（即 $\boldsymbol{\alpha}$ 是一单位向量）。

若 $\boldsymbol{\alpha}$ 不给单位向量的限制，则问题 1 无解。

设 $\boldsymbol{\Sigma}$ 的 p 个特征值从大到小依次是 $\lambda_1\geqslant\lambda_2\geqslant\cdots\geqslant\lambda_p$，对应的特征向量依次是 $\boldsymbol{\alpha}_1,\ \boldsymbol{\alpha}_2,\ \cdots,\ \boldsymbol{\alpha}_p$。则问题 1 的解 $\boldsymbol{\alpha}$ 是 λ_1 对应的特征向量 $\boldsymbol{\alpha}_1$。

下面加以推导：$D(\boldsymbol{\alpha}^{\mathrm{T}}\boldsymbol{X})=\mathrm{cov}(\boldsymbol{\alpha}^{\mathrm{T}}\boldsymbol{X},\ \boldsymbol{\alpha}^{\mathrm{T}}\boldsymbol{X})=\boldsymbol{\alpha}^{\mathrm{T}}\boldsymbol{\Sigma}\boldsymbol{\alpha}$，由求条件极值的方法，令

$$h(\boldsymbol{\alpha})=\boldsymbol{\alpha}^{\mathrm{T}}\boldsymbol{\Sigma}\boldsymbol{\alpha}+\lambda(1-\boldsymbol{\alpha}^{\mathrm{T}}\boldsymbol{\alpha})$$

对 $\boldsymbol{\alpha}$ 微分，得

$$\begin{aligned}\mathrm{d}h(\boldsymbol{\alpha})&=(\mathrm{d}\boldsymbol{\alpha})^{\mathrm{T}}\boldsymbol{\Sigma}\boldsymbol{\alpha}+\boldsymbol{\alpha}^{\mathrm{T}}\boldsymbol{\Sigma}\mathrm{d}\boldsymbol{\alpha}+\lambda[-(\mathrm{d}\boldsymbol{\alpha})^{\mathrm{T}}\boldsymbol{\alpha}-\boldsymbol{\alpha}^{\mathrm{T}}\mathrm{d}\boldsymbol{\alpha}]\\&=2\boldsymbol{\alpha}^{\mathrm{T}}\boldsymbol{\Sigma}\mathrm{d}\boldsymbol{\alpha}-2\lambda\boldsymbol{\alpha}^{\mathrm{T}}\mathrm{d}\boldsymbol{\alpha}\\&=2\boldsymbol{\alpha}^{\mathrm{T}}\boldsymbol{\Sigma}\mathrm{d}\boldsymbol{\alpha}-2\lambda\boldsymbol{\alpha}^{\mathrm{T}}\mathrm{d}\boldsymbol{\alpha}=2(\boldsymbol{\alpha}^{\mathrm{T}}\boldsymbol{\Sigma}-\lambda\boldsymbol{\alpha}^{\mathrm{T}})\mathrm{d}\boldsymbol{\alpha}\end{aligned}$$

$\dfrac{\partial h}{\partial\boldsymbol{\alpha}^{\mathrm{T}}}=2(\boldsymbol{\alpha}^{\mathrm{T}}\boldsymbol{\Sigma}-\lambda\boldsymbol{\alpha}^{\mathrm{T}})=\mathbf{0}^{\mathrm{T}}$，$\boldsymbol{\Sigma}\boldsymbol{\alpha}=\lambda\boldsymbol{\alpha}$，所以 λ 是矩阵 $\boldsymbol{\Sigma}$ 的特征值，而 $\boldsymbol{\alpha}$ 是属于特征值 λ 的特征向量。这时 $D(\boldsymbol{\alpha}^{\mathrm{T}}\boldsymbol{X})=\boldsymbol{\alpha}^{\mathrm{T}}\boldsymbol{\Sigma}\boldsymbol{\alpha}=\lambda\boldsymbol{\alpha}^{\mathrm{T}}\boldsymbol{\alpha}=\lambda$，因此要使 $D(\boldsymbol{\alpha}^{\mathrm{T}}\boldsymbol{X})$ 达到最大，只要取 $\lambda=\lambda_1$，而 $\boldsymbol{\alpha}=\boldsymbol{\alpha}_1$。

定义 10.1.1　称 $Z_1=\boldsymbol{\alpha}_1^{\mathrm{T}}\boldsymbol{X}$ 为 $\boldsymbol{X}$ 的第 1 主成分。

问题 2　寻找 $\boldsymbol{\alpha}=\begin{bmatrix}\alpha_1\\\alpha_2\\\vdots\\\alpha_p\end{bmatrix}$，$\boldsymbol{\alpha}\in\mathbf{R}^p$，使得 $\boldsymbol{\alpha}^{\mathrm{T}}\boldsymbol{X}$ 的方差 $D(\boldsymbol{\alpha}^{\mathrm{T}}\boldsymbol{X})$ 达到最大，且 $\boldsymbol{\alpha}$

满足 $\boldsymbol{\alpha}^{\mathrm{T}}\boldsymbol{\alpha}=1$，$\operatorname{cov}(\boldsymbol{\alpha}^{\mathrm{T}}\boldsymbol{X},\ \boldsymbol{\alpha}_1^{\mathrm{T}}\boldsymbol{X})=0$。则问题 2 的解 $\boldsymbol{\alpha}$ 是 λ_2 对应的特征向量 $\boldsymbol{\alpha}_2$。

下面加以推导：$D(\boldsymbol{\alpha}^{\mathrm{T}}\boldsymbol{X})=\boldsymbol{\alpha}^{\mathrm{T}}\boldsymbol{\Sigma}\boldsymbol{\alpha}$，条件 $\operatorname{cov}(\boldsymbol{\alpha}^{\mathrm{T}}\boldsymbol{X},\ \boldsymbol{\alpha}_1^{\mathrm{T}}\boldsymbol{X})=0$ 化为等价条件，$\operatorname{cov}(\boldsymbol{\alpha}^{\mathrm{T}}\boldsymbol{X},\ \boldsymbol{\alpha}_1^{\mathrm{T}}\boldsymbol{X})=0\Leftrightarrow\boldsymbol{\alpha}^{\mathrm{T}}\boldsymbol{\Sigma}\boldsymbol{\alpha}_1=0\Leftrightarrow\boldsymbol{\alpha}^{\mathrm{T}}\boldsymbol{\alpha}_1=0$，再仿照问题 1 的推导，令

$$h(\boldsymbol{\alpha})=\boldsymbol{\alpha}^{\mathrm{T}}\boldsymbol{\Sigma}\boldsymbol{\alpha}+\lambda(1-\boldsymbol{\alpha}^{\mathrm{T}}\boldsymbol{\alpha})+\xi\boldsymbol{\alpha}^{\mathrm{T}}\boldsymbol{\alpha}_1$$

对 $\boldsymbol{\alpha}$ 微分，得
$$\begin{aligned}\mathrm{d}h(\boldsymbol{\alpha})&=(\mathrm{d}\boldsymbol{\alpha})^{\mathrm{T}}\boldsymbol{\Sigma}\boldsymbol{\alpha}+\boldsymbol{\alpha}^{\mathrm{T}}\boldsymbol{\Sigma}\mathrm{d}\boldsymbol{\alpha}+\lambda(-(\mathrm{d}\boldsymbol{\alpha})^{\mathrm{T}}\boldsymbol{\alpha}\\&\quad-\boldsymbol{\alpha}^{\mathrm{T}}\mathrm{d}\boldsymbol{\alpha})+\xi(\mathrm{d}\boldsymbol{\alpha})^{\mathrm{T}}\boldsymbol{\alpha}_1\\&=2\boldsymbol{\alpha}^{\mathrm{T}}\boldsymbol{\Sigma}\mathrm{d}\boldsymbol{\alpha}-2\lambda\boldsymbol{\alpha}^{\mathrm{T}}\mathrm{d}\boldsymbol{\alpha}+\xi\boldsymbol{\alpha}_1^{\mathrm{T}}\mathrm{d}\boldsymbol{\alpha}\\&=(2\boldsymbol{\alpha}^{\mathrm{T}}\boldsymbol{\Sigma}-2\lambda\boldsymbol{\alpha}^{\mathrm{T}}+\xi\boldsymbol{\alpha}_1^{\mathrm{T}})\mathrm{d}\boldsymbol{\alpha}\end{aligned}$$

$\dfrac{\partial h}{\partial\boldsymbol{\alpha}^{\mathrm{T}}}=2\boldsymbol{\alpha}^{\mathrm{T}}\boldsymbol{\Sigma}-2\lambda\boldsymbol{\alpha}^{\mathrm{T}}+\xi\boldsymbol{\alpha}_1^{\mathrm{T}}=\boldsymbol{0}^{\mathrm{T}}$，$2\boldsymbol{\alpha}^{\mathrm{T}}\boldsymbol{\Sigma}\boldsymbol{\alpha}_1-2\lambda\boldsymbol{\alpha}^{\mathrm{T}}\boldsymbol{\alpha}_1+\xi\boldsymbol{\alpha}_1^{\mathrm{T}}\boldsymbol{\alpha}_1=\boldsymbol{0}^{\mathrm{T}}$，则 $\xi=0$，

$\boldsymbol{\Sigma}\boldsymbol{\alpha}=\lambda\boldsymbol{\alpha}$。所以 λ 是矩阵 $\boldsymbol{\Sigma}$ 的特征值，而 $\boldsymbol{\alpha}$ 是属于特征值 $\boldsymbol{\lambda}$ 的特征向量。这时 $D(\boldsymbol{\alpha}^{\mathrm{T}}\boldsymbol{X})=\boldsymbol{\alpha}^{\mathrm{T}}\boldsymbol{\Sigma}\boldsymbol{\alpha}=\lambda\boldsymbol{\alpha}^{\mathrm{T}}\boldsymbol{\alpha}=\lambda$，因此要使 $D(\boldsymbol{\alpha}^{\mathrm{T}}\boldsymbol{X})$ 达到最大，只要取 $\lambda=\lambda_2$，而 $\boldsymbol{\alpha}=\boldsymbol{\alpha}_2$。

称 $Z_2=\boldsymbol{\alpha}_2^{\mathrm{T}}\boldsymbol{X}$ 为 $\boldsymbol{X}$ 的第 2 主成分。

问题 3 寻找 $\boldsymbol{\alpha}=\begin{bmatrix}\alpha_1\\\alpha_2\\\vdots\\\alpha_p\end{bmatrix}$，$\boldsymbol{\alpha}\in\mathbf{R}^n$，使得 $\boldsymbol{\alpha}^{\mathrm{T}}\boldsymbol{X}$ 的方差 $D(\boldsymbol{\alpha}^{\mathrm{T}}\boldsymbol{X})$ 达到最大，且 $\boldsymbol{\alpha}$ 满足 $\boldsymbol{\alpha}^{\mathrm{T}}\boldsymbol{\alpha}=1$，$\operatorname{cov}(\boldsymbol{\alpha}^{\mathrm{T}}\boldsymbol{X},\ \boldsymbol{\alpha}_i^{\mathrm{T}}\boldsymbol{X})=0$，$i=1,\ 2,\ \cdots,\ k-1$，则问题 3 的解 $\boldsymbol{\alpha}$ 是 λ_k 对应的特征向量 $\boldsymbol{\alpha}_k$。

推导可仿照问题 2，略。

定义 10.1.2 称 $Z_k=\boldsymbol{\alpha}_k^{\mathrm{T}}\boldsymbol{X}$ 为 $\boldsymbol{X}$ 的第 k 个主成分。

各主成分的方差 $DZ_i=\lambda_i$，$i=1,\ 2,\ \cdots,\ k$。

定义 10.1.3 称 $\dfrac{DY_j}{\sum\limits_{i=1}^{p}DY_i}=\dfrac{\lambda_j}{\sum\limits_{i=1}^{p}\lambda_i}$ 为第 j 个主成分的贡献率，$\dfrac{\sum\limits_{i=1}^{q}DY_i}{\sum\limits_{i=1}^{p}DY_i}=\dfrac{\sum\limits_{i=1}^{q}\lambda_i}{\sum\limits_{i=1}^{p}\lambda_i}$ 为前 q 个主成分的累计贡献率。

在实际问题中，当前 q 个主成分的累计贡献率大于 85%（临界值根据具体问题定）时，就可以用前 q 个主成分组成的向量取代原来的向量了。

例 10.1.1　已知总体 $\boldsymbol{X}$ 的协方差矩阵 $\boldsymbol{\Sigma}=\begin{bmatrix}1 & 0.8\\0.8 & 1\end{bmatrix}$，求 $\boldsymbol{X}$ 的各个主成分及贡献率。

解　$|\lambda\boldsymbol{E}-\boldsymbol{\Sigma}|=\begin{vmatrix}\lambda-1 & -0.8\\-0.8 & \lambda-1\end{vmatrix}=(\lambda-1)^2-0.8^2=(\lambda-0.2)(\lambda-1.8)=0$

故 $\lambda_1=1.8$，$\lambda_2=0.2$

当 $\lambda_1=1.8$ 时，得 $$(1.8\boldsymbol{E}-\boldsymbol{\Sigma})\boldsymbol{x}=0$$

即 $$\begin{cases}0.8x_1-0.8x_2=0\\-0.8x_1+0.8x_2=0\end{cases}$$

化为 $x_1=x_2$，解得 $\boldsymbol{x}=\begin{bmatrix}1\\1\end{bmatrix}$，单位化得 $\boldsymbol{\alpha}_1=\frac{1}{\sqrt{2}}\begin{bmatrix}1\\1\end{bmatrix}$

$\boldsymbol{X}$ 的第 1 主成分为 $$z_1=\frac{1}{\sqrt{2}}x_1+\frac{1}{\sqrt{2}}x_2$$

当 $\lambda_2=0.2$ 时，得 $$(0.2\boldsymbol{E}-\boldsymbol{\Sigma})\boldsymbol{x}=0$$

即 $$\begin{cases}-0.8x_1-0.8x_2=0\\-0.8x_1-0.8x_2=0\end{cases}$$

化为 $x_1=-x_2$，解得 $\boldsymbol{x}=\begin{bmatrix}1\\-1\end{bmatrix}$，单位化得 $\boldsymbol{\alpha}_2=\frac{1}{\sqrt{2}}\begin{bmatrix}1\\-1\end{bmatrix}$

$\boldsymbol{X}$ 的第 2 主成分为 $$z_1=\frac{1}{\sqrt{2}}x_1-\frac{1}{\sqrt{2}}x_2$$

第 1 主成分的贡献率 $=\dfrac{\lambda_1}{\lambda_1+\lambda_2}=0.9>0.85$

因此可用第 1 主成分 z_1 取代原来的向量 $\boldsymbol{X}$。

例 10.1.2　已知总体 $\boldsymbol{X}$ 的协方差矩阵

$\boldsymbol{\Sigma}=\begin{bmatrix}\sigma_{11} & \cdots & 0\\\vdots & \ddots & \vdots\\0 & \cdots & \sigma_{pp}\end{bmatrix}$，其中 $\sigma_{11}\geqslant\sigma_{22}\geqslant\cdots\geqslant\sigma_{pp}>0$，求 $\boldsymbol{X}$ 的各个主成分。

解 取 $\boldsymbol{\alpha}_i=(0,\cdots,0,\underset{i}{1},0,\cdots,0)^{\mathrm{T}}$，则 $\boldsymbol{\Sigma}\boldsymbol{\alpha}_i=\sigma_{ii}\boldsymbol{\alpha}_i$

所以第 i 个主成分 $z_i=\boldsymbol{\alpha}_i^{\mathrm{T}}\boldsymbol{X}=X_i,\ i=1,\cdots,p$

这表明若 $\boldsymbol{X}$ 的分量两两不相关时，则 $\boldsymbol{X}$ 的主成分向量是本身，就不能再化简了。

10.2 样本主成分

在实际问题中总体的协方差矩阵 $\boldsymbol{\Sigma}$ 常常未知，应利用样本协方差矩阵先对它进行估计。

设样本为 $\boldsymbol{X}_1,\boldsymbol{X}_2,\cdots,\boldsymbol{X}_n$，样本协方差矩阵 $\hat{\boldsymbol{\Sigma}}=\dfrac{1}{n}\sum_{i=1}^{n}(\boldsymbol{X}_i-\overline{\boldsymbol{X}})(\boldsymbol{X}_i-\overline{\boldsymbol{X}})^{\mathrm{T}}$，式中 $\overline{\boldsymbol{X}}=\dfrac{1}{n}\sum_{i=1}^{n}\boldsymbol{X}_i$。

可以用 $\hat{\boldsymbol{\Sigma}}$ 取代 $\boldsymbol{\Sigma}$ 后再计算得到主成分称为样本主成分。

设 $\hat{\boldsymbol{\Sigma}}$ 的 p 个特征值从大到小依次是 $\hat{\lambda}_1\geqslant\hat{\lambda}_2\geqslant\cdots\geqslant\hat{\lambda}_p$，对应的特征向量依次是 $\hat{\boldsymbol{\alpha}}_1,\hat{\boldsymbol{\alpha}}_2,\cdots,\hat{\boldsymbol{\alpha}}_p$。称 $\boldsymbol{Z}_i=\hat{\boldsymbol{\alpha}}_i^{\mathrm{T}}\boldsymbol{X}$ 为第 i 个样本主成分。

当累计贡献率 $\dfrac{\sum_{i=1}^{q}\hat{\lambda}_i}{\sum_{i=1}^{p}\hat{\lambda}_i}$ 大于 85%时，就可以用前 q 个样本主成分组成的向量取代原来的向量。

前面讨论的主成分计算是从协方差矩阵 $\boldsymbol{\Sigma}$ 出发的，其结果受变量单位的影响。不同的变量往往有不同的单位，对同一变量单位的改变会产生不同的主成分，主成分倾向于多显示方差大的变量的信息，对于方差小的变量的信息就可能反映得不够，为使主成分能够均衡地对待每一个原始变量，消除由于单位的不同可能带来的影响，我们常常将各原始变量作标准化处理，即令

$$\boldsymbol{X}_i^*=\frac{X_i-E(X_i)}{\sqrt{D(X_i)}}\qquad i=1,2,\cdots,p$$

显然，$\boldsymbol{X}^{*\mathrm{T}}=(X_1^*,\cdots,X_p^*)^{\mathrm{T}}$ 的协方差矩阵就是 $\boldsymbol{X}$ 的相关矩阵 $\boldsymbol{R}$。实际应用中，$\boldsymbol{X}$ 的相关矩阵 $\boldsymbol{R}$ 可以利用样本进行估计得到。从相关矩阵计算得的主成分与协方差矩阵计算得到的主成分一般是不同的，差异有时很大。如果各指标之间的数据的基础数量级相差悬殊，特别是各指标有不同的计量单位时，合理的

做法是使用 $\boldsymbol{R}$ 代替 $\boldsymbol{\Sigma}$。

因此，在实际应用中，主成分分析的具体步骤可以归纳为：

第一步：将原始数据标准化；

第二步：用样本估计相关矩阵 $\hat{\boldsymbol{R}}$；

第三步：求 $\hat{\boldsymbol{R}}$ 的特征根为 $\lambda_1^* \geqslant \cdots \geqslant \lambda_p^* \geqslant 0$，相应的特征向量为 $\boldsymbol{\alpha}_1^*$，$\boldsymbol{\alpha}_2^*$，…，$\boldsymbol{\alpha}_p^*$；

第四步：由累积方差贡献率确定主成分的个数 q，得 q 个样本主成分为

$$Y_i = (\boldsymbol{\alpha}_i^*)^{\mathrm{T}}\boldsymbol{X}, \qquad i=1, 2, \cdots, q$$

最后介绍主成分在作综合评价时的应用。

人们在对某个单位或某个系统进行综合评价时都会遇到如何选择评价指标体系和如何对这些指标进行综合评价的困难。一般情况下，选择评价指标体系后通过对各指标加权的办法来进行综合。但是，如何对指标加权是一项具有挑战性的工作。指标加权的依据是指标的重要性，指标在评价中的重要性判断难免带有一定的主观性，这影响了综合评价的客观性和准确性。由于主成分分析能从选定的指标体系中归纳出大部分信息，根据主成分提供的信息进行综合评价，不失为一个可行的选择。这个方法是根据指标间的相对重要性进行客观加权，可以避免综合评价者的主观影响，在实际应用中受到人们的重视。方法是对主成分进行加权平均给出综合评价。利用主成分进行加权综合评价时，主要是将原有的信息进行综合，因此，要充分的利用原始变量提供的信息。将主成分的权数定为其的方差贡献率，因为方差贡献率反映了各个主成分的信息含量多少。

设 Y_1，Y_2，…，Y_p 是所求出的 p 个主成分，它们对应的特征根分别是 λ_1，λ_2，…，λ_p，

令
$$w_i = \frac{\lambda_i}{\sum_{i=1}^{p}\lambda_i}, \ i=1, 2, \cdots, p$$

记 $\boldsymbol{W}^{\mathrm{T}} = (w_1, w_2, \cdots, w_p)^{\mathrm{T}}$，构造综合评价函数为

$$Z = w_1Y_1 + w_2Y_2 + \cdots + w_pY_p = \boldsymbol{W}^{\mathrm{T}}\boldsymbol{Y}$$

下面举一个数值例。

10.3　数值例——SPSS 的应用

例 10.3.1　表 10.1 是某年某市工业部门 13 个行业的 8 项重要指标数据，

这 8 项指标分别是：

X_1：年末固定资产净值，单位：万元；X_2：职工人数据，单位：人；X_3：工业总产值，单位：万元；X_4：全员劳动生产率，单位：元/人年；X_5：百元固定资产原值实现产值，单位：元；X_6：资金利税率，单位：%；X_7：标准燃料消费量，单位：吨；X_8：能源利用效果，单位：万元/吨。

表 10.1 数据表

	X_1	X_2	X_3	X_4	X_5	X_6	X_7	X_8
冶金	90 342	52 455	101 091	19 272	82	16.1	197 435	0.172
电力	4 903	1 973	2 035	10 313	34.2	7.1	592 077	0.003
煤炭	6 735	21 139	3 767	1 780	36.1	8.2	726 396	0.003
化学	49 454	36 241	81 557	22 504	98.1	25.9	348 226	0.985
机器	139 190	203 505	215 898	10 609	93.2	12.6	139 572	0.628
建材	12 215	16 219	10 351	6 382	62.5	8.7	145 818	0.066
森工	2 372	6 572	8 103	12 329	184.4	22.2	20 921	0.152
食品	11 062	23 078	54 935	23 804	370.4	41	65 486	0.263
纺织	17 111	23 907	52 108	21 796	221.5	21.5	63 806	0.276
缝纫	1 206	3 930	6 126	15 586	330.4	29.5	1 840	0.437
皮革	2 150	5 704	6 200	10 870	184.2	12	8 913	0.274
造纸	5 251	6 155	10 383	16 875	146.4	27.5	78 796	0.151
文教	14 341	13 203	19 396	14 691	94.6	17.8	6 354	1.574

试计算这 8 个指标的主成分及对 13 个工业部门进行排序。

下一段跳过读，等学了下一章再读。

SPSS 没有提供主成分分析的专用功能，只有因子分析的功能。可以借助于因子分析进行主成分分析，而且操作简单易行。具体来讲，就是利用因子载荷矩阵和相关系数矩阵的特征根来计算特征向量。即 $z_{ij}=\dfrac{a_{ij}}{\sqrt{\lambda_j}}$，其中：$z_{ij}$ 为第 j 个特征向量的第 i 个分量；a_{ij} 为因子载荷阵第 i 行第 j 列的元素；λ_j 为第 j 个因子对应的特征根。然后再利用计算出的特征向量来计算主成分。

操作步骤如下：在 SPSS 打开的数据文件窗口，菜单栏上点击[分析]→[降维]→[因子分析]，在弹出的因子分析对话框上把 X_1，X_2，…，X_8 移入变量框(见图 10.1)。

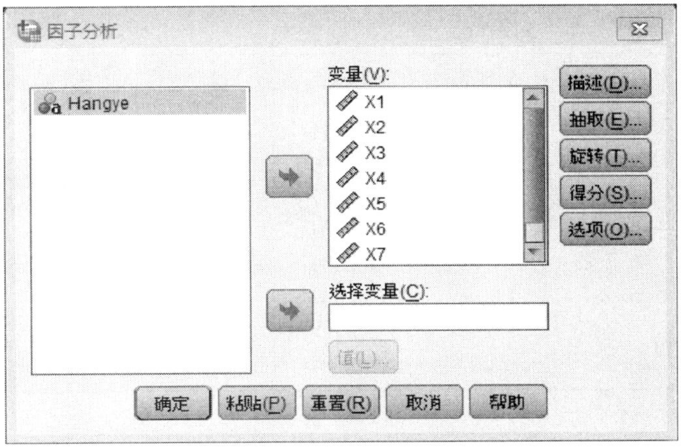

图 10.1　因子分析对话框

再点击[抽取]，在弹出的子对话框上，选中固定因子个数，填上 8(即全部)(见图 10.2)。

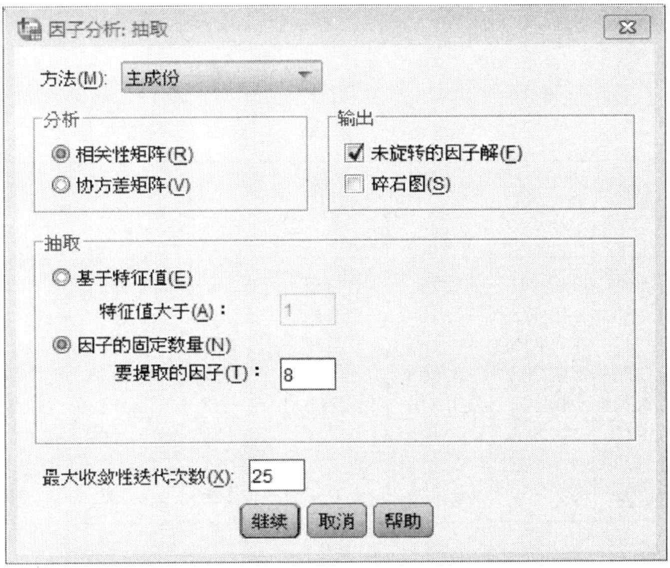

图 10.2　子对话框

然后点击[继续]，回到原因子分析对话框后点击[确定]。运行后在输出窗口得到表 10.2 和表 10.3 显示的结果。

表 10.2 解释的总方差

成分	初始特征值			提取平方和载入		
	合计	方差的%	累积%	合计	方差的%	累积%
1	3.105	38.811	38.811	3.105	38.811	38.811
2	2.897	36.218	75.029	2.897	36.218	75.029
3	0.930	11.628	86.657	0.930	11.628	86.657
4	0.642	8.027	94.684	0.642	8.027	94.684
5	0.304	3.801	98.485	0.304	3.801	98.485
6	0.087	1.082	99.567	0.087	1.082	99.567
7	0.032	0.402	99.969	0.032	0.402	99.969
8	0.002	0.031	100.000	0.002	0.031	100.000

提取方法：主成分分析。

注 初始特征值一栏中合计所在列表示各特征值 λ_j；方差的%所在列表示方差贡献率%，即 $\dfrac{\lambda_j}{\sum_j \lambda_j} = \dfrac{\lambda_j}{8}$；累积%所在列表示方差累计贡献率%，即

$$\frac{\sum_{j=1}^{k}\lambda_j}{\sum_{j=1}^{8}\lambda_j} = \frac{\sum_{j=1}^{k}\lambda_j}{8},\ j=1,\ 2,\ \cdots,\ 8。$$

表 10.3 成分矩阵[a]

	成分							
	1	2	3	4	5	6	7	8
X_1	0.840	0.504	0.100	0.036	−0.102	−0.019	0.136	0.012
X_2	0.833	0.473	0.157	−0.140	0.168	−0.014	−0.093	0.026
X_3	0.747	0.643	0.151	0.047	0.010	0.029	−0.031	−0.039
X_4	−0.375	0.768	−0.008	0.414	−0.297	0.085	−0.045	0.011
X_5	−0.684	0.563	0.310	−0.160	0.248	0.171	0.042	0.002
X_6	−0.621	0.686	0.140	0.224	0.175	−0.210	0.010	−0.002
X_7	0.379	−0.642	0.135	0.608	0.231	0.057	0.009	0.002
X_8	0.097	0.464	−0.860	0.058	0.178	0.036	0.012	0.000

提取方法：主成分。
a. 已提取了 8 个成分。

注 把表 10.3 中的第 i 列向量除以 $\sqrt{\lambda_i}$ 就是第 i 个特征向量 $\boldsymbol{a}_i$，第 i 个主成分是 $z_i = \boldsymbol{a}_i^{\mathrm{T}}\boldsymbol{X}$

下面介绍用 SPSS 计算 $\boldsymbol{a}_i$。

以表 10.3 中的 8 列数据建立一个数据文件，每列变量名定义为 T1，T2，…，T8。用 SPSS 打开该文件，在 SPSS 数据编辑器窗口，点击菜单栏上[转换]→[计算变量]，输入相关的表达式(见图 10.3)。

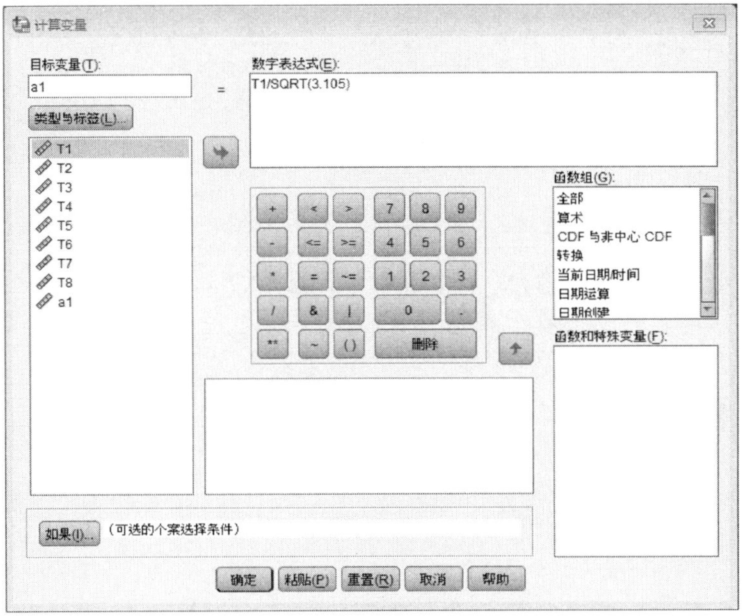

图 10.3　计算变量对话框

然后在计算变量对话框上点击[确定]，运行后在原数据文件增加一列 a_1，即 $\boldsymbol{a}_1$；然后重复这些步骤，就可以分别计算得到其他各个特征向量 $\boldsymbol{a}_2$，$\boldsymbol{a}_3$，…，$\boldsymbol{a}_8$（见表 10.4)。

表 10.4　特 征 向 量

特征向量 $\boldsymbol{a}_1$	特征向量 $\boldsymbol{a}_2$	特征向量 $\boldsymbol{a}_3$	特征向量 $\boldsymbol{a}_4$	特征向量 $\boldsymbol{a}_5$	特征向量 $\boldsymbol{a}_6$	特征向量 $\boldsymbol{a}_7$	特征向量 $\boldsymbol{a}_8$
0.48	0.38	0.16	0.02	−0.18	0.10	−0.17	−0.87
0.47	0.45	−0.01	−0.54	0.30	0.29	−0.25	0.25
0.42	0.33	0.32	0.45	0.02	0.58	0.23	0.04
−0.21	0.40	0.15	0.32	−0.54	−0.71	0.06	−0.04
−0.39	−0.38	0.14	0.42	0.45	0.19	0.05	0.04
−0.35	0.27	−0.89	0.32	0.32	0.12	0.07	0.00
0.22	0.28	0.16	0.30	0.42	−0.05	−0.52	0.58
0.06	0.30	0.10	−0.18	0.32	−0.06	0.76	0.27

若用累计贡献率大于85%作为选择主成分个数的标准，本例前3个主成分的累计贡献率已大于85%，从特征向量容易写出前3个主成分的表达式：

$$Z_1 = 0.48X_1^* + 0.47X_2^* + 0.42X_3^* - 0.21X_4^* - 0.39X_5^* - 0.35X_6^* + 0.22X_7^* + 0.06X_8^*$$

$$Z_2 = 0.38X_1^* + 0.45X_2^* + 0.33X_3^* + 0.40X_4^* - 0.38X_5^* + 0.27X_6^* + 0.28X_7^* + 0.30X_8^*$$

$$Z_3 = 0.16X_1^* - 0.01X_2^* + 0.32X_3^* + 0.15X_4^* + 0.14X_5^* - 0.89X_6^* + 0.16X_7^* + 0.10X_8^*$$

习 题 10

1. 已知总体 $\boldsymbol{X}$ 的协方差矩阵 $\boldsymbol{\Sigma} = \begin{bmatrix} 1 & 0.5 \\ 0.5 & 1 \end{bmatrix}$，求 $\boldsymbol{X}$ 的各个主成分及贡献率。

2. 设 $\boldsymbol{X}$ 的协方差矩阵为 $\begin{bmatrix} 1 & 0.6 \\ 0.6 & 1 \end{bmatrix}$，求 $\boldsymbol{X}$ 的各主成分及第一主成分的贡献率，是否可以用第一主成分取代 $\boldsymbol{X}$。

***3.** 设 $\boldsymbol{Z} = \boldsymbol{X} + \boldsymbol{Y} = (Z_1, Z_2, \cdots, Z_p)^{\mathrm{T}}$，且设 $E\boldsymbol{X} = \boldsymbol{0}$，$\mathrm{cov}(\boldsymbol{X}, \boldsymbol{X}) = \boldsymbol{\Sigma}$，$E\boldsymbol{Y} = \boldsymbol{0}$，$\mathrm{cov}(\boldsymbol{Y}, \boldsymbol{Y}) = \sigma^2 \boldsymbol{I}_p$，其中 $\boldsymbol{I}_p$ 为 p 阶单位矩阵，$\mathrm{cov}(\boldsymbol{X}, \boldsymbol{Y}) = \boldsymbol{0}$，求向量 $\boldsymbol{A} = (a_1, a_2, \cdots, a_p)^{\mathrm{T}}$，使得 $\boldsymbol{A}^{\mathrm{T}}\boldsymbol{Z}$ 的方差为1，而 $\boldsymbol{A}^{\mathrm{T}}\boldsymbol{X}$ 的方差为最小。

4. 设 $\boldsymbol{X}$ 的协方差矩阵为 $\begin{bmatrix} 1 & \rho & \rho \\ \rho & 1 & \rho \\ \rho & \rho & 1 \end{bmatrix}$，求 $\boldsymbol{X}$ 的第一主成分及贡献率。

5. 设 $\boldsymbol{X}$ 的协方差矩阵为形如上一题的 n 阶矩阵，求 $\boldsymbol{X}$ 的第一主成分的贡献率，当 $\rho = 0.8$，n 为何值时可以用第一主成分取代 $\boldsymbol{X}$。

6. 下表是2008年我国各省、市、自治区的城镇居民人均消费支出指标数据，其中主要有反映城镇居民消费支出状况的吃、穿、住等八项指标，对上述八项指标应用SPSS作主成分分析，给出取代这8项指标的主成分向量。

2008 年各地区城镇居民家庭平均每人全年消费性支出表 单位：元

地区	食品 X_1	衣着 X_2	居住 X_3	家庭设备用品及服务 X_4	医疗保健 X_5	交通和通信 X_6	教育文化娱乐服务 X_7	杂项商品和服务 X_8
北京	5 561.54	1 571.74	1 286.32	1 096.57	1 563.10	2 293.23	2 383.52	704.24
天津	5 005.09	1 153.66	1 528.28	817.18	1 220.92	1 567.87	1 608.97	520.49
河北	3 155.40	1 137.22	1 097.41	574.84	808.88	1 062.31	946.38	304.28
山西	2 974.76	1 137.71	1 250.87	471.65	769.79	931.33	1 041.91	228.53
内蒙古	3 553.48	1 616.56	1 028.19	672.64	869.71	1 191.70	1 383.53	512.81
辽宁	4 378.14	1 187.41	1 270.95	507.40	913.13	1 295.70	1 145.46	533.29
吉林	3 307.14	1 259.62	1 285.28	510.49	914.47	954.96	1 071.80	425.30
黑龙江	3 128.10	1 217.04	941.25	494.49	864.89	749.05	906.19	321.95
上海	7 108.62	1 520.61	1 646.19	1 182.24	755.29	3 373.19	2 874.54	937.21
江苏	4 544.64	1 166.91	1 042.10	813.45	794.63	1 357.96	1 799.75	458.10
浙江	5 522.56	1 546.46	1 333.69	713.31	933.11	2 392.63	2 195.58	520.95
安徽	3 905.05	1 010.61	988.12	579.59	633.93	920.77	1 160.14	325.82
福建	5 078.85	1 105.31	1 300.10	722.17	540.63	1 777.06	1 453.18	523.83
江西	3 633.05	969.58	851.15	623.17	483.96	872.57	945.99	337.91
山东	3 699.42	1 394.11	1 247.04	806.35	799.79	1 410.45	1 277.43	372.01
河南	3 079.82	1 141.76	963.59	633.32	790.87	915.12	988.95	324.03
湖北	3 996.27	1 099.16	914.26	604.40	675.32	890.12	1 037.24	260.74
湖南	3 970.42	1 090.72	960.82	674.84	790.95	971.05	1 110.11	376.62
广东	5 866.91	975.06	1 748.16	947.54	836.39	2 623.08	1 936.38	594.45
广西	4 082.99	772.28	891.33	603.84	529.36	1 376.03	1 081.54	290.04
海南	4 226.90	491.84	1 106.39	565.51	536.40	1 303.50	930.87	247.08
重庆	4 418.34	1 294.30	1 096.82	842.09	878.25	1 044.36	1 267.03	305.60
四川	4 255.48	1 042.45	819.28	590.51	564.93	1 121.45	947.01	338.03
贵州	3 597.94	851.50	836.54	525.70	471.39	871.15	934.73	260.27
云南	4 272.29	1 026.50	739.20	331.94	606.86	1 216.46	732.95	150.42
西藏	4 262.77	1 011.82	634.94	310.22	317.08	966.74	419.59	400.38

续 表

地区	食品 X_1	衣着 X_2	居住 X_3	家庭设备用品及服务 X_4	医疗保健 X_5	交通和通信 X_6	教育文化娱乐服务 X_7	杂项商品和服务 X_8
陕西	3 586.13	1 047.61	1 007.68	618.16	862.70	967.52	1 281.58	400.68
甘肃	3 183.79	1 022.62	846.26	546.23	654.82	817.17	936.33	301.40
青海	3 315.94	945.14	802.73	538.54	610.02	787.63	880.86	311.72
宁夏	3 352.83	1 178.88	1 069.15	596.81	816.87	1 096.32	1 043.72	403.71
新疆	3 235.77	1 245.02	781.90	535.31	643.48	1 003.89	812.36	411.63

资料来源：中国统计年鉴 2009。

7. 下表是样本数据表，试用 SPSS 计算 4 项指标的第一、第二主成分的表达式。

编号	货运总量 y/万吨	工业总产值 x_1/亿元	农业总产值 x_2/亿元	居民非商品支出 x_3/亿元
1	160	70	35	1.0
2	260	75	40	2.4
3	210	65	40	2.0
4	265	74	42	3.0
5	240	72	38	1.2
6	220	68	45	1.5
7	275	78	42	4.0
8	160	66	36	2.0
9	275	70	44	3.2
10	250	65	42	3.0

第11章　因 子 分 析

因子分析起源于 Charles Spearman 在 1904 年发表的文章《对智力测验得分进行统计分析》,他提出了因子分析方法用来解决智力测验的得分问题。因子分析在心理学、社会学、经济学等学科中都取得了一些成功的应用,它是多元统计分析中的实用方法之一。

因子分析可以看成主成分分析的一种推广,它也是一种降维、简化数据的技术,其目的是找出少数几个变量(称为公因子),去描述具有相关性的多个变量,即能反映原来多个变量的主要信息。原始的变量是可观测的变量,而公因子一般是不可观测的变量。

因子分析的内容已非常丰富了,常用的因子分析类型分为 R 型因子分析和 Q 型因子分析。R 型因子分析是对变量作因子分析,而 Q 型因子分析是对样品作因子分析,这点上与聚类分析问题相类似,本章重点讨论 R 型因子分析问题。

11.1　因子分析模型

例 11.1.1　有人对奥林匹克运动会十项全能的比赛成绩作研究,收集了 160 组数据,以 X_1, X_2, …, X_{10} 分别表示十项全能成绩的标准化得分,这里十项全能项目依次为:100 米短跑、跳远、铅球、跳高、400 米跑、110 米跨栏、铁饼、撑竿跳高、标枪、1 500 米跑,研究分析主要由哪些因素决定了十项全能的成绩,以指导运动员的选拔。

设要找的公因子有 m 个,分别用 f_1, f_2, …, f_m 表示,它们的值是未知的,通常假定 X_1, X_2, …, X_p 是由这些公因子加上各自的特殊因子 ε_1, ε_2, …, ε_p 构成:

$$X_i = a_{i1} f_1 + a_{i2} f_2 + \cdots + a_{im} f_m + \varepsilon_i,$$
$$i = 1, 2, \cdots, p, m \leqslant p \tag{11.1}$$

因子分析模型可用矩阵形式表示:

$$\boldsymbol{X} = \boldsymbol{AF} + \boldsymbol{\varepsilon} \tag{11.2}$$

式中：$\boldsymbol{X} = \begin{bmatrix} X_1 \\ X_2 \\ \vdots \\ X_p \end{bmatrix}$，$\boldsymbol{F} = \begin{bmatrix} f_1 \\ f_2 \\ \vdots \\ f_m \end{bmatrix}$，$\boldsymbol{A} = \begin{bmatrix} a_{11} & a_{12} & \cdots & a_{1m} \\ a_{21} & a_{22} & \cdots & a_{2m} \\ \cdots & \cdots & \cdots & \cdots \\ a_{p1} & a_{p2} & \cdots & a_{pm} \end{bmatrix}$，$\boldsymbol{\varepsilon} = \begin{bmatrix} \varepsilon_1 \\ \varepsilon_2 \\ \vdots \\ \varepsilon_p \end{bmatrix}$

$E\boldsymbol{X} = \boldsymbol{0}$，$\mathrm{cov}(\boldsymbol{X}, \boldsymbol{X}) = \boldsymbol{R}$（注：$\boldsymbol{R}$ 为相关系数矩阵），$E\boldsymbol{F} = \boldsymbol{0}$，$\mathrm{cov}(\boldsymbol{F}, \boldsymbol{F}) = \boldsymbol{I}_m$（$m$ 阶单位矩阵），即各个公共因子不相关且方差为 1。

$E\boldsymbol{\varepsilon} = \boldsymbol{0}$，$\mathrm{cov}(\boldsymbol{\varepsilon}, \boldsymbol{\varepsilon}) = \begin{bmatrix} \sigma_1^2 & 0 & \cdots & 0 \\ 0 & \sigma_2^2 & \cdots & 0 \\ 0 & 0 & \ddots & 0 \\ 0 & 0 & \cdots & \sigma_p^2 \end{bmatrix} = \Phi$，即各个特殊因子不相关，方差不要求相等。$\mathrm{cov}(\boldsymbol{F}, \boldsymbol{\varepsilon}) = \boldsymbol{0}$，即公共因子与特殊因子是不相关的。$\boldsymbol{X}$ 是可观测的随机向量，而 $\boldsymbol{F}$，$\boldsymbol{\varepsilon}$ 为不可观测的随机向量。

在因子分析模型中，矩阵 $\mathbf{A}$ 称为因子载荷矩阵。记 $\mathbf{A} = (a_{ij})_{p\times m}$

$$\begin{aligned} \mathrm{cov}(X_i, f_j) &= \mathrm{cov}(a_{i1}f_1 + a_{i2}f_2 + \cdots + a_{im}f_m + \varepsilon_i, f_j) \\ &= \mathrm{cov}(a_{ij}f_j, f_j) = a_{ij}\mathrm{cov}(f_j, f_j) \\ &= a_{ij}, \ i=1, 2, \cdots, p; j=1, 2, \cdots, m \end{aligned}$$

因为 $DX_i = 1$，$Df_j = 1$，所以矩阵 $\mathbf{A}$ 的元素 a_{ij} 是原变量 X_i 与公因子 f_j 的相关系数，称 a_{ij} 为因子载荷，它是第 i 个变量 X_i 在第 j 个因子 f_j 上的载荷，称矩阵 $\mathbf{A}$ 为因子载荷矩阵。

$$\begin{aligned} DX_i &= D(a_{i1}f_1 + a_{i2}f_2 + \cdots + a_{im}f_m + \varepsilon_i) \\ &= \sum_{j=1}^{m} a_{ij}^2 + \sigma_i^2, \ i=1, 2, \cdots, p \end{aligned} \tag{11.3}$$

记 $h_i^2 = \sum_{j=1}^{m} a_{ij}^2$，$i=1, 2, \cdots, p$，则 $DX_i = h_i^2 + \sigma_i^2$，$i=1, 2, \cdots, p$，$h_i^2 + \sigma_i^2 = 1$，$i=1, 2, \cdots, p$。

式 h_i^2 反映了 X_i 对 m 个公因子 $f_1, f_2, \cdots, f_m$ 线性关系的依赖程度，式(11.3)说明变量 X_i 的方差由两部分组成：第一部分 h_i^2 称为变量 X_i 的共同度或公因子的共性方差，它描述了全部公共因子对变量 X_i 的总方差所做的贡献，反映了公共因子对变量 X_i 的影响程度。第二部分 σ_i^2 为特殊因子 ε_i 对变量 X_i 的方

差的贡献，通常称为个性方差。如果对 X_i 作了标准化处理后，就有

$$1=h_i^2+\sigma_i^2 \tag{11.4}$$

当 $\sigma_i^2=0$ 时，$h_i^2=1$，这时 X_i 完全是 m 个公因子 $f_1, f_2, \cdots, f_m$ 的线性函数；当 h_i^2 接近 0 时，$\sigma_i^2\approx 1$ 时，这时 X_i 基本上由特殊因子 ε_i 决定。

记 $g_j^2=\sum\limits_{i=1}^{p}a_{ij}^2$，$j=1, 2, \cdots, m$，它反映了原变量 $X_1, X_2, \cdots, X_p$ 对公因子 f_j 线性关系的依赖程度，表示了公因子 f_j 的重要性，称 g_j^2 为 f_j 的方差贡献，即 g_j^2 表示同一公共因子 f_j 对各变量所提供的方差贡献之总和，它是衡量每一个公共因子相对重要性的度量。

11.2　因子旋转

因子载荷阵 $\boldsymbol{A}$ 不唯一，设 $\boldsymbol{\Gamma}$ 是一个正交矩阵。

若原因子分析模型矩阵形式可化为

$$\boldsymbol{X}=\boldsymbol{AF}+\boldsymbol{\varepsilon}=\boldsymbol{A\Gamma\Gamma}^{\mathrm{T}}\boldsymbol{F}+\boldsymbol{\varepsilon}$$

记 $\boldsymbol{A\Gamma}=\boldsymbol{A}^*$，$\boldsymbol{\Gamma}^{\mathrm{T}}\boldsymbol{F}=\boldsymbol{F}^*$，则　$\boldsymbol{X}=\boldsymbol{A}^*\boldsymbol{F}^*+\boldsymbol{\varepsilon}$

仍然有

$$E\boldsymbol{F}^*=\boldsymbol{0},\ \mathrm{cov}(\boldsymbol{F}^*, \boldsymbol{F}^*)=\boldsymbol{\Gamma}^{\mathrm{T}}\boldsymbol{I}_m\boldsymbol{\Gamma}=\boldsymbol{I}_m,$$

$$\mathrm{cov}(\boldsymbol{F}^*, \boldsymbol{\varepsilon})=\boldsymbol{\Gamma}^{\mathrm{T}}\mathrm{cov}(\boldsymbol{F}, \boldsymbol{\varepsilon})=\boldsymbol{0}$$

因而我们可把 $\boldsymbol{F}^*$ 看成公因子，把 $\boldsymbol{A}^*$ 看成因子载荷阵。不唯一性为对公因子的解释提供了方便，在实际的应用中常常利用这一点，通过因子的变换，使得新的因子有更好的实际意义。

11.3　因子分析模型的解

因子分析类似于主成分分析，也是一种降维的方法。因子分析的求解过程同主成分分析一样，也是从协方差矩阵出发。当模型建立后主要任务是估计 m 和 $\boldsymbol{A}$ 。估计方法有很多，如极大似然估计法、主成分解估计法、主因子解估计法等，下面介绍其中的两种方法。

1）主成分解估计法

设对原变量 $\boldsymbol{X}$ 已作过标准化处理，则 $\boldsymbol{X}$ 的协方差矩阵就是相关系数矩阵，记为 $\boldsymbol{R}$，

$$\boldsymbol{R}=\operatorname{cov}(\boldsymbol{X},\ \boldsymbol{X})=\operatorname{cov}(\boldsymbol{AF}+\boldsymbol{\varepsilon},\ \boldsymbol{AF}+\boldsymbol{\varepsilon})=\boldsymbol{AA}^{\mathrm{T}}+\boldsymbol{\Phi} \tag{11.5}$$

设来自 $\boldsymbol{X}$ 的样本为 $\boldsymbol{X}_1,\ \boldsymbol{X}_2,\ \cdots,\ \boldsymbol{X}_n$，可用样本相关系数矩阵 $\hat{\boldsymbol{R}}$ 估计 $\boldsymbol{R}$。

设 $\hat{\boldsymbol{R}}$ 的 p 个特征值从大到小依次是 $\hat{\lambda}_1\geqslant\hat{\lambda}_2\geqslant\cdots\geqslant\hat{\lambda}_p$，对应的单位化的特征向量依次是 $\hat{\boldsymbol{\alpha}}_1,\ \hat{\boldsymbol{\alpha}}_2,\ \cdots,\ \hat{\boldsymbol{\alpha}}_p$。

$$\hat{\boldsymbol{R}}=(\hat{\boldsymbol{\alpha}}_1,\ \hat{\boldsymbol{\alpha}}_2,\ \cdots,\ \hat{\boldsymbol{\alpha}}_p)\begin{bmatrix}\hat{\lambda}_1 & 0 & \cdots & 0\\ 0 & \hat{\lambda}_2 & \cdots & 0\\ 0 & 0 & \ddots & 0\\ 0 & 0 & \cdots & \hat{\lambda}_p\end{bmatrix}(\hat{\boldsymbol{\alpha}}_1,\ \hat{\boldsymbol{\alpha}}_2,\ \cdots,\ \hat{\boldsymbol{\alpha}}_p)^{\mathrm{T}}$$

$$=(\hat{\boldsymbol{\alpha}}_1,\ \hat{\boldsymbol{\alpha}}_2,\ \cdots,\ \hat{\boldsymbol{\alpha}}_p)\begin{bmatrix}\sqrt{\hat{\lambda}_1} & 0 & \cdots & 0\\ 0 & \sqrt{\hat{\lambda}_2} & \cdots & 0\\ 0 & 0 & \ddots & 0\\ 0 & 0 & \cdots & \sqrt{\hat{\lambda}_p}\end{bmatrix}\left[(\hat{\boldsymbol{\alpha}}_1,\ \hat{\boldsymbol{\alpha}}_2,\ \cdots,\ \hat{\boldsymbol{\alpha}}_p)\begin{bmatrix}\sqrt{\hat{\lambda}_1} & 0 & \cdots & 0\\ 0 & \sqrt{\hat{\lambda}_2} & \cdots & 0\\ 0 & 0 & \ddots & 0\\ 0 & 0 & \cdots & \sqrt{\hat{\lambda}_p}\end{bmatrix}\right]^{\mathrm{T}}$$

$$=\left(\hat{\boldsymbol{\alpha}}_1\sqrt{\hat{\lambda}_1},\ \hat{\boldsymbol{\alpha}}_2\sqrt{\hat{\lambda}_2},\ \cdots,\ \hat{\boldsymbol{\alpha}}_p\sqrt{\hat{\lambda}_p}\right)\left(\hat{\boldsymbol{\alpha}}_1\sqrt{\hat{\lambda}_1},\ \hat{\boldsymbol{\alpha}}_2\sqrt{\hat{\lambda}_2},\ \cdots,\ \hat{\boldsymbol{\alpha}}_p\sqrt{\hat{\lambda}_p}\right)^{\mathrm{T}}$$

$$\overset{\text{记为}}{=\!=}\hat{\boldsymbol{A}}\hat{\boldsymbol{A}}^{\mathrm{T}}$$

当上面分解式严格成立时，有 $\hat{\boldsymbol{\Phi}}=\boldsymbol{0}$，且 $m=p$，而我们希望找到 $m(m<p)$ 个公因子。需要处理一下才能有助于寻找到公因子，考虑应用主成分分析中降维的思想处理。

略去 $\hat{\lambda}_{m+1},\ \hat{\lambda}_{m+2},\ \cdots,\ \hat{\lambda}_p$ 对应的列。记 $\hat{\boldsymbol{A}}^*=(\hat{\boldsymbol{\alpha}}_1\sqrt{\hat{\lambda}_1},\ \hat{\boldsymbol{\alpha}}_2\sqrt{\hat{\lambda}_2},\ \cdots,$

$\hat{\boldsymbol{\alpha}}_m\sqrt{\hat{\lambda}_m}$)

这时
$$\hat{\sigma}_i^2 = 1 - \hat{h}_i^2 = 1 - \sum_{j=1}^{m} \hat{a}_{ij}^2,\ i = 1,\ 2,\ \cdots,\ p$$

则 $\hat{\boldsymbol{R}} - (\hat{\boldsymbol{A}}^* \hat{\boldsymbol{A}}^{*\mathrm{T}} + \hat{\boldsymbol{\Phi}})$ 的主对角线上元素均为 0，但非主对角线元素不全为 0。由线性代数知识可知：$\hat{\boldsymbol{R}} - (\hat{\boldsymbol{A}}^* \hat{\boldsymbol{A}}^{*\mathrm{T}} + \hat{\boldsymbol{\Phi}})$ 元素的平方和$\leqslant \sum_{j=m+1}^{p} \hat{\lambda}_j^2$，因此对充分小的 $\hat{\lambda}_{m+1}$，$\hat{\lambda}_{m+2}$，…，$\hat{\lambda}_p$，则略去这些项是完全可以的。m 究竟取多大呢？通常有两种方法，一是根据经验及专业知识来确定；二是如主成分分析中那样使保留的公因子的累计贡献率达到一定比例要求。

f_j 的方差贡献 $\hat{g}_j^2 = \sum_{i=1}^{p} \hat{a}_{ij}^2 = \left(\hat{\boldsymbol{\alpha}}_j\sqrt{\hat{\lambda}_j}\right)^{\mathrm{T}}\left(\hat{\boldsymbol{\alpha}}_j\sqrt{\hat{\lambda}_j}\right) = \hat{\lambda}_j$，所以 $\dfrac{\sum_{j=1}^{m}\hat{\lambda}_j}{p}$ 达到一定比例要求就行，进一步可以见下面说明。

2）主因子解估计法

设原始向量 $\boldsymbol{X} = (X_1,\ X_2,\ \cdots,\ X_p)^{\mathrm{T}}$ 已作了标准化处理。如果随机向量 $\boldsymbol{X}$ 满足因子模型式(11.2)，已知 $\boldsymbol{X}$ 的相关矩阵为 $\boldsymbol{R}$，由式(11.5)知

$$\boldsymbol{R} = \boldsymbol{A}\boldsymbol{A}^{\mathrm{T}} + D\boldsymbol{\varepsilon}$$

令

$$\boldsymbol{R}^* = \boldsymbol{R} - D\boldsymbol{\varepsilon} = \boldsymbol{A}\boldsymbol{A}^{\mathrm{T}}$$

则称 $\boldsymbol{R}^*$ 为 $\boldsymbol{X}$ 的约相关矩阵。$\boldsymbol{R}^*$ 中的主对角线的元素是 h_i^2，而不是 1，非主对角线的元素和 $\boldsymbol{R}$ 中的完全一样，并且 $\boldsymbol{R}^*$ 是一个非负定矩阵。记 $\boldsymbol{R}^* = (r_{ij}^*)_{p\times p}$。

现在求 $\boldsymbol{A}_1^{\mathrm{T}} = (a_{11},\ a_{21},\ \cdots a_{p1})^{\mathrm{T}}$ 向量，在条件 $r_{ij}^* = \sum_{k=1}^{m} a_{ik}a_{jk}$，$i,\ j = 1,\ 2,\ \cdots,\ p$ 下，使得 $g_1^2 = \sum_{i=1}^{p} a_{i1}^2$ 达到最大值。这是一个条件极值问题，在此我们构造目标函数为

$$\varphi(a_{11},\ a_{21},\ \cdots a_{p1}) = \frac{1}{2}g_1^2 - \frac{1}{2}\sum_{i=1}^{p}\sum_{j=1}^{p}\lambda_{ij}\left(\sum_{k=1}^{m} a_{ik}a_{jk} - r_{ij}^*\right) \qquad (11.6)$$

其中 λ_{ij} 适合 $\lambda_{ij} = \lambda_{ji}$，因为 $\boldsymbol{A}\boldsymbol{A}^{\mathrm{T}}$ 是对称阵。为求驻点，列式

$$\begin{cases} \dfrac{\partial \varphi}{\partial a_{i1}} = a_{i1} - \sum\limits_{j=1}^{p} \lambda_{ij} a_{j1} = 0, & i=1, 2, \cdots, p \\ \dfrac{\partial \varphi}{\partial a_{it}} = -\sum\limits_{j=1}^{p} \lambda_{ij} a_{jt} = 0, & t \neq 1 \end{cases}$$

两式合并,得到

$$\sum_{j=1}^{p} \lambda_{ij} a_{jt} - \delta_{1t} a_{i1} = 0,\ i=1, 2, \cdots, p;\ t = 1, 2, \cdots, m \tag{11.7}$$

式中:

$$\delta_{1t} = \begin{cases} 1, & t = 1 \\ 0, & t \neq 1 \end{cases}$$

用 a_{i1} 乘式(11.7),并对 i 求和,得

$$\sum_{j=1}^{p} \left(\sum_{i=1}^{p} \lambda_{ij} a_{i1}\right) a_{jt} - \delta_{1t} \sum_{i=1}^{p} a_{i1}^2 = 0, \quad t = 1, 2, \cdots, m$$

这里应该注意到:

$$g_1^2 = \sum_{i=1}^{p} a_{i1}^2, \ \sum_{i=1}^{p} \lambda_{ij} a_{i1} = \sum_{i=1}^{p} \lambda_{ji} a_{i1} = a_{j1}$$

即有

$$\sum_{j=1}^{p} a_{j1} a_{jt} - \delta_{1t} g_1^2 = 0, \qquad t = 1, 2, \cdots, m \tag{11.8}$$

用 a_{it} 乘式(11.8),并对 t 求和,得

$$\sum_{j=1}^{p} a_{j1} \left(\sum_{t=1}^{m} a_{jt} a_{it}\right) - \sum_{t=1}^{m} \delta_{1t} a_{it} g_1^2 = 0, \quad i=1, 2, \cdots, p$$

由于 $r_{ij}^* = \sum\limits_{t=1}^{m} a_{it} a_{jt}$,则有

$$\sum_{j=1}^{p} r_{ij}^* a_{j1} = a_{i1} g_1^2, \quad i=1, 2, \cdots, p$$

用向量表示为

$$[r_{i1}^*, r_{i2}^*, \cdots, r_{ip}^*] \begin{bmatrix} a_{11} \\ \vdots \\ a_{p1} \end{bmatrix} = a_{i1} g_1^2, \quad i=1, 2, \cdots, p$$

则有 $$(\boldsymbol{R}^* - \boldsymbol{I}g_1^2)\boldsymbol{A}_1 = \boldsymbol{0},\ 即\ \boldsymbol{R}^*\boldsymbol{A}_1 = g_1^2\boldsymbol{A}_1$$

因此，g_1^2 是约相关阵 $\boldsymbol{R}^*$ 的最大特征根，$\boldsymbol{A}_1$ 是相应于 g_1^2 的特征向量。

如果记约相关阵 $\boldsymbol{R}^*$ 的最大特征根为 λ_1^*，相应的单位特征向量为 $\boldsymbol{\eta}_1^*$。考虑到约束条件 $g_1^2 = \sum_{i=1}^{p} a_{i1}^2 = \boldsymbol{A}_1^{\mathrm{T}}\boldsymbol{A}_1 = \lambda_1^*$，且 $\boldsymbol{\eta}_1^{*\mathrm{T}}\boldsymbol{\eta}_1^* = 1$，则 $\boldsymbol{A}_1$ 应取为

$$\boldsymbol{A}_1 = \sqrt{\lambda_1^*}\,\boldsymbol{\eta}_1^*$$

显然，$\boldsymbol{A}_1$ 仍然是相应于 λ_1^* 的一个特征向量，且满足 $\boldsymbol{A}_1^{\mathrm{T}}\boldsymbol{A}_1 = \lambda_1^*\boldsymbol{\eta}_1^{*\mathrm{T}}\boldsymbol{\eta}_1^* = \lambda_1^* = g_1^2$，这样就得到 $\boldsymbol{A}$ 矩阵中的第一列 $\boldsymbol{A}_1$。

为了求得载荷矩阵 $\boldsymbol{A}$ 中其余 $m-1$ 列，注意到约相关阵 $\boldsymbol{R}^*$ 有分解式：

$$\boldsymbol{R}^* = \sum_{i=1}^{p}\lambda_i^*\boldsymbol{\eta}_i^*\boldsymbol{\eta}_i^{*\mathrm{T}} = \boldsymbol{A}_1\boldsymbol{A}_1^{\mathrm{T}} + \sum_{i=2}^{p}\lambda_i^*\boldsymbol{\eta}_i^*\boldsymbol{\eta}_i^{*\mathrm{T}} \tag{11.9}$$

并注意到，约相关阵 $\boldsymbol{R}^*$ 还可以分解为

$$\boldsymbol{R}^* = \boldsymbol{A}^*\boldsymbol{A}^{*\mathrm{T}} = [\boldsymbol{A}_1,\ \boldsymbol{A}_2,\ \cdots,\ \boldsymbol{A}_m]\begin{bmatrix}\boldsymbol{A}_1^{\mathrm{T}}\\ \boldsymbol{A}_2^{\mathrm{T}}\\ \vdots\\ \boldsymbol{A}_m^{\mathrm{T}}\end{bmatrix} = \sum_{t=1}^{m}\boldsymbol{A}_t\boldsymbol{A}_t^{\mathrm{T}}$$

因此，求出 $\boldsymbol{A}_1$ 后，将 $\boldsymbol{R}^*$ 减去 $\boldsymbol{A}_1\boldsymbol{A}_1^{\mathrm{T}}$，就得

$$\boldsymbol{R}^* - \boldsymbol{A}_1\boldsymbol{A}_1^{\mathrm{T}} = \sum_{t=2}^{m}\boldsymbol{A}_t\boldsymbol{A}_t^{\mathrm{T}}$$

对 $\boldsymbol{R}^* - \boldsymbol{A}_1\boldsymbol{A}_1^{\mathrm{T}}$ 重复上述步骤，可得要求的 $g_2^2 = \lambda_2^*$，$\boldsymbol{A}_2 = \sqrt{\lambda_2^*}\,\boldsymbol{\eta}_2^*$，即 g_2^2 是约相关阵 $\boldsymbol{R}^*$ 的第二大特征根 λ_2^*，$\boldsymbol{A}_2$ 是相应于 λ_2^* 且满足 $g_2^2 = \sum_{i=1}^{p} a_{i2}^2 = \boldsymbol{A}_2^{\mathrm{T}}\boldsymbol{A}_2 = \lambda_2^*$ 的特征向量。依此类推，可以求得

$$g_t^2 = \lambda_t^*,\quad \boldsymbol{A}_t = \sqrt{\lambda_t^*}\,\boldsymbol{\eta}_t^*,\quad t = 1,\ 2,\ \cdots,\ m$$

式中：λ_t^* 为约相关阵 $\boldsymbol{R}^*$ 的第 t 大特征根；$\boldsymbol{\eta}_t^*$ 为相应的单位特征向量。这样就求得载荷矩阵为

$$\boldsymbol{A}=[\sqrt{\lambda_1^*}\boldsymbol{\eta}_1^* \quad \sqrt{\lambda_2^*}\boldsymbol{\eta}_2^*, \quad \cdots, \quad \sqrt{\lambda_m^*}\boldsymbol{\eta}_m^*]$$

$$=[\boldsymbol{\eta}_1^*, \quad \boldsymbol{\eta}_2^*, \quad \cdots, \quad \boldsymbol{\eta}_m^*]\begin{bmatrix}\sqrt{\lambda_1^*} & 0 & \cdots & 0 \\ 0 & \sqrt{\lambda_2^*} & \cdots & 0 \\ \vdots & \vdots & \ddots & \vdots \\ 0 & 0 & \cdots & \sqrt{\lambda_m^*}\end{bmatrix}$$

上面的分析是以首先得到约相关阵 $\boldsymbol{R}^*$ 为基础的，在实际应用中，相关矩阵 $\boldsymbol{R}$ 和个性方差矩阵 $D\boldsymbol{\varepsilon}$ 一般是未知的。由式(11.4)知

$$\sigma_i^2=1-h_i^2, \ i=1, 2, \cdots, p$$

所以，估计个性方差 σ_i^2 等价于估计共性方差 h_i^2。σ_i^2（或 h_i^2）的较好估计一般很难直接得到，通常是先给出它的一个初始估计 $\hat{\sigma}_i^2$（或 $\hat{h}_i^2$），待载荷矩阵 $\boldsymbol{A}$ 估计好之后再给出 σ_i^2（或 h_i^2）的最终估计。

个性方差 σ_i^2（或共性方差 h_i^2）的常用初始估计方法有：

(1) $\hat{h}_i^2$ 取为原始变量 X_i 与其他所有原始变量 $X_1, \cdots, X_{i-1}, X_{i+1}, \cdots, X_p$ 的复相关系数的平方，则 $\hat{\sigma}_i^2=1-\hat{h}_i^2$。

(2) 取 $\hat{h}_i^2=\max\limits_{i\neq j}|r_{ij}|$，其中 r_{ij} 为 $\boldsymbol{R}$ 中的元素，则 $\hat{\sigma}_i^2=1-\hat{h}_i^2$。

(3) 设 r_{ik}, r_{il} 为 $\boldsymbol{R}$ 的第 i 行上主对角线以外的两个最大值，取 $\hat{h}_i^2=\dfrac{r_{ik}r_{il}}{r_{kl}}$，则 $\hat{\sigma}_i^2=1-\hat{h}_i^2$。

(4) 取 $\hat{h}_i^2=1$，则 $\hat{\sigma}_i^2=0$。这样得到的 $\hat{\boldsymbol{A}}$，实际上是上述的主成分解。

这样我们就可以通过样本估计 $\boldsymbol{R}$ 和 $D\boldsymbol{\varepsilon}$ 来得到 $\boldsymbol{R}^*$ 的估计量。这里需要说明的是，$\boldsymbol{R}^*$ 的估计量 $\hat{\boldsymbol{R}}^*$ 是由样本估计而来的，可能已不是非负定矩阵了，那么，$\hat{\boldsymbol{R}}^*$ 的部分特征值可能会出现负的。

另外在进行因子分析时，因子的个数 m 应该取为多少呢？一般可以采用确定主成分个数的原则，也就是寻找一个使得 $\sum\limits_{j=i}^{m}\lambda_j^*\Big/\sum\limits_{j=i}^{p}\lambda_j^*$ 达到较大百分比（如至少85%）的自然数 m，取 $\hat{\boldsymbol{R}}^*$ 的前 m 个正特征值 $\lambda_1^*\geqslant\lambda_2^*\geqslant\cdots\geqslant\lambda_m^*>0$ 及相应的正交单位特征向量 $\boldsymbol{\eta}_1^*, \boldsymbol{\eta}_2^*, \cdots, \boldsymbol{\eta}_m^*$，可以取分解式

$$\hat{\boldsymbol{R}}^*=\hat{\boldsymbol{A}}\hat{\boldsymbol{A}}^{\mathrm{T}}$$

式中：$\hat{\boldsymbol{A}}=[\sqrt{\hat{\lambda}_1^*}\boldsymbol{\eta}_1^*, \ \sqrt{\hat{\lambda}_2^*}\boldsymbol{\eta}_2^*, \ \cdots, \ \sqrt{\hat{\lambda}_m^*}\boldsymbol{\eta}_m^*]=(\hat{a}_{ij})_{p\times m}$，这样可以得到

σ_i^2 的最终估计为

$$\hat{\sigma}_i^2 = 1 - \hat{h}_i^2 = 1 - \sum_{j=1}^{m} \hat{a}_{ij}^2 \quad i = 1, 2, \cdots, p$$

称如此得到的 $\hat{\boldsymbol{A}}$ 和 $\hat{D}\boldsymbol{\varepsilon} = \mathrm{diag}(\hat{\sigma}_1^2, \hat{\sigma}_2^2, \cdots, \hat{\sigma}_p^2)$ 为因子模型的主因子解。

若直接用求出的因子载荷矩阵的估计 $\hat{\boldsymbol{A}}^*$ 对公因子作解释一般是一件困难的事，但由于因子载荷矩阵的不唯一性，把它右乘以某一正交阵后仍为因子载荷矩阵，从几何角度看相当于将因子所在空间的坐标轴作一旋转。若通过正交旋转后的因子载荷矩阵每一列元素能够大小两极分化，即使某些元素的绝对值尽可能大，另一些元素尽可能接近 0，这样再作解释常常会有令人满意的效果。有的书上给出了因子旋转的计算方法，见参考书[3]。

在前例 11.1.1 中，通过上述步骤，可以得出结论：要选拔十项全能运动员主要从短跑速度、爆发性臂力、爆发性腿力及耐力四个方面都较强的人中进行选拔。可认为这四项是公因子；此外在单个项目上还有一些特殊要求，特别是标枪，110 米跨栏等特殊因子方差较大的项目上，要注意选拔某方面有特长的人。

11.4　因子得分

在因子分析中，人们往往还对每一个个体各公因子的取值感兴趣，称这种公因子的取值为因子得分。如希望知道十项全能运动员的四项公因子短跑速度，爆发性臂力，爆发性腿力的得分。

因子得分可用回归分析方法处理。

有了 $\boldsymbol{A}$ 的估计 $\hat{\boldsymbol{A}}$，建立回归模型：$\boldsymbol{X} = \hat{\boldsymbol{A}}\boldsymbol{F} + \boldsymbol{\varepsilon}$，则因子得分的计算公式：

$$\hat{\boldsymbol{F}} = (\hat{\boldsymbol{A}}^{\mathrm{T}}\hat{\boldsymbol{A}})^{-1}\hat{\boldsymbol{A}}^{\mathrm{T}}\boldsymbol{X}$$

最后再叙述一个可以用因子分析处理的问题。

例 11.4.1　某公司对 100 名招聘人员的知识和能力进行测试，出了 50 道题的试卷，其内容覆盖面较广，但总的来说可归纳为六个方面：语言表达能力、逻辑思维能力、判断事物的敏捷和果断程度、思想修养、兴趣爱好、生活常识等，考试结束后，希望知道每个招聘人员的每个方面的情况。此问题 6 个方面就是 6 个公因子，希望知道每个招聘人员的因子得分。

此问题用因子分析处理可以取得满意的效果。

11.5 数值例——SPSS 的应用

例 11.5.1 为研究消费者对购买牙膏的偏好，随机调查了 30 名消费者，取得数据如表 11.1 所示。用 7 个等级询问受访者对以下陈述的认同程度(其中 1 表示非常不同意，7 表示非常同意)。

V1：购买预防蛀牙的牙膏是重要的；V2：我喜欢使牙齿亮泽的牙膏；

V3：牙膏应当保护牙龈；V4：我喜欢使口气清新的牙膏；

V5：预防坏牙不是牙膏提供的一项重要利益；

V6：购买牙膏时最重要的考虑是富有魅力的牙齿。

表 11.1 牙膏属性评分得分表

No	V1	V2	V3	V4	V5	V6
1	7	3	6	4	2	4
2	1	3	2	4	5	4
3	6	2	7	4	1	3
4	4	5	4	6	2	5
5	1	2	2	3	6	2
6	6	3	6	4	2	4
7	5	3	6	3	4	3
8	6	4	7	4	1	4
9	3	4	2	3	6	3
10	2	6	2	6	7	6
11	6	4	7	3	2	3
12	2	3	1	4	5	4
13	7	2	6	4	1	3
14	4	6	4	5	3	6
15	1	3	2	2	6	4
16	6	4	6	3	3	4
17	5	3	6	3	3	4
18	7	3	7	4	1	4
19	2	4	3	3	6	3

续　表

No	V1	V2	V3	V4	V5	V6
20	3	5	3	6	4	6
21	1	3	2	3	5	3
22	5	4	5	4	2	4
23	2	2	1	5	4	4
24	4	6	4	6	4	7
25	6	5	4	2	1	4
26	3	5	4	6	4	7
27	4	4	7	2	2	5
28	3	7	2	6	4	3
29	4	6	3	7	2	7
30	2	3	2	4	7	2

试用 SPSS 对这批数据进行因子分析。

操作步骤：在 SPSS 窗口中点击[分析]→[降维]→[因子分析]，弹出因子分析对话框后，将变量 V1 至 V6 移入变量框中(见图 11.1)。

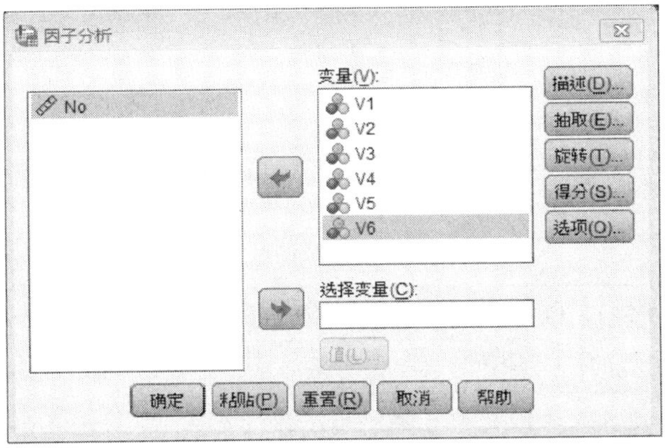

图 11.1　因子分析对话框

点击[旋转]，弹出子对话框(见图 11.2)。方法栏选中最大方差法。

点击[继续]按钮，返回因子分析对话框；点击[得分](见图 11.3)。

如此操作可以使原数据文件增加新的因子得分数据列(见表 11.2 和表 11.3)。

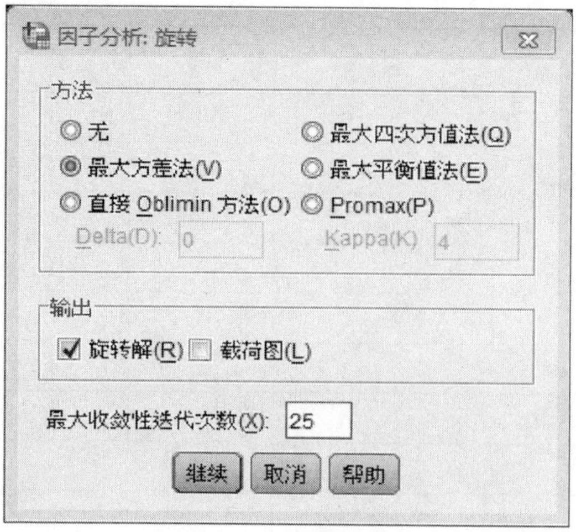

图 11.2　子对话框

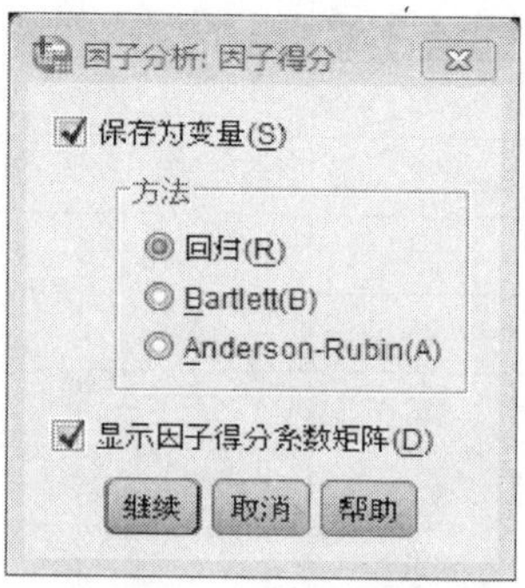

图 11.3　子对话框

表 11.2　公因子方差

	初　始	提　取
V1	1.000	0.926
V2	1.000	0.723
V3	1.000	0.894
V4	1.000	0.739
V5	1.000	0.878
V6	1.000	0.790

提取方法：主成分分析。

表 11.3　解释的总方差

成分	初始特征值			提取平方和载入			旋转平方和载入		
	合计	方差的%	累积%	合计	方差的%	累积%	合计	方差的%	累积%
1	2.731	45.520	45.520	2.731	45.520	45.520	2.688	44.802	44.802
2	2.218	36.969	82.488	2.218	36.969	82.488	2.261	37.687	82.488
3	0.442	7.360	89.848						
4	0.341	5.688	95.536						
5	0.183	3.044	98.580						
6	0.085	1.420	100.000						

提取方法：主成分分析。

注 此表初始特征值一栏给出了各因子的特征值、各因子特征值占总方差的百分比以及累计百分比;提取平方和载入一栏,提取的两个公因子的信息。

表11.4 成分矩阵[a]

	成分	
	1	2
V1	0.928	0.253
V2	−0.301	0.795
V3	0.936	0.131
V4	−0.342	0.789
V5	−0.869	−0.351
V6	−0.177	0.871

提取方法：主成分。
a. 已提取了2个成分。

表11.5 旋转成分矩阵[a]

	成分	
	1	2
V1	0.962	−0.027
V2	−0.057	0.848
V3	0.934	−0.146
V4	−0.098	0.854
V5	−0.933	−0.084
V6	0.083	0.885

提取方法：主成分。
旋转法：具有Kaiser标准化的正交旋转法。
a. 旋转在3次迭代后收敛。

比较表11.4与表11.5可以看出,经过旋转后的载荷系数已经明显地两极分化了。第一个公因子在指标V1(预防蛀牙)、V3(保护牙龈)、V5(预防坏牙)上有较大载荷,说明这3个指标有较强的相关性,其中V5的载荷是负数,是由于这个陈述是反向询问的,所以这3项指标可以归为一类,把公因子1叫做“护牙因子”;第二个公共因子在指标V2(牙齿亮泽)、V4(口气清新)、V6(富有魅力)上有较大载荷,同样可以归为一类,把公因子2叫做“美牙因子”。由此可见护牙和美牙的功能的重要性,因子分析的结果对牙膏生产企业开发新产品富有启发意义(见表11.6)。

表 11.6　成分得分系数矩阵

	成分	
	1	2
V1	0.358	0.011
V2	−0.001	0.375
V3	0.345	−0.043
V4	−0.017	0.377
V5	−0.350	−0.059
V6	0.052	0.395

提取方法：主成分。
旋转法：具有 Kaiser 标准化的正交旋转法。
构成得分。

由表 11.6 可以得到因子得分的计算表达式：

$$F_1 = 0.358V_1^* - 0.001V_2^* + 0.345V_3^* - 0.017V_4^* - 0.350V_5^* + 0.052V_6^*$$

$$F_2 = 0.374V_1^* + 0.370V_2^* + 0.016V_3^* - 0.008V_4^* + 0.360V_5^* - 0.020V_6^*$$

图 11.4 的最右边两列数据也可以用上面的计算公式计算得到。

注　计算时先要把原数据标准化。

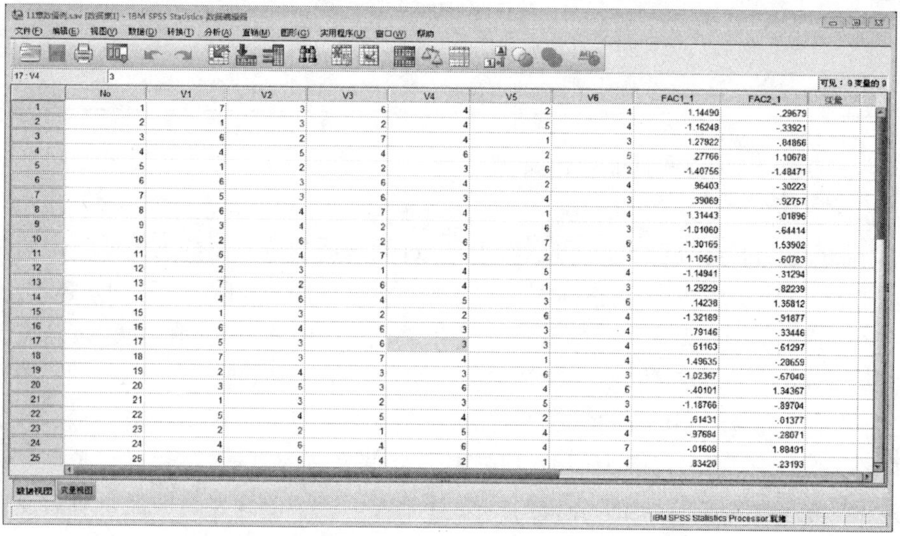

	No	V1	V2	V3	V4	V5	V6	FAC1_1	FAC2_1
1	1	7	3	6	4	2	4	1.14490	-.29679
2	2	1	3	2	4	5	4	-1.16248	-.33921
3	3	6	2	7	4	1	3	1.27922	-.84866
4	4	4	5	4	6	2	5	27766	1.10678
5	5	1	2	2	3	6	2	-1.40756	-1.48471
6	6	6	3	6	4	2	4	96403	-.30223
7	7	5	3	6	3	4	3	.39069	-.92757
8	8	6	4	7	4	1	4	1.31443	-.01896
9	9	3	4	2	3	6	3	-1.01060	-.64414
10	10	2	6	2	6	7	6	-1.30165	1.53902
11	11	6	4	7	3	2	3	1.10561	-.60783
12	12	2	3	1	4	5	4	-1.14941	-.31294
13	13	7	2	6	4	1	3	1.29229	-.82239
14	14	4	6	4	5	3	6	.14238	1.35812
15	15	1	3	2	2	6	4	-1.32189	-.91877
16	16	6	4	6	3	3	4	.79146	-.33446
17	17	5	3	6	3	3	4	61163	-.61297
18	18	7	3	7	4	1	4	1.49635	-.28659
19	19	2	4	3	3	6	3	-1.02367	-.67040
20	20	3	5	3	6	4	6	-.40101	1.34367
21	21	1	3	2	3	5	3	-1.18766	-.89704
22	22	5	4	5	4	2	4	.61431	-.01377
23	23	2	2	1	5	4	4	-.97684	-.28071
24	24	4	6	4	6	4	7	-.01608	1.88491
25	25	6	5	4	2	1	4	83420	-.23193

图 11.4　因子得分示意图

习　题　11

1. 题目条件同本节例 11.5.1，但剔除其中两项类似性较强的指标 V_5 和 V_6，数据如下表：

牙膏属性评分得分表

编号	V_1	V_2	V_3	V_4	编号	V_1	V_2	V_3	V_4	编号	V_1	V_2	V_3	V_4
1	7	3	6	4	11	6	4	7	3	21	1	3	2	3
2	1	3	2	4	12	2	3	1	4	22	5	4	5	4
3	6	2	7	4	13	7	2	6	4	23	2	2	1	5
4	4	5	4	6	14	4	6	4	5	24	4	6	4	6
5	1	2	2	3	15	1	3	2	2	25	6	5	4	2
6	6	3	6	4	16	6	4	6	3	26	3	5	4	6
7	5	3	6	3	17	5	3	6	3	27	4	4	7	2
8	6	4	7	4	18	7	3	7	4	28	3	7	2	6
9	3	4	2	3	19	2	4	3	3	29	4	6	3	7
10	2	6	2	6	20	3	5	3	6	30	2	3	2	4

试用 SPSS 作因子分析，要求计算因子得分的表达式，并比较剔除指标前后结果的影响。

2. 下表是某大学某年 30 名大学本科生录取分数表，用 SPSS 寻找 5 门成绩的公因子并计算因子得分。

学校录取分数表

序号	语文	数学	英语	物理	化学
1	85	86	80	86	81
2	81	86	81	80	78
3	86	85	92	82	93
4	76	80	88	83	90
5	74	88	79	84	80
6	81	89	86	99	78
7	85	76	76	86	83
8	78	84	76	82	90
9	82	89	83	87	89

续 表

序号	语文	数学	英语	物理	化学
10	80	86	85	90	86
11	85	86	85	80	89
12	80	86	85	79	89
13	90	86	88	85	85
14	86	79	85	81	99
15	83	90	95	85	90
16	83	89	84	87	88
17	81	94	82	90	85
18	83	78	91	88	91
19	88	88	83	87	76
20	77	88	94	91	75
21	92	82	81	87	84
22	87	83	78	93	76
23	83	82	78	75	79
24	83	82	79	86	87
25	84	80	88	86	76
26	84	86	90	88	85
27	87	79	84	97	94
28	82	80	94	89	85
29	85	83	86	88	87
30	78	76	87	84	83

第 12 章　典型相关分析

现象、事物常常能用变量描述。一旦现象、事物用变量描述后，现象、事物之间的关系变成变量之间的关系。变量之间有联系但没有到确定程度的关系称为相关关系。统计相关分析方法的研究对象就是相关关系，其中涉及两个变量相关关系的称为简单相关；涉及一个变量和另一组变量相关关系的称为复相关；涉及两组变量之间相关关系的称为典型相关。本章介绍典型相关分析方法。

12.1　概述

实际问题中，经常会遇到涉及两组变量之间具有相关关系的问题，比如：消费价格变量（如牛肉、猪肉、鸡肉价格等）与消费量（如牛肉、猪肉、鸡肉销售量等）具有相关关系；又比如：患某种疾病的病人的各种症状程度（第一组变量）和化验室检验的结果（第二组变量）具有相关关系；产品的一组质量指标与它的原材料的一组质量指标之间具有相关关系；运动员的体能测试指标（如反复横向跳、纵向跳、背力、握力等）与运动员成绩测试指标（如长跑、跳远、跳高、投铅球等）之间具有相关关系等。

为考察两组随机变量间的关系，典型相关分析采用了主成分分析的思想。设两组随机变量分别用 $\boldsymbol{X}=\begin{bmatrix}X_1\\X_2\\\vdots\\X_p\end{bmatrix}$，$\boldsymbol{Y}=\begin{bmatrix}Y_1\\Y_2\\\vdots\\Y_q\end{bmatrix}$ 表示，先分别找出 $\boldsymbol{X}=\begin{bmatrix}X_1\\X_2\\\vdots\\X_p\end{bmatrix}$ 的分量的一个线性组合，即 $U=\boldsymbol{a}^{\mathrm{T}}\boldsymbol{X}=\sum_{i=1}^{p}a_iX_i$，$\boldsymbol{Y}=\begin{bmatrix}Y_1\\Y_2\\\vdots\\Y_q\end{bmatrix}$ 的分量的一个线性组合 $V=\boldsymbol{b}^{\mathrm{T}}\boldsymbol{Y}=\sum_{i=1}^{q}b_iY_i$，希望把研究两组随机向量 $\boldsymbol{X}$，$\boldsymbol{Y}$ 间相关问题转化为研究两

个随机变量U, V间的相关问题,并希望所找到的U与V之间尽可能有最大的相关系数,以充分反映两组变量间的线性相关关系。如果第一对变量(U_1, V_1)还不能完全刻画两组变量间的线性相关关系时,可以继续找第二对变量(U_2, V_2),希望这对变量在与第一对变量不相关的条件下也有尽可能大的相关系数,类似地,可进行到找不到有相关的变量对时为止。这就是典型相关分析的主要任务。

12.2 典型相关分析方法

为讨论方便,假设两组随机变量$X_1, X_2, \cdots, X_p$; $Y_1, Y_2, \cdots, Y_q$中的每个都已经标准化了,即$EX_i=0$, $DX_i=1$, $i=1, 2, \cdots, p$; $EY_i=0$, $DY_i=1$, $i=1, 2, \cdots, q$。此时它们的协方差矩阵是相关系数矩阵,记为$\boldsymbol{R}$。

记$\mathrm{cov}(\boldsymbol{X}, \boldsymbol{X})=R_{xx}$, $\mathrm{cov}(\boldsymbol{Y}, \boldsymbol{Y})=\boldsymbol{R}_{yy}$,设$\boldsymbol{R}_{xx}>0$, $\boldsymbol{R}_{yy}>0$, $\mathrm{cov}(\boldsymbol{X}, \boldsymbol{Y})=\boldsymbol{R}_{xy}$, $\mathrm{cov}(\boldsymbol{Y}, \boldsymbol{X})=\boldsymbol{R}_{yx}$,

$$\mathrm{cov}\left[\begin{bmatrix}\boldsymbol{X}\\ \boldsymbol{Y}\end{bmatrix}, \begin{bmatrix}\boldsymbol{X}\\ \boldsymbol{Y}\end{bmatrix}\right]=\begin{bmatrix}R_{xx} & R_{xy}\\ R_{yx} & R_{yy}\end{bmatrix}=\boldsymbol{R}$$

其中$\boldsymbol{R}_{yx}=\boldsymbol{R}_{xy}^{\mathrm{T}}$。

取$U=\boldsymbol{a}^{\mathrm{T}}\boldsymbol{X}=\sum_{i=1}^{p}a_i X_i$, $V=\boldsymbol{b}^{\mathrm{T}}\boldsymbol{Y}=\sum_{i=1}^{q}b_i Y_i$, $\rho_{U,V}=\dfrac{\mathrm{cov}(U, V)}{\sqrt{DU}\sqrt{DV}}=\dfrac{\boldsymbol{a}^{\mathrm{T}}R_{xy}\boldsymbol{b}}{\sqrt{\boldsymbol{a}^{\mathrm{T}}\boldsymbol{R}_{xx}\boldsymbol{a}}\sqrt{\boldsymbol{b}^{\mathrm{T}}R_{yy}\boldsymbol{b}}}$ 显然若不对$\boldsymbol{a}$, $\boldsymbol{b}$加以限制,则$\rho_{U,V}$最大值不存在。因此需要加条件,令$DU=1$, $DV=1$,即$\boldsymbol{a}^{\mathrm{T}}\boldsymbol{R}_{xx}\boldsymbol{a}=1$, $\boldsymbol{b}^{\mathrm{T}}\boldsymbol{R}_{yy}\boldsymbol{b}=1$,这时$\rho_{U,V}=\boldsymbol{a}^{\mathrm{T}}\boldsymbol{R}_{xy}\boldsymbol{b}$。

问题 1 寻找$\boldsymbol{a}=\begin{bmatrix}a_1\\ a_2\\ \vdots\\ a_p\end{bmatrix}$, $\boldsymbol{b}=\begin{bmatrix}b_1\\ b_2\\ \vdots\\ b_q\end{bmatrix}$,使得$U_1=\boldsymbol{a}^{\mathrm{T}}\boldsymbol{X}$与$V_1=\boldsymbol{b}^{\mathrm{T}}\boldsymbol{Y}$的相关系数$\rho_{U,V}$达到最大,且$\boldsymbol{a}$, $\boldsymbol{b}$满足$\boldsymbol{a}^{\mathrm{T}}\boldsymbol{R}_{xx}\boldsymbol{a}=1$, $\boldsymbol{b}^{\mathrm{T}}\boldsymbol{R}_{yy}\boldsymbol{b}=1$。

问题1的求解可应用高等数学中求条件极值的Lagrage乘数法。

解 令$h(\boldsymbol{a}^{\mathrm{T}}, \boldsymbol{b}^{\mathrm{T}})=\boldsymbol{a}^{\mathrm{T}}\boldsymbol{R}_{xy}\boldsymbol{b}+\lambda_1(1-\boldsymbol{a}^{\mathrm{T}}\boldsymbol{R}_{xx}\boldsymbol{a})+\lambda_2(1-\boldsymbol{b}^{\mathrm{T}}\boldsymbol{R}_{yy}\boldsymbol{b})$

对$\boldsymbol{a}$求微分,得$\mathrm{d}h=(\mathrm{d}\boldsymbol{a})^{\mathrm{T}}\boldsymbol{R}_{xy}\boldsymbol{b}+\lambda_1[-(\mathrm{d}\boldsymbol{a})^{\mathrm{T}}\boldsymbol{R}_{xx}\boldsymbol{a}-\boldsymbol{a}^{\mathrm{T}}R_{xx}\mathrm{d}\boldsymbol{a}]=\boldsymbol{b}^{\mathrm{T}}\boldsymbol{R}_{yx}\mathrm{d}\boldsymbol{a}-$

$2\lambda_1 \boldsymbol{a}^{\mathrm{T}} \boldsymbol{R}_{xx} \mathrm{d}\boldsymbol{a}$

所以
$$\frac{\partial h}{\partial \boldsymbol{a}^{\mathrm{T}}} = \boldsymbol{b}^{\mathrm{T}} \boldsymbol{R}_{yx} - 2\lambda_1 \boldsymbol{a}^{\mathrm{T}} \boldsymbol{R}_{xx} = \boldsymbol{0}^{\mathrm{T}}$$

同理对 $\boldsymbol{b}$ 求微分，得
$$\frac{\partial h}{\partial \boldsymbol{b}^{\mathrm{T}}} = \boldsymbol{a}^{\mathrm{T}} R_{yx} - 2\lambda_2 \boldsymbol{b}^{\mathrm{T}} \boldsymbol{R}_{yy} = \boldsymbol{0}^{\mathrm{T}}$$

所以
$$\begin{cases} \boldsymbol{R}_{xy}\boldsymbol{b} - 2\lambda_1 \boldsymbol{R}_{xx}\boldsymbol{a} = \boldsymbol{0} & (1) \\ \boldsymbol{R}_{yx}\boldsymbol{a} - 2\lambda_2 \boldsymbol{R}_{yy}\boldsymbol{b} = \boldsymbol{0} & (2) \end{cases}$$

式(1)两边左乘 $\boldsymbol{a}^{\mathrm{T}}$，得 $\boldsymbol{a}^{\mathrm{T}}\boldsymbol{R}_{xy}\boldsymbol{b} - 2\lambda_1 = \boldsymbol{0}$，式(2)两边左乘 $\boldsymbol{b}^{\mathrm{T}}$，得 $\boldsymbol{b}^{\mathrm{T}}\boldsymbol{R}_{xy}\boldsymbol{a} - 2\lambda_2 = \boldsymbol{0}$，

故 $\lambda_1 = \lambda_2$，得

$$\lambda = 2\lambda_1 = 2\lambda_2$$

方程组化为
$$\begin{cases} \boldsymbol{R}_{xy}\boldsymbol{b} - \lambda \boldsymbol{R}_{xx}\boldsymbol{a} = \boldsymbol{0} & (3) \\ \boldsymbol{R}_{yx}\boldsymbol{a} - \lambda \boldsymbol{R}_{yy}\boldsymbol{b} = \boldsymbol{0} & (4) \end{cases}$$

式(3)两边左乘 $\boldsymbol{R}_{xx}^{-1}$，得　$\boldsymbol{R}_{xx}^{-1}\boldsymbol{R}_{xy}\boldsymbol{b} - \lambda\boldsymbol{a} = \boldsymbol{0}$　(5)

由式(5)，得　$\boldsymbol{R}_{xx}^{-1}\boldsymbol{R}_{xy}\lambda\boldsymbol{b} = \lambda^2\boldsymbol{a}$　(6)

式(4)两边左乘 $\boldsymbol{R}_{yy}^{-1}$，得　$\boldsymbol{R}_{yy}^{-1}\boldsymbol{R}_{yx}\boldsymbol{a} - \lambda\boldsymbol{b} = \boldsymbol{0}$，即 $\lambda\boldsymbol{b} = \boldsymbol{R}_{yy}^{-1}\boldsymbol{R}_{yx}\boldsymbol{a}$　(7)

代入式(6)，得

$$\boldsymbol{R}_{xx}^{-1}\boldsymbol{R}_{xy}\boldsymbol{R}_{yy}^{-1}\boldsymbol{R}_{yx}\boldsymbol{a} = \lambda^2\boldsymbol{a} \tag{8}$$

所以 λ^2 是 $\boldsymbol{R}_{xx}^{-1}\boldsymbol{R}_{xy}\boldsymbol{R}_{yy}^{-1}\boldsymbol{R}_{yx}$ 的特征值，而 $\boldsymbol{a}$ 是属于特征值 λ^2 的特征向量。

类似可得，$\boldsymbol{R}_{yy}^{-1}\boldsymbol{R}_{yx}\boldsymbol{R}_{xx}^{-1}\boldsymbol{R}_{xy}\boldsymbol{b} = \lambda^2\boldsymbol{b}$，所以 λ^2 是 $\boldsymbol{R}_{yy}^{-1}\boldsymbol{R}_{yx}\boldsymbol{R}_{xx}^{-1}\boldsymbol{R}_{xy}$ 的特征值，而 $\boldsymbol{b}$ 是属于特征值 λ^2 的特征向量。

注： 因为矩阵 $\boldsymbol{AB}$ 与 $\boldsymbol{BA}$ 有相同特征值，所以 $\boldsymbol{R}_{xx}^{-1}\boldsymbol{R}_{xy}\boldsymbol{R}_{yy}^{-1}\boldsymbol{R}_{yx}$ 与 $\boldsymbol{R}_{yy}^{-1}\boldsymbol{R}_{yx}\boldsymbol{R}_{xx}^{-1}\boldsymbol{R}_{xy}$ 有相同特征值。

问题 1 的解　设矩阵 $\boldsymbol{R}_{xx}^{-1}\boldsymbol{R}_{xy}\boldsymbol{R}_{yy}^{-1}\boldsymbol{R}_{yx}$ 的 r 个非零特征值从大到小依次是 $\lambda_1 \geqslant \lambda_2 \geqslant \cdots \geqslant \lambda_r$，对应的特征向量依次是 $\boldsymbol{a}_1$，$\boldsymbol{a}_2$，…，$\boldsymbol{a}_r$，$\boldsymbol{b}_j = \frac{1}{\lambda_j}\boldsymbol{R}_{yy}^{-1}\boldsymbol{R}_{yx}\boldsymbol{a}_j$，

$j=1, 2, \cdots, r$。则问题 1 的解为

$$\boldsymbol{a}=\boldsymbol{a}_1, \boldsymbol{b}=\boldsymbol{b}_1$$

解的说明：由式(7)，得 $\boldsymbol{b}=\frac{1}{\lambda}\boldsymbol{R}_{yy}^{-1}\boldsymbol{R}_{yx}\boldsymbol{a}$，代入

$\rho_{U,V}=\boldsymbol{a}^{\mathrm{T}}\boldsymbol{R}_{xy}\boldsymbol{b}=\frac{1}{\lambda}\boldsymbol{a}^{\mathrm{T}}\boldsymbol{R}_{xy}\boldsymbol{R}_{yy}^{-1}\boldsymbol{R}_{yx}\boldsymbol{a}$，再由式(8) $\boldsymbol{R}_{xx}^{-1}\boldsymbol{R}_{xy}\boldsymbol{R}_{yy}^{-1}\boldsymbol{R}_{yx}\boldsymbol{a}=\lambda^2\boldsymbol{a}$，得

$$\boldsymbol{R}_{xy}\boldsymbol{R}_{yy}^{-1}\boldsymbol{R}_{yx}\boldsymbol{a}=\lambda^2\boldsymbol{R}_{xx}\boldsymbol{a}$$

所以 $\rho_{U,V}=\boldsymbol{a}^{\mathrm{T}}\boldsymbol{R}_{xy}\boldsymbol{b}=\frac{\lambda^2}{\lambda}\boldsymbol{a}^{\mathrm{T}}\boldsymbol{R}_{xx}\boldsymbol{a}=\lambda$，由此可见应取 $\lambda=\lambda_1$，而对应的特征向量为 $\boldsymbol{a}_1$，$\boldsymbol{b}_1$，即为问题 1 的解。

问题 1 的解 (U_1, V_1) 称为第一对典型相关变量，而称 ρ_{U_1,V_1} 为第一典型相关系数。

第一对典型相关变量 $(U_1, V_1)=(\boldsymbol{a}_1^{\mathrm{T}}\boldsymbol{X}, \boldsymbol{b}_1^{\mathrm{T}}\boldsymbol{Y})$，第一典型相关系数 $\rho_{U_1,V_1}=\lambda_1$。

如果第一对典型变量不足以描述两组原始变量的信息，则需要求得第二对典型变量，即要求解如下问题 2。

问题 2 寻找 $\boldsymbol{a}=\begin{bmatrix}a_1\\a_2\\\vdots\\a_p\end{bmatrix}$，$\boldsymbol{b}=\begin{bmatrix}b_1\\b_2\\\vdots\\b_q\end{bmatrix}$，使得 $U_2=\boldsymbol{a}^{\mathrm{T}}\boldsymbol{X}$ 与 $V_2=\boldsymbol{b}^{\mathrm{T}}\boldsymbol{Y}$ 的相关系数 $\rho_{U,V}$ 达到最大，且 $\boldsymbol{a}$，$\boldsymbol{b}$ 满足 $\boldsymbol{a}^{\mathrm{T}}\boldsymbol{R}_{xx}\boldsymbol{a}=1$，$\boldsymbol{b}^{\mathrm{T}}\boldsymbol{R}_{yy}\boldsymbol{b}=1$，$\mathrm{cov}(U_2, U_1)=0$，$\mathrm{cov}(V_2, V_1)=0$，

其中 $\mathrm{cov}(U_2, U_1)=0$，$\mathrm{cov}(V_2, V_1)=0$，等价于 $\boldsymbol{a}^{\mathrm{T}}\boldsymbol{R}_{xx}\boldsymbol{a}_1=1$，$\boldsymbol{b}^{\mathrm{T}}\boldsymbol{R}_{yy}\boldsymbol{b}_1=1$。

则问题 2 的解：$\boldsymbol{a}=\boldsymbol{a}_2$，$\boldsymbol{b}=\boldsymbol{b}_2$。

第二对典型相关变量 $(U_2, V_2)=(\boldsymbol{a}_2^{\mathrm{T}}\boldsymbol{X}, \boldsymbol{b}_2^{\mathrm{T}}\boldsymbol{Y})$，第二典型相关系数 $\rho_{U_2,V_2}=\lambda_2$。推导略。

如果前两对典型变量还不足以描述两组原始变量的信息，则需要求得更多对典型相关变量，即要求解如下问题。

问题 3 寻找 $\boldsymbol{a}=\begin{bmatrix}a_1\\a_2\\\vdots\\a_p\end{bmatrix}$，$\boldsymbol{b}=\begin{bmatrix}b_1\\b_2\\\vdots\\b_q\end{bmatrix}$，使得 $U_i=\boldsymbol{a}^{\mathrm{T}}\boldsymbol{X}$ 与 $V_i=\boldsymbol{b}^{\mathrm{T}}\boldsymbol{Y}$ 的相关系数

$\rho_{U,V}$ 达到最大，且 $\boldsymbol{a}$，$\boldsymbol{b}$ 满足 $\boldsymbol{a}^{\mathrm{T}}\boldsymbol{R}_{xx}\boldsymbol{a}=1$，$\boldsymbol{b}^{\mathrm{T}}\boldsymbol{R}_{yy}\boldsymbol{b}=1$，$\mathrm{cov}(V_i, V_j)=0$，

其中 $\mathrm{cov}(U_i, U_j)=0$，$\mathrm{cov}(V_i, V_j)=0$，等价于 $\boldsymbol{a}_i^{\mathrm{T}}\boldsymbol{R}_{xx}\boldsymbol{a}_j=1$，$\boldsymbol{b}_i^{\mathrm{T}}\boldsymbol{R}_{yy}\boldsymbol{b}_j=1$，$j=1, 2, \cdots, i-1$。

则问题 3 的解：$\boldsymbol{a}=\boldsymbol{a}_i$，$\boldsymbol{b}=\boldsymbol{b}_i$。

第 i 对典型相关变量 $(U_i, V_i)=(\boldsymbol{a}_i^{\mathrm{T}}\boldsymbol{X}, \boldsymbol{b}_i^{\mathrm{T}}\boldsymbol{Y})$，第 i 典型相关系数 $\rho_{U_i, V_i}=\lambda_i$。

由于实际问题中通常 $\boldsymbol{R}$ 未知，只能应用样本获得 $\boldsymbol{R}$ 的估计 $\hat{\boldsymbol{R}}$。

设来自 $(\boldsymbol{X}^{\mathrm{T}}, \boldsymbol{Y}^{\mathrm{T}})$ 的样本为：$(\boldsymbol{X}_i^{\mathrm{T}}, \boldsymbol{Y}_i^{\mathrm{T}})$，$i=1, 2, \cdots, n$，

记样本数据矩阵为

$$(\boldsymbol{X}, \boldsymbol{Y})=\begin{bmatrix}\boldsymbol{X}_1^{\mathrm{T}} & \boldsymbol{Y}_1^{\mathrm{T}}\\ \boldsymbol{X}_2^{\mathrm{T}} & \boldsymbol{Y}_2^{\mathrm{T}}\\ \vdots & \\ \boldsymbol{X}_n^{\mathrm{T}} & \boldsymbol{Y}_n^{\mathrm{T}}\end{bmatrix}=\begin{bmatrix}X_{11} & X_{12} & \cdots & X_{1p} & Y_{11} & Y_{12} & \cdots & Y_{1q}\\ X_{21} & X_{22} & \cdots & X_{2p} & Y_{21} & Y_{22} & \cdots & Y_{2q}\\ \vdots & \vdots & \ddots & \vdots & \vdots & \vdots & \ddots & \vdots\\ X_{n1} & X_{n2} & \cdots & X_{np} & Y_{n1} & Y_{n2} & \cdots & Y_{nq}\end{bmatrix},$$

样本均值向量为

$$\overline{\boldsymbol{X}}=\frac{1}{n}\sum_{i=1}^{n}\boldsymbol{X}_i\triangleq\begin{bmatrix}\overline{X}_1\\ \overline{X}_2\\ \vdots\\ \overline{X}_p\end{bmatrix}, \overline{\boldsymbol{Y}}=\frac{1}{n}\sum_{i=1}^{n}\boldsymbol{Y}_i=\begin{bmatrix}\overline{Y}_1\\ \overline{Y}_2\\ \vdots\\ \overline{Y}_q\end{bmatrix}$$

样本协方差差阵为

$$\hat{\boldsymbol{\Sigma}}_{xx}=\frac{1}{n-1}\sum_{j=1}^{n}(\boldsymbol{X}_j-\overline{\boldsymbol{X}})(\boldsymbol{X}_j-\overline{\boldsymbol{X}})^{\mathrm{T}}\triangleq(\hat{\sigma}_{ij}(\boldsymbol{x})),$$

$$\hat{\boldsymbol{\Sigma}}_{yy}=\frac{1}{n-1}\sum_{j=1}^{n}(Y_j-\overline{\boldsymbol{Y}})(\boldsymbol{Y}_j-\overline{\boldsymbol{Y}})^{\mathrm{T}}\triangleq(\hat{\sigma}_{ij}(\boldsymbol{y}))$$

$$\hat{\boldsymbol{\Sigma}}_{xy}=\frac{1}{n-1}\sum_{j=1}^{n}(\boldsymbol{X}_j-\overline{\boldsymbol{X}})(\boldsymbol{Y}_j-\overline{\boldsymbol{Y}})^{\mathrm{T}}\triangleq(\hat{\sigma}_{ij}(\boldsymbol{x}, \boldsymbol{y}))$$

$$\hat{\boldsymbol{\Sigma}}_{yx}=\frac{1}{n-1}\sum_{j=1}^{n}(\boldsymbol{Y}_j-\overline{\boldsymbol{Y}})(\boldsymbol{X}_j-\overline{\boldsymbol{X}})^{\mathrm{T}}\triangleq(\hat{\sigma}_{ij}(\boldsymbol{y}, \boldsymbol{x}))$$

$$\hat{\boldsymbol{\Sigma}} = \left[\begin{array}{c:c} \hat{\boldsymbol{\Sigma}}_{xx} & \hat{\boldsymbol{\Sigma}}_{xy} \\ \hdashline \hat{\boldsymbol{\Sigma}}_{yx} & \hat{\boldsymbol{\Sigma}}_{yy} \end{array}\right]$$

样本相关矩阵为

$$\hat{\boldsymbol{R}}_{xx} = \begin{bmatrix} \frac{1}{\sqrt{\hat{\sigma}_{11}(\boldsymbol{x})}} & 0 & \cdots & 0 \\ 0 & \frac{1}{\sqrt{\hat{\sigma}_{22}(\boldsymbol{x})}} & \cdots & 0 \\ \vdots & \vdots & \ddots & \vdots \\ 0 & 0 & \cdots & \frac{1}{\sqrt{\hat{\sigma}_{pp}(\boldsymbol{x})}} \end{bmatrix} \hat{\boldsymbol{\Sigma}}_{xx} \begin{bmatrix} \frac{1}{\sqrt{\hat{\sigma}_{11}(\boldsymbol{x})}} & 0 & \cdots & 0 \\ 0 & \frac{1}{\sqrt{\hat{\sigma}_{22}(\boldsymbol{x})}} & \cdots & 0 \\ \vdots & \vdots & \ddots & \vdots \\ 0 & 0 & \cdots & \frac{1}{\sqrt{\hat{\sigma}_{pp}(\boldsymbol{x})}} \end{bmatrix}$$

$$\hat{\boldsymbol{R}}_{yy} = \begin{bmatrix} \frac{1}{\sqrt{\hat{\sigma}_{11}(\boldsymbol{y})}} & 0 & \cdots & 0 \\ 0 & \frac{1}{\sqrt{\hat{\sigma}_{22}(\boldsymbol{y})}} & \cdots & 0 \\ \vdots & \vdots & \ddots & \vdots \\ 0 & 0 & \cdots & \frac{1}{\sqrt{\hat{\sigma}_{qq}(\boldsymbol{y})}} \end{bmatrix} \hat{\boldsymbol{\Sigma}}_{yy} \begin{bmatrix} \frac{1}{\sqrt{\hat{\sigma}_{11}(\boldsymbol{y})}} & 0 & \cdots & 0 \\ 0 & \frac{1}{\sqrt{\hat{\sigma}_{22}(\boldsymbol{y})}} & \cdots & 0 \\ \vdots & \vdots & \ddots & \vdots \\ 0 & 0 & \cdots & \frac{1}{\sqrt{\hat{\sigma}_{qq}(\boldsymbol{y})}} \end{bmatrix}$$

$$\hat{\boldsymbol{R}}_{xy} = \begin{bmatrix} \frac{1}{\sqrt{\hat{\sigma}_{11}(\boldsymbol{x})}} & 0 & \cdots & 0 \\ 0 & \frac{1}{\sqrt{\hat{\sigma}_{22}(\boldsymbol{x})}} & \cdots & 0 \\ \vdots & \vdots & \ddots & \vdots \\ 0 & 0 & \cdots & \frac{1}{\sqrt{\hat{\sigma}_{pp}(\boldsymbol{x})}} \end{bmatrix} \hat{\boldsymbol{\Sigma}}_{xy} \begin{bmatrix} \frac{1}{\sqrt{\hat{\sigma}_{11}(\boldsymbol{y})}} & 0 & \cdots & 0 \\ 0 & \frac{1}{\sqrt{\hat{\sigma}_{22}(\boldsymbol{y})}} & \cdots & 0 \\ \vdots & \vdots & \ddots & \vdots \\ 0 & 0 & \cdots & \frac{1}{\sqrt{\hat{\sigma}_{qq}(\boldsymbol{y})}} \end{bmatrix}$$

$$\hat{\boldsymbol{R}}_{yx} = \begin{bmatrix} \frac{1}{\sqrt{\hat{\sigma}_{11}(\boldsymbol{y})}} & 0 & \cdots & 0 \\ 0 & \frac{1}{\sqrt{\hat{\sigma}_{22}(\boldsymbol{y})}} & \cdots & 0 \\ \vdots & \vdots & \ddots & \vdots \\ 0 & 0 & \cdots & \frac{1}{\sqrt{\hat{\sigma}_{qq}(\boldsymbol{y})}} \end{bmatrix} \hat{\boldsymbol{\Sigma}}_{yx} \begin{bmatrix} \frac{1}{\sqrt{\hat{\sigma}_{11}(\boldsymbol{x})}} & 0 & \cdots & 0 \\ 0 & \frac{1}{\sqrt{\hat{\sigma}_{22}(\boldsymbol{x})}} & \cdots & 0 \\ \vdots & \vdots & \ddots & \vdots \\ 0 & 0 & \cdots & \frac{1}{\sqrt{\hat{\sigma}_{pp}(\boldsymbol{x})}} \end{bmatrix}$$

则样本相关矩阵为

$$\hat{\boldsymbol{R}} = \left[\begin{array}{c:c} \hat{\boldsymbol{R}}_{xx} & \hat{\boldsymbol{R}}_{xy} \\ \hdashline \hat{\boldsymbol{R}}_{yx} & \hat{\boldsymbol{R}}_{yy} \end{array}\right]$$

矩阵 $\boldsymbol{R}_{xx}^{-1}\boldsymbol{R}_{xy}\boldsymbol{R}_{yy}^{-1}\boldsymbol{R}_{yx}$ 的估计为 $\hat{\boldsymbol{R}}_{xx}^{-1}\hat{\boldsymbol{R}}_{xy}\hat{\boldsymbol{R}}_{yy}^{-1}\hat{\boldsymbol{R}}_{yx}$；$\boldsymbol{R}_{yy}^{-1}\boldsymbol{R}_{yx}\boldsymbol{R}_{xx}^{-1}\boldsymbol{R}_{xy}$ 的估计为 $\hat{\boldsymbol{R}}_{yy}^{-1}\hat{\boldsymbol{R}}_{yx}\hat{\boldsymbol{R}}_{xx}^{-1}\hat{\boldsymbol{R}}_{xy}$。

设 $\hat{\boldsymbol{R}}_{xx}^{-1}\hat{\boldsymbol{R}}_{xy}\hat{\boldsymbol{R}}_{yy}^{-1}\hat{\boldsymbol{R}}_{yx}$ 的 r 个非零特征值从大到小依次是 $\hat{\lambda}_1 \geqslant \hat{\lambda}_2 \geqslant \cdots \geqslant \hat{\lambda}_r$，对应的特征向量依次是 $\hat{\boldsymbol{a}}_1, \hat{\boldsymbol{a}}_2, \cdots, \hat{\boldsymbol{a}}_r$，$\hat{\boldsymbol{b}}_j = \dfrac{1}{\hat{\lambda}_j}\hat{\boldsymbol{R}}_{yy}^{-1}\hat{\boldsymbol{R}}_{yx}\hat{\boldsymbol{a}}_j$，$j=1, 2, \cdots, r$。则第 i 对典型相关变量 $(\hat{U}_i, \hat{V}_i) = (\hat{\boldsymbol{a}}_i^{\mathrm{T}}\boldsymbol{X}, \hat{\boldsymbol{b}}_i^{\mathrm{T}}\boldsymbol{Y})$，第 i 典型相关系数 $\hat{\rho}_{\hat{U}_i, \hat{V}_i} = \hat{\lambda}_i$。

典型相关系数的假设检验如下：

典型相关系数或者典型相关变量数目的选择取决于相关系数的假设检验。即要检验 $H_0: \lambda_i = 0$，从 $i=1$ 开始逐一检验。若经检验 $\lambda_r \neq 0$，而 $\lambda_{r+1} = 0$，则应取 r 个典型相关系数。下面介绍 Bartlett 提出的检验方法。

检验假设为：$H_0: \lambda_{k+1} = \lambda_{k+2} = \cdots = \lambda_r = 0$

$H_1: \lambda_{k+1} \neq 0$

用于检验的统计量取为：

$$\Lambda_k = \prod_{i=k+1}^{r}(1-\hat{\lambda}_i^2) \tag{1}$$

可以证明，$Q_k = -m_k \ln \Lambda_k$ 近似服从 $\chi^2(f_k)$ 分布，其中自由度

$$f_k = (p-k)(q-k),\ m_k = (n-k-1) - \frac{1}{2}(p+q+1)$$

可以先检验 $H_0: \lambda_1 = \lambda_2 = \cdots = \lambda_r = 0$，此时 $k=0$，则式(1)为

$$\Lambda_0 = \prod_{i=1}^{r}(1-\hat{\lambda}_i^2) = (1-\hat{\lambda}_1)(1-\hat{\lambda}_2)\cdots(1-\hat{\lambda}_r)$$

$$Q_0 = -m\ln\Lambda_0 = -\left[(n-1) - \frac{1}{2}(p+q+1)\right]\ln\Lambda_0 \ \dot{\sim}\ \chi^2(f_0) \quad f_0 = pq$$

取检验水平为 α，若 $Q_0 > \chi_\alpha^2(f_0)$，则拒绝原假设，也就是说至少有一个典型相关系数大于零，自然可判定最大的典型相关系数 $\lambda_1 > 0$。

若已判定 $\lambda_1 > 0$，则再检验 $H_0: \lambda_2 = \lambda_3 = \cdots = \lambda_r = 0$，此时 $k=1$，则式(1)变为

$$\Lambda_1 = \prod_{i=2}^{r}(1-\hat{\lambda}_i^2) = (1-\hat{\lambda}_2)(1-\hat{\lambda}_3)\cdots(1-\hat{\lambda}_r)$$

$$Q_1 = -m_1 \ln \Lambda_1 = -\left[(n-1-1) - \frac{1}{2}(p+q+1)\right]\ln \Lambda_1$$

$Q_1 \dot{\sim} \chi^2(f_1)$，其中 $f_1 = (p-1)(q-1)$。

取检验水平为 α，如果 $Q_1 > \chi_\alpha^2(f_1)$，则拒绝原假设，也即认为 $\lambda_2, \lambda_3, \cdots, \lambda_r$ 至少有一个大于零，自然可判定 $\lambda_2 > 0$。

若已判断 λ_1 和 λ_2 大于零，重复以上步骤直到接受假设 $H_0: \lambda_j = \lambda_{j+1} = \cdots = \lambda_r = 0$。

检验假设　　　$H_0: \lambda_j = \lambda_{j+1} = \cdots = \lambda_r = 0$

$$\Lambda_{j-1} = \prod_{i=j}^{r}(1-\hat{\lambda}_i^2) = (1-\hat{\lambda}_j)(1-\hat{\lambda}_{j+1})\cdots(1-\hat{\lambda}_r)$$

则　　$Q_{j-1} = -m_{j-1}\ln \Lambda_{j-1} = -\left[(n-j) - \frac{1}{2}(p+q+1)\ln \Lambda_{j-1}\right]$

$$Q_{j-1} \dot{\sim} \chi^2(f_{j-1}),$$

其中 $f_{j-1} = (p-j+1)(q-j+1)$，若 $Q_{j-1} < \chi_\alpha^2(f_{j-1})$，则接受 $H_0: \lambda_j = \lambda_{j+1} = \cdots = \lambda_r = 0$，因此总体只有 $j-1$ 个典型相关系数不为零，只要提取 $j-1$ 对典型相关变量进行分析。

另外还可以检验 $H_0: \lambda_i = 0$

可用检验统计量

$\chi_i^2 = -\left[n-i-\frac{1}{2}(p+q+1)\right]\ln\left[\prod_{j=i}^{s}(1-\hat{\lambda}_j^2)\right]$，其中 $s = \min\{p, q\}$，n 为样本容量。

拒绝域：$\chi_i^2 > \chi_\alpha^2[(p-i+1)(q-i+1)]$。

通过检验来确定选几对典型相关变量。

12.3 数值例——SPSS 的应用

例 12.3.1 测量 15 名受试者的身体形态以及健康情况指标，如表 12.1 所示。第一组是身体形态变量，有年龄、体重和胸围；第二组是健康状况变量，有脉搏、收缩压和舒张压。试用 SPSS 考察分析身体形态与健康状况这两组变量之间的关系。

表 12.1　样本数据表

年龄 X_1	体重 X_2	胸围 X_4	脉搏 Y_1	收缩压 Y_2	舒张压 Y_3
25	125	83.5	70	130	85
26	131	82.9	72	135	80
28	128	88.1	75	140	90
29	126	88.4	78	140	92
27	126	80.6	73	138	85
32	118	88.4	70	130	80
31	120	87.8	68	135	75
34	124	84.6	70	135	75
36	128	88.0	75	140	80
38	124	85.6	72	145	86
41	135	86.3	76	148	88
46	143	84.8	80	145	90
47	141	87.9	82	148	92
48	139	81.6	85	150	95
45	140	88.0	88	160	95

典型相关分析是本书多元统计分析部分内容中唯一不能用 SPSS 的菜单式的操作方式进行的，而必须用写入程序行来运行。读者不必去研究相关的编程细节，只要能够举一反三，套用这个例子的程序即可。当然，如果掌握了 SPSS 的编程语言，将有助于更方便使用。

注意：一些 SPSS 的输出内容很多，这时输出窗口会屏蔽一些内容（有点随意性）。这时输出窗口（SPSS Viewer）中结果的左下角有一个红色的三角形。如果想要看全部内容，可以先点击选中想查看的输出结果，然后单击鼠标右键得到的菜单中选择 Export，就可以把全部结果（包括屏蔽的部分）存入一个 htm 形式的文件了供研究和打印之用。

下面叙述本例的操作步骤，首先打开例 12.3.1 的 SPSS 数据文件（.sav）。

在菜单栏上点击[文件]→[新建]→[语法]，打开语法编辑器对话框，再在其中键入下面命令行：

```
MANOVA X1 X2 X3 WITH Y1 Y2 Y3
/DISCRIM ALL ALPHA(1)
```

/PRINT=SIG(EIGEN DIM).

如图 12.1 所示。

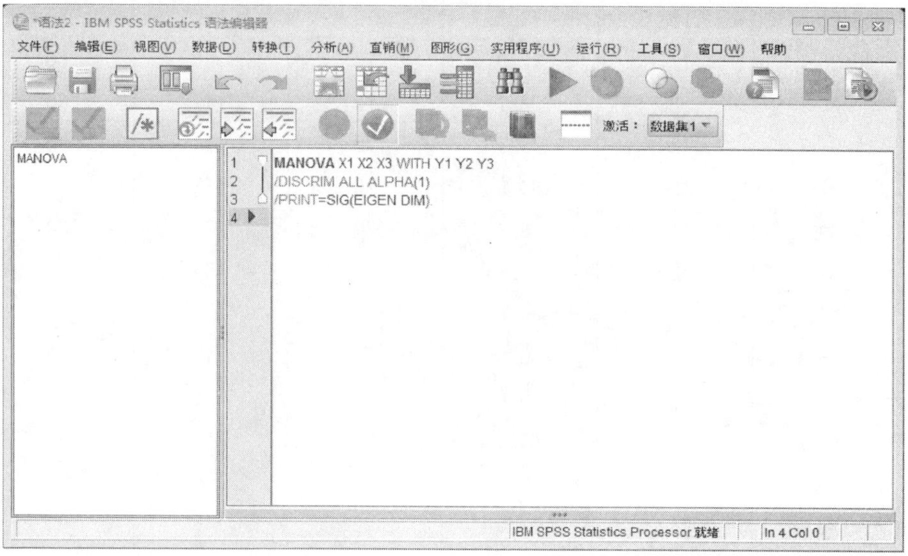

图 12.1　编程示意图

然后点击[运行]→[全部]，运行目前程序后在输出窗口就可以得到所需结果了。输出有众多结果。下面选择其中一些有用结果，用列表形式给出，并作分析或解释。

表 12.2　线性相关性检验

Multivariate Tests of Significance (*S*=3, M=−1/2, N=3 1/2)					
Test Name	Value	Approx. F	Hypoth. DF	Error DF	Sig. of F
Pillais	1.003 60	1.843 24	9.00	33.00	0.097
Hotellings	4.369 09	3.721 82	9.00	23.00	0.005
Wilks	0.156 44	2.800 98	9.00	22.05	0.023

表 12.2 给出了 3 种检验方法检验两组变量线性相关性的结果，最后一列是假设检验的 P 值，从检验结果可知，这两组变量存在线性相关性。只有通过线性相关性检验，作典型相关分析才有意义。

表 12.3　典型相关分析结果表

Root No.	Eigenvalue	Pct.	Cum. Pct.	Canon Cor.	Sq. Cor
1	4.120 86	94.318 47	94.318 47	0.897 06	0.804 72
2	0.248 21	5.680 95	99.999 42	0.445 93	0.198 85
3	0.000 03	0.000 58	100.000 00	0.005 03	0.000 0

表 12.3 给出了特征根(Eigenvalue),特征根所占的百分比(Pct)和累积百分比(Cum. Pct)和典型相关系数(Canon Cor)及其平方(Sq. Cor)。看来,第一对典型相关变量 (U_1, V_1) 的特征根已经占了总量的 94.32%。它的典型相关系数 0.90,属于高度相关。

表 12.4　数据标准化后典型变量关于协变量方程的系数表

Function No. / COVARIATE	1	2	3
Y1	0.871 04	−0.722 61	−2.603 81
Y2	0.359 57	1.642 86	1.366 89
Y3	−0.247 70	−1.102 39	1.618 84

注 1: SPSS 把第一组变量称为因变量(dependent variables),而把第二组称为协变量(covariates);显然,这两组变量的地位是对称的。这种命名仅仅是为了叙述方便。

注 2: 这些系数以两种方式给出: 一种是没有标准化的原始变量的线性组合的典型系数(raw canonical coefficient),一种是标准化之后的典型系数(standardized canonical coefficient)。一般来说当变量的计量单位不同或大小基础水平差异较大时分析时需要先标准化。

表 12.4 给出了典型相关变量关于标准化了原变量的线性组合的系数,即

$$V_i = b_{i1}Y_1^* + b_{i2}Y_2^* + b_{i3}Y_3^*, \ i = 1, 2, 3$$

的系数 (b_{i1}, b_{i2}, b_{i3}), $i = 1, 2, 3$

对于本例描述这两组变量的线性关系用第一对典型相关变量进行了。由表 12.4 数据得

$$V_1 = 0.87Y_1^* + 0.36Y_2^* - 0.25Y_3^*$$

表 12.5 典型变量与协变量的相关系数表

Covariate \ CAN. VAR.	1	2	3
Y1	0.976 44	−0.215 77	0.002 47
Y2	0.946 87	0.179 32	0.266 99
Y3	0.771 05	−0.498 46	0.396 27

上表 12.5 是典型向量 $\boldsymbol{V}^{\mathrm{T}}=(V_1, V_2, V_3)$ 与原健康情况指标向量 $\boldsymbol{Y}^{\mathrm{T}}=(Y_1, Y_2, Y_3)$ 的相关系数矩阵。从此矩阵可知典型变量 V_1 与不仅原变量 Y_1，Y_2 有高度的线性相关性，与原变量 Y_3 也有显著的相关性。V_1 是 3 变量综合影响的结果。

表 12.6 数据标准化后典型变量关于因变量方程的系数表

Variable \ Function No.	1	2	3
X1	0.365 34	1.528 56	−0.495 73
X2	0.686 19	−1.460 14	0.354 65
X3	0.156 51	−0.052 83	1.047 15

由上表 12.6 可得 $U_1 = 0.37X_1^* + 0.69X_2^* + 0.16X_3^*$

表 12.7 典型变量与因变量的相关系数表

Variable \ CAN. VAR.	1	2	3
X1	0.909 49	0.399 28	−0.115 79
X2	0.948 14	−0.277 11	−0.155 69
X3	0.109 44	0.282 88	0.952 89

从相关系数矩阵可知 U_1 与 X_2，X_1 有高度的线性相关性，与 X_3 有很微弱的线性相关性(见表 12.7)。综上所述得出结论，年龄、体重对脉搏、收缩压有密切影响，由于第一对典型相关变量 U_1 与 V_1 的相关系数，即第一典型相关系数为 0.897 06，属于高度正相关关系，所以降低体重(注意减肥)有助于降低血压。

本节的数值例通过典型相关分析得出一个有参考价值的结论。

习　题　12

1. 设总体 $\begin{bmatrix} X \\ Y \end{bmatrix} \sim N_2\left[\begin{bmatrix} \mu_1 \\ \mu_2 \end{bmatrix}, \sigma^2\begin{bmatrix} 1 & \rho \\ \rho & 1 \end{bmatrix}\right]$，来自总体的一个样本为 $\begin{bmatrix} X_1 \\ Y_1 \end{bmatrix}$，$\begin{bmatrix} X_2 \\ Y_2 \end{bmatrix}$，…，$\begin{bmatrix} X_n \\ Y_n \end{bmatrix}$，样本协方差矩阵 $\boldsymbol{S} = \begin{bmatrix} a_{11} & a_{12} \\ a_{21} & a_{22} \end{bmatrix}$，试证明 σ^2 的 MLE 为 $\hat{\sigma}^2 = \dfrac{a_{11} + a_{22}}{2n}$，相关系数的 MLE 为 $\hat{\rho} = \dfrac{2a_{12}}{a_{11} + a_{22}}$。

2. 现收集了 20 年的数据，其中 x_1，x_2 分别表示牛肉与猪肉的价格，y_1，y_2 牛肉与猪肉的消费量，并假定它们均已标准化了，求得 (x_1, x_2, y_1, y_2) 的相关矩阵为

$$\begin{bmatrix} 1 & 0.18 & -0.56 & -0.50 \\ 0.18 & 1 & 0.35 & -0.76 \\ -0.56 & 0.35 & 1 & -0.10 \\ -0.50 & -0.76 & -0.10 & 1 \end{bmatrix}$$

试求：(1) 两组向量价格与消费量之间的典型相关系数和典型相关变量；

(2) 对典型相关系数作假设检验，检验水平 $\alpha=0.05$。

3. 条件同第 11 章习题 2，用 SPSS 对两门文科成绩与三门理科成绩作典型相关分析，求第一对典型相关变量及典型相关系数。

4. 对两类人群（业内人士和观众）对一些电视节目的观点有什么样的关系感兴趣，下表是不同的人群对 30 个电视节目所作的平均评分。观众评分来自低学历(led)、高学历(hed)和网络(net)三种调查，它们形成第一组变量；而业内人士分评分来自包括演员和导演在内的艺术家(arti)、发行人(com)与业内部门主管(man)三种，形成第二组变量。用 SPSS 研究这两组变量之间的关系。

对电视节目的打分

#	led	hed	net	arti	com	man	#	led	hed	net	arti	com	man
1	86	43	85	43	93	71	4	5	19	56	13	11	38
2	99	74	99	78	99	89	5	45	43	55	39	54	58
3	37	22	10	27	24	33	6	21	32	21	34	35	32

续 表

对电视节目的打分													
#	led	hed	net	arti	com	man	#	led	hed	net	arti	com	man
7	36	78	48	75	42	78	19	50	32	68	23	49	58
8	69	31	85	32	70	52	20	69	98	69	97	81	99
9	40	98	36	99	64	86	21	55	99	78	97	60	90
10	26	14	40	8	25	21	22	36	11	5	15	26	5
11	51	68	38	68	48	72	23	77	18	61	27	68	54
12	63	86	79	87	76	95	24	67	33	95	34	59	61
13	39	80	57	80	55	68	25	45	87	46	85	67	80
14	78	40	72	42	75	58	26	61	72	63	63	62	75
15	56	49	54	48	52	61	27	41	63	74	55	50	76
16	39	80	71	76	52	81	28	6	5	13	5	5	13
17	65	5	53	11	67	41	29	28	53	35	51	31	59
18	28	11	31	12	23	35	30	66	20	79	18	67	55

试题 1　时间序列与多元统计分析试题

1. 设 $X \sim N(0, \sigma^2)$，定义时间序列 $X_t = t + X$，$t = 0, 1, 2, \cdots$

求：(1) 均值函数，协方差函数 μ_t，$r(s, t)$；(2) $X(t)$的一维分布；(3) 此时间序列是否宽平稳？（要简述理由）

（满分 10 分）

2. 在下列 2 题中任选 1 题。

(1) 设 $(\boldsymbol{X}^{\mathrm{T}}, Y)$ 均值为 0，二阶矩有限，记线性最小方差估计 $\hat{Y}_1 = L(Y \mid \boldsymbol{X})$，条件均值估计 $\hat{Y}_2 = E(Y \mid \boldsymbol{X})$，证明 $E(\hat{Y}_2 - Y)^2 \leqslant E(\hat{Y}_1 - Y)^2$。

(2) 设 $X_t = \sum_{j=-\infty}^{+\infty} a_j \varepsilon_j$，$\sum_{j=-\infty}^{+\infty} a_j^2 < +\infty$，$\{\varepsilon_t\}$ 是白噪声序列。证明 $\lim_{k \to \infty} r_k = 0$。

（满分 15 分）

3. 设$\{X_t\}$是$MA(1)$序列，$X_t = \varepsilon_t - \beta\varepsilon_{t-1}$，$X_1$，$X_2$，$\cdots$，$X_n$是来自$X_t$的样本，试给出：

$\{X_t\}$的(1) 可逆域；(2) 自协方差函数 r_k；(3) β 的矩估计；(4) 预报公式 $\hat{X}_{n+k}$。

（满分 20 分）

4. 已知$\{\varepsilon_t\}$是方差为 σ^2 的白噪声序列，设 $W_t = \sum_{i=1}^{t} \varepsilon_i$，计算 $\mathrm{cov}(W_t, W_s)$。

（满分 10 分）

5. 设 $\boldsymbol{X}$ 的协方差矩阵为 $\begin{bmatrix} 1 & 0.6 \\ 0.6 & 1 \end{bmatrix}$，求 $\boldsymbol{X}$ 的各主成分及第一主成分的贡献率，是否可以用第一主成分取代 $\boldsymbol{X}$。

（满分 10 分）

6. 现有 5 个样品，每个只有一个指标，它们分别是 1，1.5，5，6，9，试将它们分类(应用最短距离法)。

（满分 15）

7. 已知三个一维总体 G_i，$i = 1, 2, 3$ 的分布依次为：$N(1, 2^2)$，$N(1.7,$

3^2)，$N(2, 7^2)$，现有一样品 $X = 1.8$，试判 X 属于哪个总体。

（满分 10 分）

8. 设 $\boldsymbol{Z} = \boldsymbol{X} + \boldsymbol{Y} = [Z_1, Z_2, \cdots, Z_p]^{\mathrm{T}}$，且设 $E\boldsymbol{X} = \boldsymbol{0}$，$\mathrm{cov}(\boldsymbol{X}, \boldsymbol{X}) = \boldsymbol{\Sigma}$，$E\boldsymbol{Y} = \boldsymbol{0}$，$\mathrm{cov}(\boldsymbol{Y}, \boldsymbol{Y}) = \sigma^2 \boldsymbol{I}_p$，其中 $\boldsymbol{I}_p$ 为 p 阶单位矩阵，$\mathrm{cov}(\boldsymbol{X}, \boldsymbol{Y}) = \boldsymbol{0}$。求向量 $\boldsymbol{A} = [a_1, a_2, \cdots, a_p]^{\mathrm{T}}$，使得 $\boldsymbol{A}^{\mathrm{T}}\boldsymbol{Z}$ 的方差为 1，而 $\boldsymbol{A}^{\mathrm{T}}\boldsymbol{X}$ 的方差为最小。

（满分 10 分）

试题 2　时间序列分析试题

1. 设 $X \sim N(\mu, \sigma^2)$，定义时间序列 $X_t = 5tX$，$t = 1, 2, 3, \cdots$

(1) 均值函数，自相关函数 μ_t，$\rho(s, t)$；(2) X_t 的一维分布；(3) 此时间序列是否宽平稳，严平稳？(要简述理由)

(本题满分 10 分)

2. 证明题

(1) 设 $(\boldsymbol{X}^{\mathrm{T}}, Y)$ 均值为 0，二阶矩有限，记线性最小方差估计 $\hat{Y}_1 = L(Y \mid \boldsymbol{X})$，条件均值估计 $\hat{Y}_2 = E(Y \mid \boldsymbol{X})$，证明 $E(\hat{Y}_2 - Y)^2 \leqslant E(\hat{Y}_1 - Y)^2$。

(2) 设 $(\boldsymbol{X}^{\mathrm{T}}, Y)$ 均值为 0，二阶矩有限，记 $\boldsymbol{X}^{\mathrm{T}} = (\boldsymbol{X}_1^{\mathrm{T}}, \boldsymbol{X}_2^{\mathrm{T}})$，$\mathrm{cov}(\boldsymbol{X}_1, \boldsymbol{X}_2) = \boldsymbol{0}$，记线性最小方差估计 $\hat{Y} = L(Y \mid \boldsymbol{X})$，证明：$\hat{Y} = L(Y \mid \boldsymbol{X}) = L(Y \mid \boldsymbol{X}_1) + L(Y \mid \boldsymbol{X}_2)$。

(本题满分 30 分)

3. 设 $\{X_t\}$ 是 $AR(1)$ 序列，$X_t = aX_{t-1} + \varepsilon_t$，$\forall s < t$，$EX_s\varepsilon_t = 0$，试给出 $\{X_t\}$ 的：

(1) 平稳域；(2) 自协方差函数 r_k；(3) 偏相关函数 $\alpha_{k,k}$；(4) 设 a 未知，X_1，X_2，$\cdots$，X_n 是来自此模型的样本，给出 a 的 Yule－wolker 估计的表达式；(5) 当 a 已知时，X_1，X_2，$\cdots$，X_n 是来自此模型的样本，给出预报 $\hat{X}_{n+k}(k \geqslant 1)$ 的表达式。

(本题满分 20 分)

4. 某百货公司记录的 4 年中各季度的某品牌空调销售量资料如下：

(单位：台)

年份	季度	销售量 X	四项移动平均，再移正平均 T
2008	1	16	—
	2	6	—
	3	31	17.4
	4	7	18
2009	1	21	17.3
	2	7	16.3
	3	39	17.1
	4	8	18

续　表

年份	季度	销售量 X	四项移动平均,再移正平均 T
2010	1	26	20.6
	2	9	23.6
	3	47	23.2
	4	10	22.7
2011	1	31	24.4
	2	11	25.9
	3	55	—
	4	11	—

(1) 建立直线趋势方程：$\hat{T} = a + bt$;(注：$b = \dfrac{\sum \overline{T}t - n\overline{T} \cdot \bar{t}}{\sum t^2 - n\bar{t}^2}$, $a = \overline{T} - b\bar{t}$)

(2) 试应用加法模型预测该百货公司 2012 年第 1 季度此品牌空调的销售量。

(本题满分 10 分)

5. 考察模型 $(1-B)X_t = \varepsilon_k$，$X_0 = 0$，已知白噪声 $\{\varepsilon_t\}$ 的均值 $E\varepsilon_t = 0$，$E\varepsilon_t^2 = \sigma^2$，计算 X_t 的均值函数 μ_t；协方差函数 $r(t, t+k)$。

(本题满分 10 分)

6. (任选 3 题做)

(1) 设 $AR(p)$模型：$X_t = a_1 X_{t-1} + a_2 X_{t-2} + \cdots + a_p X_{t-1} + \varepsilon_t$，若系数多项式 $\alpha(u) = 1 - a_1 u - \cdots - a_p u^p$ 的根均在单位圆外，试说明该模型为何一定存在平稳解；(2) 可逆的 $MA(q)$模型参数估计有自回归逼近法；平稳的 $AR(p)$模型参数估计能否建立滑动平均逼近法，简述理由；(3) 设 $ARIMA(p, d, q)$模型 $(1-B)^d X_t = W_t$，W_t 为平稳可逆 $ARMA(p, q)$序列；简要叙述 $ARIMA(p, d, q)$序列 $\{X_t\}$ 的预报方法，即用样本数据 X_1，X_2，…，X_n 如何预报 $\hat{X}_{n+k}$（k 为正整数)；(4) 设 $\{X_t\}$ 是一时间序列，说明等式 $E\sum_{t=1}^{+\infty} |X_t| = \sum_{t=1}^{+\infty} E|X_t|$ 成立的理由。

(本题满分 12 分)

7. 设 $\{X_t\}$ 是平稳时间序列，记 $\hat{X}_{n+k} = L(X_{n+k} \mid X_n, X_{n-1}, \cdots, X_1)$，$\sigma_k^2 = E(\hat{X}_{n+k} - X_{n+k})^2$，试证明：若 $\sigma_1^2 = 0$，则必有 $\sigma_k^2 = 0 (k > 1)$。

(本题满分 8 分)

部分习题答案

习 题 1

1. (1) $\mu_t = t$； (2) $r(s, t) = 1 + st$； (3) $\rho(s, t) = \dfrac{1+st}{\sqrt{1+s^2}\sqrt{1+t^2}}$；

(4) $X_t \sim N(t, 1+t^2)$

2. (1) $\mu_t = (1+2t)\mu$； (2) $r(s, t) = (1+4st)\sigma^2$； (3) $X_t \sim N((1+2t)\mu, (1+4t^2)\sigma^2)$

4. (1) $\mu_t = \dfrac{2A\cos\omega T}{\pi}$； (2) $r(s, t) = \dfrac{A^2\cos\omega(s-t)}{2} - \dfrac{4A^2\cos\omega t\cos\omega s}{\pi^2}$

8. (1) 是； (2) 是

习 题 2

1. (1) 平稳； (2) 平稳

6. (1) 可逆； (2) 不可逆

7. $\varepsilon_t = \sum_{j=0}^{+\infty} (-0.46)^{j-1} X_{t-j}$

8. (1) $r(s, t) = \begin{cases} -1.08\sigma^2 & |s-t| = 1 \\ 0.2\sigma^2 & |s-t| = 2 \\ 0 & |s-t| > 2 \end{cases}$

(2) $\rho(s, t) = \begin{cases} 0.58 & |s-t| = 1 \\ 0.11 & |s-t| = 2 \\ 0 & |s-t| > 2 \end{cases}$

9. $\mathrm{cov}(X_t, Y_t) = 0.9\sigma^2$

10. 平稳且可逆

11. 不平稳但可逆

13. $r(s, t) = \begin{cases} 0.8\sigma^2 & |s-t| = 2 \\ 0 & |s-t| > 2 \end{cases}$

$$\rho(s, t) = \begin{cases} 0.49\sigma^2, & |s-t| = 2 \\ 0, & |s-t| > 2 \end{cases}$$

习　题　3

1. 偏相关系数一阶截尾,自相关系数拖尾,采用 $AR(1)$模型

2. 一阶差分后,偏相关函数拖尾,自相关函数一阶截尾,采用 $ARIMA(0, 1, 1)$模型

4. (1) 0.785;　(2) 0.009 8; 0.031 6; 0.255; 0.124

5. $\left[\hat{\rho}_1 - \frac{z_{1-\alpha/2}}{\sqrt{n}}, \hat{\rho}_1 + \frac{z_{1-\alpha/2}}{\sqrt{n}}\right]$

9. $\frac{\sigma^2}{2\pi}\left|\frac{1+b\mathrm{e}^{i\lambda}}{1-a\mathrm{e}^{i\lambda}}\right|^2$

习　题　4

1. $\frac{\hat{r}_1}{\hat{r}_0}$

2. -0.8, 1.20

3. -1.427, 0.329 或 -0.70, 0.671

5. (1) $\frac{\sum_{j=1}^{n-1} X_j X_{j+1}}{\sum_{j=1}^{n-1} X_j^2}$;　(2) $(1-\sqrt{1-4\hat{\rho}_1^2})/2\hat{\rho}_1$

习　题　5

2. $\hat{X}_{n+2} = a_1^2 X_n + a_2 X_n + a_1 a_2 X_{n-1}$

3. 3.054, 2.151, 1.710; 0.52, 0.558

4. 0.234, 0.187 2, 0.150

8. (1) $X_t = \varepsilon_t - 0.5\varepsilon_{t-1}$;　(2) $\hat{X}_{n+k} = \begin{cases} -1\,003, & k=1 \\ 0, & k>0 \end{cases}$

7. 参考 $\sigma^2_{1,m}$ 与 n 无关的证明

习　题　7

1. $\begin{bmatrix} 0 & \cdots & 1 \\ \vdots & \ddots & \vdots \\ 1 & \cdots & 0 \end{bmatrix} \Gamma \begin{bmatrix} 0 & \cdots & 1 \\ \vdots & \ddots & \vdots \\ 1 & \cdots & 0 \end{bmatrix}$

2. $N(0, (1+1/n)\boldsymbol{\Sigma})$

3. $1/n\sum_{i=1}^{n}(\boldsymbol{x}_i-\boldsymbol{\mu})(\boldsymbol{x}_i-\boldsymbol{\mu})^{\mathrm{T}}$

4. $\overline{\boldsymbol{X}}$; $\mathrm{tr}(A)/n^2$

习　题　8

1. 最短：5 类　1, 3, (4.5, 5), 7, 8.5;3 类　1, (3, 4.5, 5), (7, 8.5);2 类 (1, 3, 4.5, 5), (7, 8.5)
2. 最长：5 类　1, 3, (4.5, 5), 7, 8.5;4 类　1, 3, (4.5, 5), (7, 8.5);2 类 (1, 3, 4.5, 5), (7, 8.5)
3. 1, 1.5, 5, 6, 9⇒(1, 1.5), 5, 6, 9⇒(1, 1.5), (5, 6), 9⇒(1, 1.5), (5, 6, 9)⇒(1, 1.5, 5, 6, 9)

习　题　9

1. 来自 X
2. 来自 Z

习　题　10

1. 第 1 主成分 $Y_1=\frac{1}{\sqrt{2}}X_1+\frac{1}{\sqrt{2}}X_2$，贡献率 75%;第 2 主成分 $Y_2=\frac{1}{\sqrt{2}}X_1-\frac{1}{\sqrt{2}}X_2$，贡献率 25%
2. 第 1 主成分 $Y_1=\frac{1}{\sqrt{2}}X_1+\frac{1}{\sqrt{2}}X_2$，贡献率 80%;第 2 主成分 $Y_2=\frac{1}{\sqrt{2}}X_1+\frac{1}{\sqrt{2}}X_2$，若取代标准为 85%,不能取代
3. $\boldsymbol{\Sigma}$ 的最小特征值对应的特征向量
4. 第一主成分 $Y_1=\frac{1}{\sqrt{3}}X_1+\frac{1}{\sqrt{3}}X_2+\frac{1}{\sqrt{3}}X_3$,贡献率$\frac{1+2\rho}{3}$
5. n 适合：$\frac{1+(n-1)\cdot 0.8}{n}>85\%$,即 $n<4$

部分试题答案

试 题 1

1. (1) t, σ^2； (2) $N(t, \sigma^2)$； (3) 非平稳

3. (1) $\{\beta \mid 0 < |\beta| < 1\}$； (2) $r_k = \begin{cases}(1+\beta^2)\sigma^2, & k=0\\ -\beta\sigma^2, & k=1\\ 0, & k>1\end{cases}$； (3) $\hat{\beta} = \dfrac{-1+\sqrt{1-4\rho_1^2}}{2\rho_1}$； (4) $\hat{X}_{n+k} = \begin{cases}-\beta(X_n+\beta X_{n-1}+\cdots+\beta^{n-1}X_1), & k=1\\ 0, & k>1\end{cases}$

4. $\sigma^2\min\{s, t\}$

5. $Z_1 = \dfrac{1}{\sqrt{2}}X_1 + \dfrac{1}{\sqrt{2}}X_2$；0.8；不能取代

6. 4类 $\{1, 1.5\}$，$\{5\}$，$\{6\}$，$\{9\}$；3类 $\{1, 1.5\}$，$\{5, 6\}$，$\{9\}$； 2类 $\{1, 1.5\}$，$\{5, 6, 9\}$

7. G3

8. $\boldsymbol{\Sigma}$ 的最小特征值对应的特征向量

试 题 2

1. (1) $5t\mu$, $25st\sigma^2$； (2) $N(5t\mu, 25t^2\sigma^2)$； (3) 非，非

3. (1) $\{a \mid 0<|a|<1\}$； (2) $r_k = \dfrac{a^k\sigma^2}{1-a^2}$； (3) $\alpha_{00}=1$；$\alpha_{11}=a$；$\alpha_{kk}=0$，$k>1$； (4) $\hat{a} = \dfrac{\sum_{j=1}^{n-1} X_j X_{j+1}}{\sum_{j=1}^{n} X_j^2}$； (5) $\hat{X}_{n+k} = a^k X_n$

5. $\sigma^2\min\{t, t+k\}$

6. (3) 不能

附　　录

附录 1　多维正态分布的性质

1. 多维正态分布的定义

可以说正态分布是数理统计中的最重要分布，而多维正态分布是多元统计分析中的最重要分布，该分布有不少好的性质，它们在理论推导与应用实践中发挥着特别重要的作用。

定义：设 $\boldsymbol{X}$ 表示一个 p 维随机向量，$\boldsymbol{X}=\begin{bmatrix}X_1\\X_2\\\vdots\\X_p\end{bmatrix}$，若 $\boldsymbol{X}$ 的均值向量 $\boldsymbol{\mu}$ 和协方差矩阵 $\boldsymbol{\Sigma}$ 均存在，$\boldsymbol{X}$ 的密度函数为

$$f(x_1,\ x_2,\ \cdots,\ x_p)=\frac{1}{(2\pi)^p\ |\boldsymbol{\Sigma}|^{1/2}}\exp\left\{-\frac{1}{2}\ (\boldsymbol{x}-\boldsymbol{\mu})^{\mathrm{T}}\boldsymbol{\Sigma}^{-1}(\boldsymbol{x}-\boldsymbol{\mu})\right\},\ \boldsymbol{x}\in\mathbf{R}^p$$

其中 $\boldsymbol{\mu}=E\boldsymbol{X}$，$\boldsymbol{\Sigma}=\mathrm{cov}(\boldsymbol{X},\ \boldsymbol{X})$，$|\boldsymbol{\Sigma}|$ 表示 $\boldsymbol{\Sigma}$ 的行列式。则称 $\boldsymbol{X}$ 服从 p 维正态分布，记

$$\boldsymbol{X}\sim N_p(\boldsymbol{\mu},\ \boldsymbol{\Sigma})$$

2. 性质

(1) 若 $\boldsymbol{X}\sim N_p(\boldsymbol{\mu},\ \boldsymbol{\Sigma})$，则 $\boldsymbol{\mu}=E\boldsymbol{X}$，$\boldsymbol{\Sigma}=D\boldsymbol{X}$，即 $\boldsymbol{X}$ 的分布参数被 $\boldsymbol{X}$ 的均值向量和协方差矩阵唯一确定。

(2) 若 $\boldsymbol{X}\sim N_p(\boldsymbol{\mu},\ \boldsymbol{\Sigma})$，则 $\boldsymbol{X}$ 分布的特征函数为

$$E\mathrm{e}^{\mathrm{i}\boldsymbol{t}^{\mathrm{T}}\boldsymbol{X}}=\mathrm{e}^{\mathrm{i}\boldsymbol{t}^{\mathrm{T}}\boldsymbol{\mu}-\frac{1}{2}\boldsymbol{t}^{\mathrm{T}}\boldsymbol{\Sigma}\boldsymbol{t}}$$

(3) 若 $\boldsymbol{X}\sim N_p(\boldsymbol{\mu},\ \boldsymbol{\Sigma})$，$\boldsymbol{b}$，$\boldsymbol{A}$ 依次是常数向量、常数矩阵，则 $\boldsymbol{AX}+\boldsymbol{b}\sim$

$N_p(\boldsymbol{A\mu}+\boldsymbol{b},\ \boldsymbol{A\Sigma A}^{\mathrm{T}})$，即正态变量的线性变换仍为正态变量。

(4) $\boldsymbol{X}$ 是多维正态变量的充要条件是对于任意的 $\boldsymbol{c}\in\mathbf{R}^p$，有 $\boldsymbol{c}^{\mathrm{T}}\boldsymbol{X}$ 是一维正态变量。

(5) 正态分布的边缘分布仍为正态分布,也可以说由多维正态向量的分量组成的子向量仍为正态向量,特别多维正态向量的每一分量仍为正态变量。

(6) 若 $\begin{bmatrix}\boldsymbol{X}_1\\ \boldsymbol{X}_2\end{bmatrix}\sim$ 正态分布,则 $\boldsymbol{X}_1$ 与 $\boldsymbol{X}_2$ 独立的充要条件为 $\mathrm{cov}(\boldsymbol{X}_1,\ \boldsymbol{X}_2)=\boldsymbol{0}$，即独立与不相关等价。

性质(1)～(6)的性质证明略。

(7) 设 $\boldsymbol{X}\sim N_p(\boldsymbol{\mu},\ \boldsymbol{\Sigma})$，则 $(\boldsymbol{X}-\boldsymbol{\mu})^{\mathrm{T}}\boldsymbol{\Sigma}^{-1}(\boldsymbol{X}-\boldsymbol{\mu})\sim\chi^2(p)$。

证明: 由高等代数知识知,$\boldsymbol{\Sigma}$ 可以分解成 $\boldsymbol{\Sigma}=\boldsymbol{\Sigma}^{1/2}\boldsymbol{\Sigma}^{1/2}$，所以 $\boldsymbol{\Sigma}^{-1}=\boldsymbol{\Sigma}^{-1/2}\cdot\boldsymbol{\Sigma}^{-1/2}$，令 $\boldsymbol{Z}=\boldsymbol{\Sigma}^{-1/2}(\boldsymbol{X}-\boldsymbol{\mu})$，得 $\boldsymbol{Z}\sim N_p(E\boldsymbol{Z},\ D\boldsymbol{Z})$

$E\boldsymbol{Z}=E\boldsymbol{\Sigma}^{-1/2}(\boldsymbol{X}-\boldsymbol{\mu})=\boldsymbol{\Sigma}^{-1/2}(E\boldsymbol{X}-\boldsymbol{\mu})=\boldsymbol{0}$，$D\boldsymbol{Z}=\mathrm{cov}(\boldsymbol{\Sigma}^{-1/2}(\boldsymbol{X}-\boldsymbol{\mu}),\ \boldsymbol{\Sigma}^{-1/2}(\boldsymbol{X}-\boldsymbol{\mu}))=\boldsymbol{\Sigma}^{-1/2}\mathrm{cov}(\boldsymbol{X},\ \boldsymbol{X})\boldsymbol{\Sigma}^{-1/2}=\boldsymbol{\Sigma}^{-1/2}\cdot\boldsymbol{\Sigma}\cdot\boldsymbol{\Sigma}^{-1/2}=\boldsymbol{I}$

所以 $(\boldsymbol{X}-\boldsymbol{\mu})^{\mathrm{T}}\boldsymbol{\Sigma}^{-1}(\boldsymbol{X}-\boldsymbol{\mu})=\boldsymbol{Z}^{\mathrm{T}}\boldsymbol{Z}\sim\chi^2(p)$

附录 2 标准正态分布函数表

$$\Phi(x)=\frac{1}{\sqrt{2\pi}}\int_{-\infty}^{x}\mathrm{e}^{-x^2/2}\mathrm{d}x$$

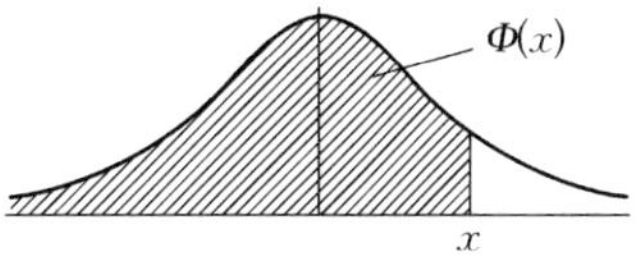

x	0.00	0.01	0.02	0.03	0.04	0.05	0.06	0.07	0.08	0.09
0.0	0.500 0	0.504 0	0.508 0	0.512 0	0.516 0	0.519 9	0.523 9	0.527 9	0.531 9	0.535 9
0.1	0.539 8	0.543 8	0.547 8	0.551 7	0.555 7	0.559 6	0.563 6	0.567 5	0.571 4	0.575 3
0.2	0.579 3	0.583 2	0.587 1	0.591 0	0.594 8	0.598 7	0.602 6	0.606 4	0.610 3	0.614 1
0.3	0.617 9	0.621 7	0.625 5	0.629 3	0.633 1	0.636 8	0.640 6	0.644 3	0.648 0	0.651 7
0.4	0.655 4	0.659 1	0.662 8	0.666 4	0.670 0	0.673 6	0.677 2	0.680 8	0.684 4	0.687 9
0.5	0.691 5	0.695 0	0.698 5	0.701 9	0.705 4	0.708 8	0.712 3	0.715 7	0.719 0	0.722 4
0.6	0.725 7	0.729 1	0.732 4	0.735 7	0.738 9	0.742 2	0.745 4	0.748 6	0.751 7	0.754 9
0.7	0.758 0	0.761 1	0.764 2	0.767 3	0.770 4	0.773 4	0.776 4	0.779 4	0.782 3	0.785 2
0.8	0.788 1	0.791 0	0.793 9	0.796 7	0.799 5	0.802 3	0.805 1	0.807 8	0.810 6	0.813 3
0.9	0.815 9	0.818 6	0.821 2	0.823 8	0.826 4	0.828 9	0.831 5	0.834 0	0.836 5	0.838 9
1.0	0.841 3	0.843 8	0.846 1	0.848 5	0.850 8	0.853 1	0.855 4	0.857 7	0.859 9	0.862 1
1.1	0.864 3	0.866 5	0.868 6	0.870 8	0.872 9	0.874 9	0.877 0	0.879 0	0.881 0	0.883 0
1.2	0.884 9	0.886 9	0.888 8	0.890 7	0.892 5	0.894 4	0.896 2	0.898 0	0.899 7	0.901 5
1.3	0.903 2	0.904 9	0.906 6	0.908 2	0.909 9	0.911 5	0.913 1	0.914 7	0.916 2	0.917 7
1.4	0.919 2	0.920 7	0.922 2	0.923 6	0.825 1	0.926 5	0.927 9	0.929 2	0.930 6	0.931 9
1.5	0.933 2	0.934 5	0.975 7	0.937 0	0.938 2	0.939 4	0.940 6	0.941 8	0.942 9	0.944 1
1.6	0.945 2	0.946 3	0.947 4	0.948 4	0.949 5	0.950 5	0.951 5	0.952 5	0.953 5	0.954 5
1.7	0.955 4	0.956 4	0.957 3	0.958 2	0.959 1	0.959 9	0.960 8	0.961 6	0.962 5	0.963 3
1.8	0.964 1	0.964 9	0.965 6	0.966 4	0.967 1	0.967 8	0.968 6	0.969 3	0.969 9	0.970 6
1.9	0.971 3	0.971 9	0.972 6	0.973 2	0.973 8	0.974 4	0.975 0	0.975 6	0.976 1	0.976 7
2.0	0.977 2	0.977 8	0.978 3	0.978 8	0.979 3	0.979 8	0.980 3	0.980 8	0.981 2	0.981 7
2.1	0.982 1	0.982 6	0.983 0	0.983 4	0.983 8	0.984 2	0.984 6	0.985 0	0.985 4	0.985 7
2.2	0.986 1	0.986 4	0.986 8	0.987 1	0.987 5	0.987 8	0.988 1	0.988 4	0.988 7	0.989 0
2.3	0.989 3	0.989 6	0.989 8	0.990 1	0.990 4	0.990 6	0.990 9	0.991 1	0.991 3	0.991 6
2.4	0.991 8	0.992 0	0.992 2	0.992 5	0.992 7	0.992 9	0.993 1	0.993 2	0.993 4	0.993 6

续　表

x	0.00	0.01	0.02	0.03	0.04	0.05	0.06	0.07	0.08	0.09
2.5	0.993 8	0.994 0	0.994 1	0.994 3	0.994 5	0.994 6	0.994 8	0.994 9	0.995 1	0.995 2
2.6	0.995 3	0.995 5	9.995 6	0.995 7	0.995 9	0.996 0	0.996 1	0.996 2	0.996 3	0.996 4
2.7	0.996 5	0.996 6	0.996 7	0.996 8	0.996 9	0.997 0	0.997 1	0.997 2	0.997 3	0.997 4
2.8	0.997 4	0.997 5	0.997 6	0.997 7	0.997 7	0.997 8	0.997 9	0.997 9	0.998 0	0.998 1
2.9	0.998 1	0.998 2	0.998 2	0.998 3	0.998 4	0.998 4	0.998 5	0.998 5	0.998 6	0.998 6
3.0	0.998 7	0.998 7	0.998 7	0.998 8	0.998 8	0.998 9	0.998 9	0.998 9	0.999 0	0.999 0
3.1	0.999 0	0.999 1	0.999 1	0.999 1	0.999 2	0.999 2	0.999 2	0.999 2	0.999 3	0.999 3
3.2	0.999 3	0.999 3	0.999 4	0.999 4	0.999 4	0.999 4	0.999 4	0.999 5	0.999 5	0.999 5
3.3	0.999 5	0.999 5	0.999 5	0.999 6	0.999 6	0.999 6	0.999 6	0.999 6	0.999 6	0.999 7
3.4	0.999 7	0.999 7	0.999 7	0.999 7	0.999 7	0.999 7	0.999 7	0.999 7	0.999 7	0.999 8

附录 3　t 分布上侧分位数表

$$P\{t(n) > t_\alpha(n)\} = \alpha$$

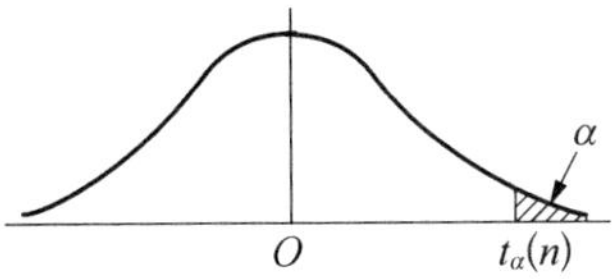

α

n	0.20	0.15	0.10	0.05	0.025	0.01	0.005
1	1.376	1.963	3.078	6.313 8	12.706	31.821	63.657
2	1.061	1.386	1.886	2.920 0	4.302 7	6.965	9.924 8
3	0.978	1.250	1.638	2.353 4	3.182 5	4.541	5.840 9
4	0.941	1.190	1.533	2.131 8	2.776 4	3.747	4.604 1
5	0.920	1.156	1.476	2.015 0	2.570 6	3.365	4.032 1
6	0.906	1.134	1.440	1.943 2	2.446 9	3.143	3.707 4
7	0.896	1.119	1.415	1.894 6	2.364 6	2.998	3.499 5
8	0.889	1.108	1.397	1.859 5	2.306 0	2.896	3.355 4
9	0.883	1.100	1.383	1.833 1	2.262 2	2.821	3.249 8
10	0.879	1.093	1.372	1.812 5	2.228 1	2.764	3.169 3
11	0.876	1.088	1.363	1.795 9	2.201 0	2.718	3.105 8
12	0.873	1.083	1.356	1.782 3	2.178 8	2.681	3.054 5
13	0.870	1.079	1.350	1.770 9	2.160 4	2.650	3.012 3
14	0.868	1.076	1.345	1.761 3	2.144 8	2.624	2.976 8
15	0.866	1.074	1.341	1.753 0	2.131 5	2.602	2.946 7
16	0.865	1.071	1.337	1.745 9	2.119 9	2.583	2.920 8
17	0.863	1.069	1.333	1.739 6	2.109 8	2.567	2.898 2
18	0.862	1.067	1.330	1.734 1	2.100 9	2.552	2.878 4
19	0.861	1.066	1.328	1.729 1	2.093 0	2.539	2.860 9
20	0.860	1.064	1.325	1.724 7	2.086 0	2.528	2.845 3
21	0.859	1.063	1.323	1.720 7	2.079 6	2.518	2.831 4
22	0.858	1.061	1.321	1.717 1	2.073 9	2.508	2.818 8
23	0.858	1.060	1.319	1.713 9	2.068 7	2.500	2.807 3
24	0.857	1.059	1.318	1.710 9	2.063 9	2.492	2.796 9

续 表

n	0.20	0.15	0.10	0.05	0.025	0.01	0.005
25	0.856	1.058	1.316	1.708 1	2.059 5	2.485	2.787 4
26	0.856	1.058	1.315	1.705 6	2.055 5	2.479	2.778 7
27	0.855	1.057	1.314	1.703 3	2.051 8	2.473	2.770 7
28	0.855	1.056	1.313	1.701 1	2.048 4	2.467	2.763 3
29	0.854	1.055	1.311	1.699 1	2.045 2	2.462	2.756 4
30	0.854	1.055	1.310	1.697 3	2.042 3	2.457	2.750 0
31	0.853 5	1.054 1	1.309 5	1.695 5	2.039 5	2.453	2.744 1
32	0.853 1	1.053 6	1.308 6	1.693 9	2.037 0	2.449	2.738 5
33	0.852 7	1.053 1	1.307 8	1.692 4	2.034 5	2.445	2.733 3
34	0.852 4	1.052 6	1.307 0	1.690 9	2.032 3	2.441	2.728 4
35	0.852 1	1.052 1	1.306 2	1.689 6	2.030 1	2.438	2.723 9
36	0.851 8	1.051 6	1.305 5	1.688 3	2.028 1	2.434	2.719 5
37	0.851 5	1.051 2	1.304 9	1.687 1	2.026 2	2.431	2.713 5
38	0.851 2	1.050 8	1.304 2	1.686 0	2.024 4	2.428	2.711 6
39	0.851 0	1.050 4	1.303 7	1.684 9	2.022 7	2.426	2.707 9
40	0.850 7	1.050 1	1.303 1	1.683 9	2.021 1	2.423	2.704 5
41	0.850 5	1.049 8	1.302 6	1.682 9	2.019 6	2.421	2.701 2
42	0.850 3	1.049 4	1.302 0	1.682 0	2.018 1	2.418	2.698 1
43	0.850 1	1.049 1	1.301 6	1.681 1	2.016 7	2.416	2.695 2
44	0.849 9	1.048 8	1.301 1	1.680 2	2.015 4	2.414	2.692 3

附录 4　χ^2 分布上侧分位数表

$$P\{\chi^2(n) > \chi^2_\alpha(n)\} = \alpha$$

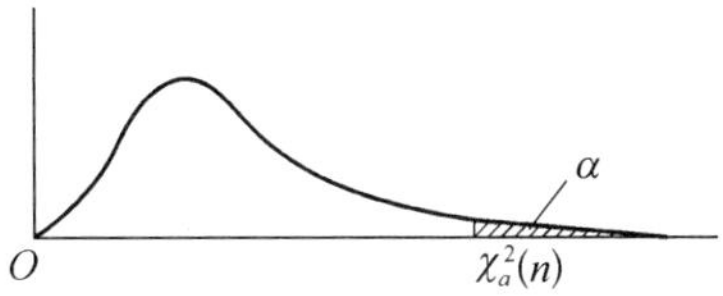

α

n	0.99	0.975	0.95	0.90	0.10	0.050	0.025	0.010
1	0.000 157	0.000 982	0.003 93	0.015 8	2.706	3.841	5.024	6.635
2	0.020 1	0.050 6	0.103	0.211	4.605	5.991	7.378	9.210
3	0.115	0.216	0.352	0.584	6.251	7.815	9.348	11.345
4	0.297	0.484	0.711	1.064	7.779	9.488	11.143	13.277
5	0.554	0.831	1.145	1.610	9.236	11.070	12.832	15.086
6	0.872	1.237	1.635	2.204	10.645	12.592	14.449	16.812
7	1.239	1.690	2.167	2.833	12.017	14.067	16.013	18.475
8	1.646	2.180	2.733	3.490	13.362	15.507	17.535	20.090
9	2.088	2.700	3.325	4.168	14.684	16.919	19.023	21.666
10	2.558	3.247	3.940	4.865	15.987	18.307	20.483	23.209
11	3.053	3.816	4.575	5.578	17.275	19.675	21.920	24.725
12	3.571	4.404	5.226	6.304	18.549	21.026	23.336	26.217
13	4.107	5.009	5.892	7.042	19.812	22.362	24.736	27.688
14	4.660	5.629	6.571	7.790	21.064	23.685	26.119	29.141
15	5.229	6.262	7.261	8.547	22.307	24.996	27.488	30.578
16	5.812	6.908	7.962	9.312	23.542	26.296	28.845	32.000
17	6.408	7.564	8.672	10.085	24.769	27.587	30.191	33.409
18	7.015	8.231	9.390	10.865	25.989	28.869	31.526	34.805
19	7.633	8.907	10.117	11.651	27.204	30.144	32.852	36.191
20	8.268	9.591	10.851	12.443	28.412	31.410	34.170	37.566
21	8.897	10.283	11.591	13.240	29.615	32.671	35.479	38.932
22	9.542	10.982	12.338	14.041	30.813	33.924	36.781	40.289
23	10.196	11.688	13.091	14.848	32.007	35.172	38.076	41.638
24	10.856	12.401	13.848	15.659	33.196	36.415	39.364	42.980

续　表

n	0.99	0.975	0.95	0.90	0.10	0.050	0.025	0.010
25	11.524	13.120	14.611	16.473	34.382	37.652	40.646	44.314
26	12.198	13.844	15.379	17.292	35.563	38.885	41.923	45.642
27	12.879	14.573	16.151	18.114	36.741	40.113	43.194	46.963
28	13.565	15.308	16.928	18.939	37.916	41.337	44.461	48.278
29	14.256	16.047	17.708	19.768	39.087	42.557	45.722	49.588
30	14.953	16.791	18.493	20.599	40.256	43.773	46.979	50.892
31	15.655	17.539	19.281	21.434	41.422	44.985	48.232	52.191
32	16.362	18.291	20.072	22.271	42.585	46.194	49.480	53.486
33	17.073	19.047	20.867	23.110	43.745	47.400	50.725	54.776
34	17.789	19.806	21.664	23.952	44.903	48.602	51.966	56.061
35	18.509	20.569	22.465	24.797	46.059	49.802	53.203	57.342
36	19.233	21.336	23.269	25.643	47.212	50.998	54.437	58.619
37	19.960	22.106	24.075	26.492	48.363	52.192	55.668	59.892
38	20.691	22.878	24.884	27.343	49.513	53.384	56.895	61.162
39	21.426	23.654	25.695	28.196	50.660	54.572	58.120	62.428
40	22.164	24.433	26.509	29.051	51.805	55.758	59.342	63.691
41	22.906	25.215	27.326	29.907	52.949	56.942	60.561	64.950
42	23.650	25.999	28.144	30.765	54.090	58.124	61.777	66.206
43	24.398	26.785	28.965	31.625	55.230	59.304	62.990	67.459
44	25.148	27.575	29.787	32.487	56.369	60.481	64.201	68.709

附录 5　F 分布上侧分位数表

$$P\{F(n_1, n_2) > F_\alpha(n_1, n_2)\} = \alpha$$

$$(\alpha = 0.10)$$

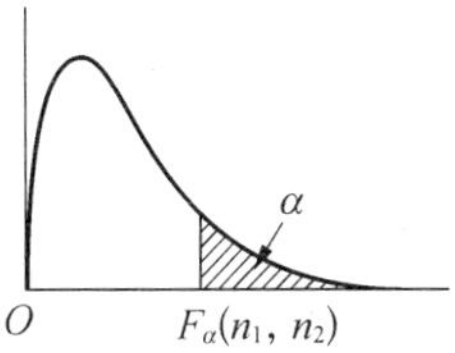

n_2 \ n_1	1	2	3	4	5	6	8	12	15	20	30	60	∞
1	39.86	49.50	68.59	55.83	57.24	58.20	59.44	60.71	61.22	61.74	62.26	62.79	63.33
2	8.53	9.00	9.16	9.24	9.29	9.33	9.37	9.41	9.42	9.44	9.46	9.47	9.49
3	5.54	5.46	5.39	5.34	5.31	5.28	5.25	5.22	5.20	5.18	5.17	5.15	5.13
4	4.54	4.32	4.19	4.11	4.05	4.01	3.95	3.90	3.87	3.84	3.82	3.79	3.76
5	4.06	3.78	3.62	3.52	3.45	3.40	3.34	3.27	3.24	3.21	3.17	3.14	3.10
6	3.78	3.46	3.29	3.18	3.11	3.05	2.08	2.90	2.87	2.84	2.80	2.76	2.72
7	3.59	3.26	3.07	2.96	2.88	2.83	2.75	2.67	2.63	2.59	2.56	2.51	2.47
8	3.46	3.11	2.92	2.81	2.73	2.67	2.59	2.50	2.46	2.42	2.38	2.34	2.29
9	3.36	3.01	2.81	2.69	2.61	2.55	2.47	2.38	2.34	2.30	2.25	2.21	2.16
10	3.29	2.92	2.78	2.61	2.52	2.46	2.33	2.28	2.24	2.20	2.16	2.11	2.06
11	3.23	2.86	2.66	2.54	2.45	2.39	2.30	2.21	2.17	2.12	2.08	2.03	1.97
12	3.18	2.81	2.61	2.48	2.39	2.33	2.24	2.15	2.10	2.06	2.01	1.96	1.90
13	3.14	2.76	2.56	2.43	2.35	2.28	2.20	2.10	2.05	2.01	1.96	1.90	1.85
14	3.10	2.78	2.52	2.39	2.31	2.24	2.15	2.05	2.01	1.96	1.91	1.86	1.80
15	3.07	2.70	2.49	2.36	2.27	2.21	2.12	2.02	1.97	1.92	1.87	1.82	1.76
16	3.05	2.67	2.46	2.32	2.24	2.18	2.09	1.99	1.94	1.89	1.84	1.78	1.72
17	3.03	2.64	2.44	2.31	2.22	2.15	2.06	1.96	1.91	1.86	1.81	1.75	1.69
18	3.01	2.62	2.42	2.29	2.20	2.13	2.04	1.93	1.89	1.84	1.78	1.72	1.66
19	2.99	2.61	2.40	2.27	2.18	2.11	2.02	1.91	1.86	1.81	1.76	1.70	1.63
20	2.97	2.59	2.38	2.25	2.16	2.09	2.00	1.89	1.84	1.79	1.74	1.68	1.61
21	2.96	2.57	2.36	2.23	2.14	2.08	1.98	1.87	1.83	1.78	1.72	1.66	1.59
22	2.95	2.56	2.35	2.22	2.13	2.08	1.97	1.86	1.81	1.76	1.70	1.64	1.57
23	2.94	2.55	2.34	2.21	2.11	2.05	1.95	1.84	1.80	1.74	1.69	1.62	1.55
24	2.93	2.54	2.33	2.19	2.10	2.04	1.94	1.83	1.78	1.73	1.67	1.61	1.53
25	2.92	2.53	2.32	2.18	2.09	2.02	1.93	1.82	1.77	1.72	1.66	1.59	1.52
26	2.91	2.52	2.31	2.17	2.08	2.01	1.92	1.81	1.76	1.71	1.66	1.58	1.50
27	2.90	2.51	2.30	2.17	2.07	2.00	1.91	1.80	1.75	1.70	1.64	1.57	1.49
28	2.89	2.50	2.29	2.16	2.06	2.00	1.90	1.79	1.74	1.69	1.63	1.56	1.48
29	2.89	2.50	2.28	2.15	2.06	1.99	1.89	1.78	1.73	1.68	1.62	1.55	1.47
30	2.88	2.49	2.28	2.14	2.05	1.98	1.88	1.77	1.78	1.67	1.61	1.54	1.46
40	2.84	2.44	2.23	2.09	2.00	1.93	1.83	1.71	1.66	1.61	1.54	1.47	1.38
60	2.79	2.39	2.18	2.04	1.95	1.87	1.77	1.66	1.60	1.54	1.48	1.40	1.29
120	2.75	2.35	2.13	1.99	1.90	1.82	1.72	1.60	1.55	1.48	1.41	1.32	1.19
∞	2.71	2.30	2.08	1.94	1.85	1.77	1.67	1.55	1.49	1.42	1.34	1.24	1.00

F 分布上侧分位数表(0.05)

n_2 \ n_1	1	2	3	4	5	6	7	8	9	10	12	15	20	24	30	40	60	120	∞
1	161	200	216	225	230	234	237	239	241	242	244	246	248	249	250	251	252	253	254
2	18.5	19.0	19.2	19.2	19.3	19.3	19.4	19.4	19.4	19.4	19.4	19.4	19.4	19.5	19.5	19.5	19.5	19.5	19.5
3	10.1	9.55	9.28	9.12	9.01	8.94	8.89	8.85	8.81	8.79	8.74	8.70	8.66	8.64	8.62	8.59	8.57	8.55	8.53
4	7.71	6.94	6.59	6.39	6.26	6.16	6.09	6.04	6.00	5.96	5.91	5.86	5.80	5.77	5.75	5.72	5.69	5.66	5.63
5	6.61	5.79	5.41	5.19	5.05	4.95	4.88	4.82	4.77	4.74	4.68	4.62	4.56	4.53	4.50	4.46	4.43	4.40	4.36
6	5.99	5.14	4.76	4.53	4.39	4.28	4.21	4.15	4.10	4.06	4.00	3.94	3.87	3.84	3.81	3.77	3.74	3.70	3.67
7	5.59	4.74	4.35	4.12	3.97	3.87	3.79	3.73	3.68	3.64	3.57	3.51	3.44	3.41	3.38	3.34	3.30	3.27	3.23
8	5.32	4.46	4.07	3.84	3.69	3.58	3.50	3.44	3.39	3.35	3.28	3.22	3.15	3.12	3.08	3.04	3.01	2.97	2.93
9	5.12	4.26	3.86	3.63	3.48	3.37	3.29	3.23	3.18	3.14	3.07	3.01	2.94	2.90	2.86	2.83	2.79	2.75	2.71
10	4.96	4.10	3.71	3.48	3.33	3.22	3.14	3.07	3.02	2.98	2.91	2.85	2.77	2.74	2.70	2.66	2.62	2.58	2.54
11	4.84	3.98	3.59	3.36	3.20	3.09	3.01	2.95	2.90	2.85	2.79	2.72	2.65	2.61	2.57	2.53	2.49	2.45	2.40
12	4.75	3.89	3.49	3.26	3.11	3.00	2.91	2.85	2.80	2.75	2.69	2.62	2.54	2.51	2.47	2.43	2.38	2.34	2.30
13	4.67	3.81	3.41	3.18	3.03	2.92	2.83	2.77	2.71	2.67	2.60	2.53	2.46	2.42	2.38	2.34	2.30	2.25	2.21
14	4.60	3.74	3.34	3.11	2.96	2.85	2.76	2.70	2.65	2.60	2.53	2.46	2.39	2.35	2.31	2.27	2.22	2.18	2.13
15	4.54	3.68	3.29	3.06	2.90	2.79	2.71	2.64	2.59	2.54	2.48	2.40	2.33	2.29	2.25	2.20	2.16	2.11	2.07
16	4.49	3.63	3.24	3.01	2.85	2.74	2.66	2.59	2.54	2.49	2.42	2.35	2.28	2.24	2.19	2.15	2.11	2.06	2.01
17	4.45	3.59	3.20	2.96	2.81	2.70	2.61	2.55	2.49	2.45	2.38	2.31	2.23	2.19	2.15	2.10	2.06	2.01	1.96
18	4.41	3.55	3.16	2.93	2.77	2.66	2.58	2.51	2.46	2.41	2.34	2.27	2.19	2.15	2.11	2.06	2.02	1.97	1.92
19	4.38	3.52	3.13	2.90	2.74	2.63	2.54	2.48	2.42	2.38	2.31	2.23	2.16	2.11	2.07	2.03	1.98	1.93	1.88
20	4.35	3.49	3.10	2.87	2.71	2.60	2.51	2.45	2.39	2.35	2.28	2.20	2.12	2.08	2.04	1.99	1.95	1.90	1.84
21	4.32	3.47	3.07	2.84	2.68	2.57	2.49	2.42	2.37	2.32	2.25	2.18	2.10	2.05	2.01	1.96	1.92	1.87	1.81
22	4.30	3.44	3.05	2.82	2.66	2.55	2.46	2.40	2.34	2.30	2.23	2.15	2.07	2.03	1.98	1.94	1.89	1.84	1.78
23	4.28	3.42	3.03	2.80	2.64	2.53	2.44	2.37	2.32	2.27	2.20	2.13	2.05	2.01	1.96	1.91	1.86	1.81	1.76
24	4.26	3.40	3.01	2.78	2.62	2.51	2.42	2.36	2.30	2.25	2.18	2.11	2.03	1.98	1.94	1.89	1.84	1.79	1.73
25	4.24	3.39	2.99	2.76	2.60	2.49	2.40	2.34	2.28	2.24	2.16	2.09	2.01	1.96	1.92	1.87	1.82	1.77	1.71
26	4.23	3.37	2.98	2.74	2.59	2.47	2.39	2.32	2.27	2.22	2.15	2.07	1.99	1.95	1.90	1.85	1.80	1.75	1.69
27	4.21	3.35	2.96	2.73	2.57	2.46	2.37	2.31	2.25	2.20	2.13	2.06	1.97	1.93	1.88	1.84	1.79	1.73	1.67
28	4.20	3.34	2.95	2.71	2.56	2.45	2.36	2.29	2.24	2.19	2.12	2.04	1.96	1.91	1.87	1.82	1.77	1.71	1.65
29	4.18	3.33	2.93	2.70	2.55	2.43	2.35	2.28	2.22	2.18	2.10	2.03	1.94	1.90	1.85	1.81	1.75	1.70	1.64
30	4.17	3.32	2.92	2.69	2.53	2.42	2.33	2.27	2.21	2.16	2.09	2.01	1.93	1.89	1.84	1.79	1.74	1.68	1.62
40	4.08	3.23	2.84	2.61	2.45	2.34	2.25	2.18	2.12	2.08	2.00	1.92	1.84	1.79	1.74	1.69	1.64	1.58	1.51
60	4.00	3.15	2.76	2.53	2.37	2.25	2.17	2.10	2.04	1.99	1.92	1.84	1.75	1.70	1.65	1.59	1.53	1.47	1.39
120	3.92	3.07	2.68	2.45	2.29	2.17	2.09	2.02	1.96	1.91	1.83	1.75	1.66	1.61	1.55	1.50	1.43	1.35	1.25
∞	3.84	3.00	2.60	2.37	2.21	2.10	2.01	1.94	1.88	1.83	1.75	1.67	1.57	1.52	1.46	1.39	1.32	1.22	1.00

参 考 文 献

〔1〕孙祝岭,徐晓岭.数理统计[M] 北京:高等教育出版社,2009.
〔2〕王玲玲 ,周纪乡.常用统计方法[M] 上海:华东师范大学出版社,1998.
〔3〕方开泰.实用多元统计分析[M] 上海:华东师范大学出版社,1989.
〔4〕安鸿志.时间序列分析[M] 上海:华东师范大学出版社,1992.
〔5〕何书元.应用时间序列分析[M] 北京:北京大学出版社,2003.
〔6〕Brockwell P J, Davis R A. Time serieses: Theory and methods. [M] New York: Springer-Verlag, 1987.
〔7〕Anderson T W. An Introduction to Multivariate Statistical Analysis. [M] New York: John Wiley & SonsInc, 1984.
〔8〕Hogg R V, Craig A T. Introduction to Mathematical Statistics. [M] 北京:高等教育出版社,2004.
〔9〕谢衷洁.时间序列分析[M] 北京:北京大学出版社,1990.
〔10〕Hamilton J. Time Series Analysis. [M] Princeton: Princeton University Press, 1994.
〔11〕Shumway R H, Stoffer D S. Time Series Analysis and Its Application. [M] New York: Springer-Verlag New York Inc,2000.
〔12〕于秀林,任雪松.多元统计分析[M] 北京:中国统计出版社,1999.
〔13〕钟小杰.高斯过程分形维数的估计方法及实际应用[D] 上海:上海交通大学,2013.

参考文献